单兵装备特辑　001

二战步兵分队战术

SECOND WORLD WAR

★ INFANTRY UNIT TACTICS ★

（修订版）

指文战甲工作室　朱勇琦　著

台海出版社

图书在版编目（CIP）数据

单兵装备特辑. 001, 二战步兵分队战术 / 指文战甲
工作室, 朱勇琦著. —— 北京：台海出版社, 2017.3
　　ISBN 978-7-5168-1340-9

　　Ⅰ. ①单… Ⅱ. ①指… ②朱… Ⅲ. ①单兵－武器装
备－介绍－世界②第二次世界大战－步兵分队－武器装备
－介绍 Ⅳ. ①E92

中国版本图书馆CIP数据核字(2017)第050916号

单兵装备特辑. 001, 二战步兵分队战术（修订版）

著　　者：指文战甲工作室　朱勇琦

责任编辑：戴　晨　　　　　　　　　策划制作：指文文化
装帧设计：舒正序　　　　　　　　　责任印制：蔡　旭

出版发行：台海出版社
地　　址：北京市东城区景山东街20号　　　邮政编码：100009
电　　话：010－64041652（发行，邮购）
传　　真：010－84045799（总编室）
网　　址：www.taimeng.org.cn/thcbs/default.htm
E－mail：thcbs@126.com

经　　销：全国各地新华书店
印　　刷：重庆大正印务有限公司
本书如有破损、缺页、装订错误，请与本社联系调换

开　　本：787mm×1092mm　　　　　1/16
字　　数：257千字　　　　　　　　　印　张：14.5
版　　次：2018年5月第2版　　　　　印　次：2018年5月第1次印刷
书　　号：ISBN 978-7-5168-1340-9

定　　价：69.80元

序

步兵有"战场皇后"之称，是地面战斗中必不可少的一环。诚然，随着各国军队在20世纪上半叶迈向机械化战争时代，步兵的地位已经大大降低，在军种中，海军、空军的比例不断上升；在兵种中，装甲兵、炮兵等技术性兵种的影响力愈发强大，但步兵的作用仍然不可轻视。第二次世界大战中的诸多战斗实践表明，技术性兵种虽然可以对战局起到举足轻重的作用，但在步兵缺位的情况下，依然难以获得实质性的战果；另一方面，多兵种协同作战也为步兵的作战方式平添了许多课题，极大地丰富了步兵战术的内涵。

本书主旨为二战时期步兵分队之战术，这里的"分队"涵盖从营到班各级步兵单位，以及临时组建的战斗群、特遣队等。全书共分为6个章节，第1-3章分别介绍了第二次世界大战时期德、英、美三国军队的步兵分队战术，第4-6章分别介绍了步兵反坦克战术、城市居民地作战与装甲步兵战术。由于篇幅有限，作者在作系统性介绍的同时，也尽量避免贪大求全。以每章开头的"步兵武器"一节为例，通常着重介绍对步兵战术影响较大的新式武器，其他武器装备则一笔带过，力求详略有度。在解读这些读者耳熟能详的武器时，也尽量避免赘述其原理结构和性能诸元，代之以使用训练、使用者评价、相关战术等内容，紧密围绕本书"分队战术"之主旨。另一方面，在笔至较为冷僻之领域时，作者也能不吝笔墨，如"英军步兵分队战术理论发展"一节，以较大篇幅描写了战时英国非官方机构对步兵战术之探索。希望读者通过本书，能获得新的认识与理解。

指文战甲

CONTENTS

目录

第一章
德军步兵分队战术

无限的自我牺牲精神。

——埃尔温·隆美尔

第一节 德军步兵武器

机枪

　　由于《凡尔赛条约》的限制，德军不能装备重机枪，二战中德军步兵分队的机枪主要是MG 34、MG 42和MG 26(t)（即捷克生产的ZB-26）这三种中型机枪，其中，MG 34与MG 42机枪具备了通用机枪的特性，在德军步兵分队中使用最为广泛。

　　随着武器装备的发展，德军步兵班的编制和武器装备也在不断变化。入侵波兰时，德军前线作战部队的步兵班普遍装备了MG 34机枪。该枪取自瑞士的设计，德国于1936年引进，在西班牙内战中运用于实战，自那之后，德军的步兵连战斗手册就显得有些落伍了。豪普特曼·韦伯

（Hauptmann Weber）的1938年版《战士手册》（Unterrichtsbuch für Soldaten）和赖伯特博士（Dr Reibert）的1940年版《军队服役指南》（Der Dienst Unterricht Im Heere）均将MG 34放在了显要位置，MG13机枪的相关内容则被扔到了附录中，该枪沦落到二线部队、训练单位和预备役单位，或者被出售给其他国家。

　　客观来讲，MG 34通用机枪是一流的面杀伤武器，它的出现对于战术的发展具有革命性意义。该枪质量相对较轻，只有12千克多一点，使用弹链或弹鼓供弹。作轻机枪使用时，两脚架固定在机枪枪管套筒前箍上；作重机枪使用时，机枪可安装在轻型（铝制）1943年式高射三脚架、1936年式高射双联托架式枪座或折叠式高射支柱上，也可固定在1934年式专用高射支柱

▲ 德军MG34机枪可以安装在三脚架上充当重机枪使用。图片中的德军正在组织实弹射击。MG34机枪是最早问世的通用机枪，在德军中广泛装备，二战中逐步被MG42机枪取代的唯一原因是后者生产较为方便。从图片中可以看出，作为一款精度较高的远距离支援武器，MG34机枪需要安装在三脚架上。MG34机枪的扳机位于枪身下方，这样射手不需要触碰枪身也可以实施射击，战斗中射手进行连发时甚至可以将头隐蔽起来。

上；理论射速为每分钟800～900发，战斗射速可达每分钟1000-1200发；展开两脚架上射击时，有效射程800米，安装在三脚架上射击时，有效射程1800米。MG 34通用性较强，可以安装在摩托车、坦克和半履带车辆上，作高射机枪使用时也能够对飞机造成一定威胁。

当然，MG 34也存在一些被基层官兵诟病的缺陷，尽管该枪制作工艺较好，拥有较高的精确度和简洁流畅的外形，但机件可靠性差，不耐脏；太过昂贵，生产所需的原料较多（每挺需要49千克钢材），制造工时长，不适合大批量生产，满足不了规模不断扩张的德国军队；射速过高，虽然火力凶猛，也带来了子弹消耗过快、后勤保障压力大等缺点。英国人也认为：在

战斗中步兵班必须尽可能多地携带装备和弹药，必须在战场上频繁机动，而高射速的机枪由于子弹消耗过快，不能为步兵班提供持久的火力支援，从而减弱了步兵班战斗的耐久性。理想的班用机枪应该重量较轻，射击精度好，使用容量为32发的弹匣供弹。他们由此得出结论，射速过高的机枪并不适合步兵班，还认为德国人使用MG 34机枪就必须携带更多的机枪子弹，从而增加了士兵的负荷。

后来，格鲁纳博士（Dr Gruner）和陆军武器局（Heereswaffenampt）着手开发一种结构简单、部件通用性较高的通用机枪，研制工作于1942年年初完成，定型为MG 42机枪，虽然其研发初衷是取代MG 34机枪，不过直到二战结束也未能如愿。

1943年，德军在突尼斯战役中首次投入该枪，无论是在苏联零下40摄氏度的旷野，还是北非炎热的沙漠，亦或是诺曼底的灌木丛林、卡西诺的碎石瓦砾堆中，该枪都以其强大的可靠性、可怕的射速和独特的枪声给盟军士兵留下了深刻的印象。盟军步兵对其产生了极大恐惧，很多人都能够描述该枪射击时所发出的"撕扯碎布"或是"自动电锯"的声音。有实战经验的美军步兵能够迅速从声音上辨别MG 42机枪与盟军装备的"布伦"轻机枪之间的区别，相对于前者，后者的射速显得极为悠闲，只会发出"嗒、嗒、嗒"的声音或是嘎嘎作响。一位盟军的上尉形容MG 42机枪时指出，该枪具有"精神"打击作用，来自第51（高地）步兵师第152步兵旅锡福特高地人团第5营的阿利斯泰尔·博思威克（Alistair Borthwick）认为，英国步兵宁愿冒着德军

的炮火攻击前进，也不愿意冒着MG 42机枪火力冲锋陷阵，他们往往沿用第一次世界大战时的习惯用语，将MG 42机枪称为"收割机"或"施潘道"（Spandaus），美国士兵称其为"希特勒的电锯"，苏联士兵则为该枪取了一个文雅的外号——"亚麻布剪刀"。

MG 42机枪发射7.92毫米口径的子弹，全枪长1.22米，重11.57千克，最低射速为每分钟1200发，最高射速为每分钟1500发，有效射程800米。该枪采用枪管短后座工作原理，使用机械瞄准具瞄准。MG 42机枪使用冲压技术制成，用材较少，只有MG 34的一半，造价只有MG 34的70%，二战期间，德国生产了近100万挺MG 42。

MG 42机枪组由观察员、射手和副射手组成，也可不包括观察员，还可以为机枪组配备几名弹药手。该枪配有两脚架，一

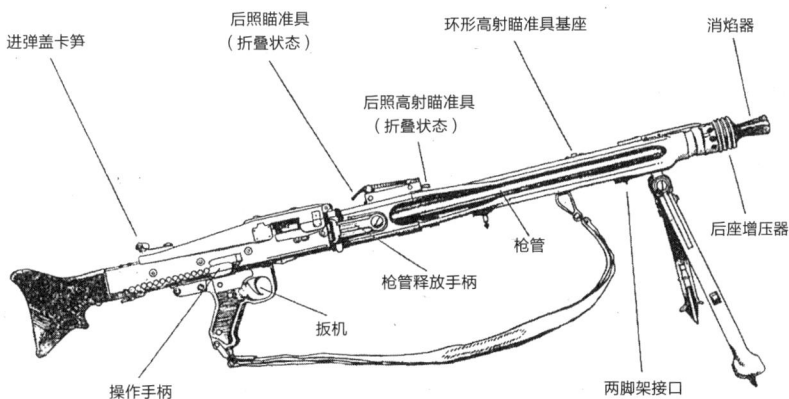

▲ 1944年3月，美军下发了《德军连长手册》，该手册中刊登了一张MG 42机枪的图片，注意该枪安放了两脚架，作为班用轻机枪使用。

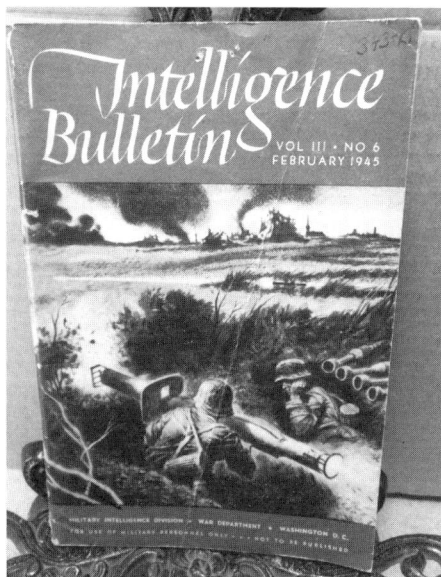

▲ 1945年2月份的《敌情通报》，封面是正在使用"坦克杀手"反坦克火箭的德军士兵。

般伴随步兵班实施战斗，是步兵班的火力骨干，能够提供可靠的压制火力。MG 42机枪的最大优点就是射速高、坚固耐用、操作简单，更换枪管非常方便，训练有素的士兵只需要几秒钟就可以完成，战斗中机枪手也可以迅速换上容量为75发的圆形弹鼓，保证机枪火力的持续性。该枪耗弹量大和枪管易发热的缺点也恰恰是射速快这一优点所导致的，射击超过5秒钟就能打光1个弹鼓，为节省弹药，德军士兵不得不养成点射的习惯。对于盟军的老兵而言，MG 42射击的声音就是死神的召唤，因为该枪射速快，每次短点射也能发射12到15发子弹，如果不幸被该枪命中，瞬间就会中弹数发，幸存的可能性微乎其微。

与MG 34一样，MG 42也是一款优秀的"通用"机枪，架上三脚架就可担负重机枪的角色，装上两脚架就是一挺轻机枪，可伴随步兵班行动并提供必要的火力，装上装甲车或坦克后，它又是车载机枪，成为盟国步兵的噩梦。作为班用轻机枪，MG 42射击精度较好，但对大范围的目标实施打击时两脚架则略显不足，且在机动作战中，MG 42射速过快，子弹消耗巨大，对后勤保障提出了较高要求。相对于MG 34和老式的马克沁机枪，MG 42机枪的后坐力较大，射手射击时必须紧紧握紧机枪，对射击精度造成较大影响。

1943年，美军的《敌情通报》（Army Intelligence Bulletin）详细阐述了MG 42机枪的战术运用与控制：MG 42机枪通常由现场最高指挥员指挥，能够提供持续的压制火力；在防御战中，MG 42机枪通常固定使用，要为其构筑胸墙……其射速为每秒钟25发，较高的射速带来的好处和坏处同样明显；由于射速过快，弹着点易飘移，中靶时间要短于MG 34……德军官兵得到指示，将MG 42当做轻机枪使用时打5-7发的短点射，否则射手将难以对准目标。且每次射击后，射手必须重新瞄准。实战中MG 42机枪每分钟可射击22次，消耗子弹约154发。尽管德军士兵相信MG 42机枪结构紧凑，火力强悍，即使弹药消耗较大，从整体上看也是一款优秀的机枪，但近期德国陆军愈发强调限制机枪火力的运用，除非确定能获得最好的效果。

随着MG 42机枪投入实战，其威力

逐渐显露出来，对德军步兵战术的影响也越来越大。特别是在防御战中，该枪能够提供持续的火力，封锁某一地段。来自萨默塞特郡第4轻步兵团的悉尼·贾里（Sydney Jary）中尉在诺曼底的战斗中发现：前沿排穿越河流时，前方两翼的德军施潘道（MG 42机枪）对他们发起了猛烈攻击，这种攻击应该是12挺机枪同时发出怒吼。全营都被这种致命的火力压制在原地，无法继续向前攻击，也无法从翼侧实施包围，更谈不上组织撤退行动。

1945年3月，加拿大陆军军官皮尔斯（Pearce）中尉有幸在德国的比嫩（Bienen）近距离感受了MG 42机枪的威力：我排正采取各班交替掩护的方式向前攻击前进。10名士兵瞬间被2挺或3挺MG 42机枪的火力击倒……剩余人员都滚进了浅沟，就是那种只有6英寸深的裂缝。"布伦"机枪手拿出了他们的机枪，但并没有射出一发子弹（战斗结束后我看到了这两名机枪手的尸体，其中一个仍然保持着贴腮瞄准的姿势）……我左侧的步枪手瞄准了一个德军武器轮廓，但突然瘫倒在我的手臂上，他的脸变绿了，保持着简单而僵硬的微笑。

冲锋枪

冲锋枪的出现与堑壕密不可分，这种交通工事空间较为有限，传统的步枪虽

▲ 照片中左侧的党卫军士兵装备Kar98K毛瑟步枪，右侧举枪瞄准的士兵装备R713毛瑟速射型手枪，这种自动武器和非自动武器共存的状态说明了两个事实：不是所有的德军武器都是一流的；武装党卫所装备的武器也不一定是德军中最好的武器。R713毛瑟系列手枪于1930年开始大规模制造，但只有一小部分装备部队；这一系列手枪有多个版本，包括老式的C96"扫把枪"，其典型特征为木质肩托和容量为20发的弹匣。理论上，R713毛瑟速射型手枪具有操作简便、携带方便、可以灵活选择发射方式和枪管较短的优点，但实际上，该枪整体性能不如冲锋枪，发射的7.62毫米子弹杀伤力相对较小，在全自动射击状态下，每秒钟可发射15发子弹，相对于容量较小的弹夹，这种射速显得极不实用。

▲ 照片上这名"大德意志"师的士官配备了MP 38冲锋枪，该枪设计紧凑，使用折叠式枪托，故障率小，短距离射击精度较高，在近战中效果较好。其改进型MP 40冲锋枪凭借结构简单、重量较轻的特点成为德军步兵的标志性武器，到1945年，德军共生产了超过100万支。

然威力大、精确度高，但枪管长，不适合在堑壕中使用，且传统步枪弹仓容弹量不大，在堑壕中不能形成压制对方的有效火力，也不能适应快速变化的战场环境对快速射击的需求。堑壕战呼唤一种枪管较短、使用灵活的速射武器，德军为此进行了各种尝试，一种是加装枪托的半自动手枪，另一种是更短、更轻，但仍然发射全尺寸步枪弹的卡宾枪。

实战表明，这两种武器在堑壕战中表现都不令人满意，卡宾枪装填速度较慢，轻量化过度后还会出现枪口焰过强的情

况；半自动手枪具有使用灵活、射速快的优点，但需要容量较大的弹匣，也需要加装额外的附件，改为类似卡宾枪的样式。为满足战斗需求，伯格曼兵工厂试图设计一款体积小、重量轻、射速快的自动武器，于是MP 18冲锋枪应运而生，该枪是世界上第一支采用自由枪机式自动原理、开膛待击的冲锋枪，也是世界上第一支使用前冲击发方式的冲锋枪。

一战中德军将MP 18冲锋枪运用于步兵突击战术，取得了良好的效果，人们由此发现了冲锋枪的巨大价值。二战前德军装备的冲锋枪包括MP 18、MP 28、MP 34、MP 35等型号，但在德国专家看来，它们大都停留在一战水平，因而没有大量装备。1936年，德军研制了MP 36，仅少量装备部队；1938年，德军研制出MP 38并大量装备部队；1940年MP 40问世，进行了更大范围的装备。其中MP 38和MP 40广受官兵欢迎，在德军伞兵分队、装甲步兵分队中使用广泛，在德军普通的步兵班中，也能看到班长或副班长手提冲锋枪的身影。

MP 38冲锋枪由伯特霍尔德·格佩尔（Berthold Giepel）参与设计，借鉴了海因里希·沃尔默（Heinrich Vollmer）的设计思路。为满足装甲部队和伞兵部队的需求，1938年德国埃尔马兵工厂开始批量生产该枪，同年列装部队。与MP 18冲锋枪相比，MP 38前进了一大步，该枪率先采用折叠式枪托，由钢管制成，向前折叠后正好位于机匣下方。机匣用钢管制成，发射机框为阳极氧化处理的铝件，握把和前护木均为

塑料件。整枪重4千克，使用容量为32发子弹的弹匣供弹，表尺射程200米，但在300米的距离上精度也可以接受。

MP 38冲锋枪是短距离交火的首选，在近战中，无论进攻还是防御，该枪都被证明是效率较高的杀伤武器。1939年波兰战役爆发前，德军装甲部队装备了几千支MP 38冲锋枪，在波兰战役中，该枪大放异彩：面对波兰士兵的顽强抵抗，MP 38增强了步兵的火力，有效地压制对手的反坦克武器，保护了协同战斗的坦克和其他装甲车辆。

前线单位使用MP 38冲锋枪以后，发现该枪存在射速较慢和成本较高的缺点，上报军工部门以后，很快结构简单、使用方便的MP 40冲锋枪便下发部队使用了。该枪的大量零配件采用冲压、焊接工艺制成，与MP 38相比成本大大降低。凭借优异的性能，MP 40名声大噪，手持该枪的士兵成为二战中德国军人的经典形象。实际上，大部分冲锋枪都优先配发给了装甲兵和伞兵部队，随着生产数量的增加，MP 40才开始在步兵部队中装备，且比例不断提高。

MP 40冲锋枪具有现代冲锋枪的几个显著特点：

1. 制造简单、造价低廉，全枪没有复杂的工艺，主要部件均由钢板压制而成；

2. 射击稳定性和精度较高，后坐力小，在有效射程内，能够取得相对较高的精度，任何一个德国新兵都可以控制猛烈射击中的MP 40，相比之下，连续射击中苏联波波沙冲锋枪和英国司登冲锋枪都难以持握；

3. 枪身短小、便于携带，MP 40折叠以后，仅长62厘米，比各国同类武器短20厘米以上，可在狭小的装甲车厢内射击，也是堑壕战的优良武器。

MP 40冲锋枪是一款划时代的武器，但也存在一些缺点：

1. 射速低，这是MP 40最大的问题，其理论射速为每分钟500发，实际射速还要低很多，与波波沙冲锋枪每分钟900发的射速和汤姆逊冲锋枪每分钟700发的射速无法相提并论。斯大林格勒的作战证明，由于射速低，MP 40在对射中完全被苏军冲锋枪火力所压制；

2. 装弹量小，MP 40使用的弹匣装弹量只有32发，与苏军波波沙冲锋枪使用的71发弹鼓相比相形见绌。在实战中，装弹量小的缺点使得德军士兵必须不断更换弹匣，造成火力中断。

不管怎么说，与其他国家军队冲锋枪相比，MP 40更加成熟可靠，在苏军的波波沙冲锋枪出现之前，该枪仍然是世界上顶尖的冲锋枪。

步枪

20世纪30年代，德国开始重新武装自己的陆军，并将发展重点放在坦克、飞机等武器装备上。在步兵武器方面，德国陆军决定保留自一战以来就一直装备部队的毛瑟Kar 98步枪，将其枪管缩短后作为德军步兵的标准装备使用。毛瑟Kar98K步枪（"K"是德语"短"Kurz的缩写）的原型是19世纪末期的产品。该枪弹仓容量为5

发，装填子弹时，可以打开枪机，将单发子弹装入弹仓；也可以使用一次性的弹夹装弹。这种装弹方式限制了火力，同时对射手提出了较高的要求。英军狙击手克利福德·肖尔（Clifford Shore）上尉对此有着清晰的认识，他认为在视界良好的条件下，该枪品质优良，但与恩菲尔德步枪相比品质还是差了一些：

> 李－恩菲尔德弹匣式短步枪和4号步枪枪身简洁、拉动枪栓进退自如，对于习惯了两枪的使用者来说，毛瑟步枪的枪栓令人头疼，同时也不要指望毛瑟步枪能够快速射击。使用该枪时，如果你快速将弹仓中的5发子弹打光，接下来就必须费力拉动枪栓以退出最后一枚弹壳。1940年至1942年德军使用的老式毛瑟步枪制作工艺相当简陋，有好几次我都认为那是一根粗糙的木棍；这种德军现役步枪的另一特点是后坐力（对于许多人来说）十分强劲，这类步枪都是这样……在尽可能公正地评估其性能之后，我认为该枪远远比不上4号步枪和斯普林菲尔德（M1903）步枪。要熟练使用毛瑟步枪，必须经过长时间的训练，该枪是一项尴尬的发明，在我看来仅仅是一种性能不稳定的普通武器罢了。

二战期间，德军步兵一直使用Kar 98K步枪。随着战事演变，该枪被赋予了更多用途，如加装瞄准镜作为狙击步枪使用。对于有经验的狙击手来讲，加装4倍瞄准镜后可射杀400米处的目标，加装6倍瞄准镜后可射杀1000米处的目标；又如在枪口位置加装榴弹发射器后，可以发射高爆榴弹

或穿甲弹。Kar98K步枪的枪机简单坚固，在实战中具有精准耐用的优点。

在二战初期，面对波兰和其他欧洲小国家的微弱抵抗时，毛瑟步枪的射速足以直面对手的威胁，即使是面对苏联的莫辛-纳甘步枪也不吃亏，但面对美军的M1伽兰德步枪和英军的李-恩菲尔德步枪时，就显得火力不足了，德国步兵在对射中往往被对手强大的火力所压制。为了弥补火力上的不足，除了大量装备机枪外，德军也试图用半自动步枪和自动步枪替换这些老式步枪，并组织针对性训练，以使官兵掌握新式步枪的运用，这项工作如此艰巨，看起来似乎永远也无法完成。

1937年年初，受到美军M1伽兰德步枪的启发，德军开始考虑使用自动供弹的步枪。1940年，瓦尔特公司开始了半自动步枪研制工作，1941年，该公司设计的G 41样枪经过德国军方测试批准投产。该枪口径为7.92毫米，使用标准毛瑟步枪弹，弹匣容量为10发。G 41比较笨重，子弹必须由机匣顶部填装，极不方便，所以不太受军队欢迎，1944年停产时总产量只有122907支，但其研制为G 43步枪打下了良好的基础。

随着德军在东线战场上大量缴获苏联红军装备的SVT-40半自动步枪，德国工程师根据军队的要求，对G 41进行了相应地改进，定型为G 43并取代前者投产。该枪于1943年装备部队，首先投入苏德战场使用，G 43步枪克服了G 41较为笨重的弱点，且有可安装瞄准镜的卡槽，因此广受基层士兵喜爱，德军狙击手也十分钟爱这

▲ 战时德国发行了以狙击手为主题的系列明信片，这张明信片展示了一个德军三人狙击小组，1人手持步枪，1人手持望远镜实施观察，最后1人手持潜望镜实施观察。为了获取较好的视觉效果，将3名德军拍摄在同一张照片中，实际上，这个战斗小组的成员之间保持着一定距离。

类枪型。不过，在德军内部，也有一部分人认为G 43存在局限性，在精度、射程、初速等方面存在一定的缺陷，肖尔上尉也认为：G 41步枪虽然不如美军的M1伽兰德步枪方便，但为G 43步枪的研制提供了借鉴，G 43步枪虽然是一种改进型步枪，但也不如预期的那样完美。

1941年，德国人推出了一种新型自动步枪，采用金属冲压技术制造，发射中间型威力枪弹，并融合了可拆卸弹仓、后掠式握把等设计，命名为MKb 42自动卡宾枪，或称"重型冲锋手枪"MPS 42。这种新型枪械的许多设计和技术为战后世界范围内的步兵武器发展提供了借鉴。德国的武器研发和生产办公室的保罗·德雷克曼（Paul Drekmann）上校指出，这种新型枪械能够达成以下三个战术目的：

1. 给步兵装备更轻的步枪，配备更轻的弹药，以减少步兵负荷；

2. 增强步兵班的火力；

3. 使步兵武器通用化、标准化，减少后勤压力。

这种新型枪械通常用来担当自动步枪的角色，提供较好的射击精度，有的也可以被当作冲锋手枪使用。这种枪械设计之初用来替代德军基层步兵手中的步枪、冲锋手枪和手枪。然而，这种新型枪械也存在一些弊端，使用之初，德军官兵就提出了一些改进意见，如加装刺刀、提高首发命中概率、加装能够安装瞄准镜的卡槽等等；还有一些人提出了质疑，如是否应该增加弹带供弹能力、自动枪械的更大弹药消耗量（尽管短弹筒弹药质量较轻）是否真正减轻了步兵负担等等。在德国国内激烈的争论中，德国陆军的步兵领导部门一锤定音，即这些新型步兵武器代表了步兵武器未来发展的潮流，从而坚定地支持了这种武器的发展。

然而，MKb 42还是被德军所拒绝了，至少是暂时没有在德军步兵中列装，其最大的障碍来自希特勒；当时这种武器的有效射程是500米，相对于其他步枪而言仍然显得太短，且自动武器的弹药消耗量巨大，会进一步加重德国工业部门的压力，基于上述观点，希特勒下令停止该枪的研制和生产。1942年12月，为促使这些枪械在部队列装，德军在拉斯腾堡精心组织了一次火力展示，由元首护卫营的一个9人制步兵班使用MKb 42和手榴弹攻击模拟的敌军靶标。希特勒没有观看这次火力展示，尽管没有得到上级的支持，陆军试验和发展局还是十分低调的组织了这次试验。

1943年，德国陆军部门对MKb 42进行了一系列改进，为促使该枪顺利生产和装备，借用了冲锋枪的命名方式，命名为MP 43（Maschinenpistole 43）以暂时瞒过元首，即使这样，希特勒也只是同意使用MP 43来取代MP 40，而不是全面列装步兵部队。同年秋天，德军成立了一个鉴定小组，对MP 43进行鉴定，其鉴定结果是MP 43应当和机枪、狙击步枪、步枪、手榴弹一样，成为步兵班组武器。在向该小组提交的秘密战术文件中，德军指出：

MP 43首先是一种可以单发的步兵武器，其次才是一种自动武器，随着这种武器性能的逐步改进，可以满足基层部队对步兵自动武器的需求。这种武器的优点在于，可以为步兵提供较高的射速和精度，提高杀伤命中率；MP 43的射速单发时为每分钟22~28发，而其他步枪的射速为每分钟8~10发，特殊情况下，MP 43也可连发，射速提高到每分钟40~50发……MP 43使用短弹筒子弹，能够对1000米以内的目标实施打击，也能在600米的距离上击穿敌军的钢盔……考虑到MP 43的高射速，必须对士兵规定严格的射击纪律，以减少弹药的消耗：通常情况下，应当利用MP 43单发时的高精度这一优点，使用单发射击方式来打击单个目标，在其他情况下，如突破敌军防线或者是在近距离内抗击敌军的进攻，也可以使用连发的射击方式，以充分发挥MP 43射速高、火力猛的优点；当然，在连发状态下，也只能进行短点射（每次发射3~4发），持续的连发射击在任何情况下都是被禁止的。德军研究认为，步兵班通常与敌在500米的距离内实施战斗，使用MP 43完全符合战斗需求。

鉴定小组给予MP 43高度评价，他们认为：MP 43在能够承受敌军的突然打击，可以在堑壕战中发挥威力；在进攻战斗中，MP 43可以发挥火力猛烈和火力精准的优长迅速打击敌军；步兵班的机枪处于移动状态时，MP 43也可采取连发射击，以提供持续的掩护火力；步兵装备MP 43之后，步兵班和步兵排可以大胆地机动，而不用担心火力中断所带来的危险；作为士兵来讲，看到自己手中武器的威力之后，将产生强烈的自信，这种士兵通常能在战斗中取得胜利。作为试点部队的第1步兵师第43掷弹兵团也认为，在近战中，MP 43小巧灵活，使用方便，比机枪具有更好的适应性。1943年年底，该枪装备了苏德战场的德军士兵，同年，意大利战场的部分德军步兵也装备了这种枪械。

具体战斗时，装备MP 43的步兵排通常被告诫说要控制自己的火力（MP 43射速快，需要节省子弹），只要条件许可，尽量依靠支援火力实施战斗；步兵排一般只攻击600米以内的目标，指挥员指挥战斗的重点之一就是使用"火力班"（装备MP 43的步兵班由于火力猛烈，也可充当火力班的角色）与敌军实施火力交战；理想情况下，只要步枪手能够按照班长的命令实施战斗和射击，班长就能较好的控制全班战斗，使作战行动一直处在火力掩护之下。在战术使用上，装备该枪的步兵排特别适合执行战斗巡逻和战斗侦察的任务，可在进攻或防御战斗中担任预备队的角色，也可搭乘车辆或坦克实施袭击或追击行动。

MP 43在东线显示了威力，许多部队要求增加该枪的配备量。后来根据战场的需要，设计人员又为其设计了一些附属备件，其中就包括ZF-4型光学瞄准镜甚至是ZG-1229型红外夜视装置，改进后的MP 43重新更名为MP 44。希特勒了解到该枪的真实使用情况后，下令加大产量，并亲自将其命名为"Sturmgewehr 44"突击步枪，简称Stg 44。1944年，德军提高了MP 44的产量，

▲ 1944年12月，在阿登战役中，1名党卫军士兵正在跑步通过1辆被美军第14骑兵团遗弃的半履带装甲车。该名士兵手持Stg 44突击步枪是世界上第一款真正意义上的"突击步枪"，尽管该枪略显粗糙，但在当时是一款效率较高的武器，从根本上影响了步兵分队战术发展。在德军步兵的装备体系中，Stg 44突击步枪正逐步取代MP 40冲锋枪和K98K枪栓步枪，成为德军步兵的制式武器。照片上这名德军党卫军士兵胸前挂着子弹袋，可以装3个容量为30发的弹匣。

同时月产4800万发子弹，尽管如此，德国落后的军工生产还是不能满足德军日益增长的武器弹药需求。到1944年5月，德军超过30个作战师和其他一些作战单位部分装备了MP 44，德军官兵使用过后对该枪赞不绝口，都提出用该枪取代枪栓式步枪、半自动步枪和冲锋枪的请求：武装党卫军第5"维京"装甲师甚至提出，只要该师80%的步兵配备自动突击步枪，就能更好的完成上级交给的任务；一些单位并不担心该枪的刺刀问题，并认为MP 44可以取代一部分机枪的功能。根据德军步兵装备的实际情况，步兵连编了1个增强火力的"冲锋枪排"。到1944年9月，德军决定要为所有的步兵都装备突击步枪，预计到1945年夏

天，超过70%的步兵师都将拥有装备突击步枪的"突击排"。

在二战时期的德军步兵班中，一端是步枪老旧原始但短小轻便的步枪手，一端是火力强悍的机枪组，两者虽有天壤之别，配合起来却相得益彰。《军队服役指南》的作者赖伯特曾这样总结每种武器的角色：步枪是步兵在中距离上的主要武器，轻机枪是步兵连在1200米距离上的主要打击武器，步兵排的轻迫击炮主要负责打击50-450米距离上的目标，冲锋枪和手枪则是典型的"近距离"作战武器，手榴弹能够投掷到40米的距离，是步兵手中的

▲1940年版《军队服役指南》。

"炮弹"，爆炸半径是3-6米，弹片的杀伤半径是10-15米，真正的近距离作战武器是格斗武器，如刺刀、工兵铲等。

第二节 德军步兵分队

德军步兵连
装甲掷弹兵连（1944年）

连部：1名军官，7名士官，9名士兵；装备步枪10支，手枪3支，冲锋枪4支。

运输工具为汽车3辆，摩托车4辆。

装甲掷弹兵排×3：每排1名军官，4-5名士官，38名士兵；装备步枪26支，手枪13支，冲锋枪4支，轻机枪6挺。

运输工具为汽车5辆。

机枪排：1名军官，8名士官，42名士兵；装备重机枪4挺，81毫米迫击炮2门，步枪27支，手枪17支，冲锋枪7支。

运输工具为汽车6辆。

总兵力：3名军官，29名士官，165名士兵（总兵力197人）。

国民掷弹兵步兵连（1945年3月）

连部：1名军官，5名士官，14名士兵；装备步枪16支，手枪1支，冲锋枪3支。

运输工具为马车1辆，拖车1辆，马1匹，摩托车5辆。

第1（突击步枪）排：1名军官，3名士官，29名士兵；装备步枪5支，手枪2支，冲锋枪26支，轻机枪3挺。

运输工具包括：马车2辆，拖车1辆，马3匹。

第2（突击步枪）排：4名士官，29名士兵；装备步枪5支，手枪2支，冲锋枪26支，轻机枪3挺。

马车2辆，拖车1辆，马3匹。

第3（步枪）排：4名士官，29名士兵；装备步枪20支，手枪4支，冲锋枪9支，轻机枪3挺。

马车2辆，拖车1辆，马3匹。

总兵力119人。

国民掷弹兵重武器连（1945年3月）

总兵力194人。

装备108支步枪，47支手枪，39支冲锋枪，1挺轻机枪，8挺重机枪，6门81毫米迫击炮，4门75毫米榴弹炮。

运输工具为28辆马车，16辆拖车，45匹马，5辆自行车。

国民掷弹兵（第13）步兵炮连（同上）

总兵力197人。

装备145支步枪，21支手枪，31支冲锋枪，5挺轻机枪，8门120毫米迫击炮，4门75毫米榴弹炮。

运输工具为33辆马车，1辆汽车，2辆拖车，89匹马，4辆自行车。

国民掷弹兵（第14）反坦克连（同上）

总兵力167人。

装备91支步枪，63支手枪，14支冲锋枪，4挺轻机枪，72具"坦克杀手"。

运输工具为19辆马车，1辆汽车，1辆摩托车，12辆拖车，30匹马，2辆自行车。

战术步兵连（1944年末）

连部：1名军官，1名士官，5名士兵；装备6支步枪，1挺轻机枪。

步兵班1：1名士官，7名士兵；装备6支步枪，1支手枪，1支冲锋枪，1挺轻机枪。

步兵班2：1名士官，7名士兵；装备4支步枪，2支手枪，1支冲锋枪，1挺轻机枪。

步兵班3：2名士官，8名士兵；装备6支步枪，2支手枪，1支冲锋枪，2挺轻机枪。

步兵班4：1名士官，8名士兵；装备6支步枪，2支手枪，1支冲锋枪，2挺轻机枪。

重机枪班：2名士官，6名士兵；装备2挺轻机枪，6支步枪，4支手枪。

工兵排：2名士官，28名士兵；装备24支步枪，3支手枪，3支冲锋枪，3挺轻机枪。

工兵反坦克班：1名士官，6名士兵；装备6支铁拳，6支步枪，1支冲锋枪。

总兵力87人。

步兵连弹药发放情况（1940年）

步枪备弹90发（营连一级另外储备40发）；

冲锋手枪备弹192发（分装在6个弹匣里）；

轻机枪备弹3100发；

重机枪备弹5250发；

手枪备弹32发。

德军步兵排

步兵排（1943年）

排部：1名军官，1名士官，4名士兵。

步兵班×4：每班有1名士官，轻机枪组3名士兵，步枪手4名士兵。

轻型迫击炮班：1名士官，迫击炮组2名士兵。

全排装备1门50毫米迫击炮，4挺轻机枪，34支步枪，11支手枪，5支冲锋枪。

总兵力49人。

步兵排（1944年）

排部：1名军官（第2排和第3排经常由士官担任排长），5名士兵；装备步枪4支，手枪2支，冲锋枪1支，轻机枪1挺；马车2辆，拖车2辆，马3匹。

步枪班×3：每班1名士官，8名士兵；装备6支步枪，1支手枪，2支冲锋枪，1挺轻机枪。

总兵力33人。

国民掷弹兵排（1944年）

排部：排长，班长，3名士兵；装备3支步枪，1支手枪和1支冲锋枪。

步兵班×2或×3：每班1名班长，8名士兵；装备3支步枪，1支手枪，3支冲锋枪，1具"坦克杀手"，1支"铁拳"。

国民掷弹兵排（1945年3月）

突击步枪排：排部，突击步枪班×2，步枪班×1；步枪排：排部，步枪班×3（每班1名士官，8名士兵）。

德军步兵班

二战期间，德军步兵班的编制主要有三种类型：

十人制步兵班

在两次世界大战期间，德军把班看成是两部分的组合：机枪组和步枪组。此时，两组之间的协调性还比较差。1939年以后，随着MG 34机枪和MP 38冲锋枪逐步在作战部队逐渐普及，德军意识到密切协同在战术上的必要性，就取消了这个区分。之后的步兵班更像是一个基于机枪的战斗单位，1941年3月修订下发的《步兵训练大纲》（Ausbildungsvorschrift für die Infanterie）所阐述的10人制步兵班的编制装备也证实了这一点，该编制装备建立在最大限度发挥步兵班火力的基础上，在战争后期被广泛应用：

班长：携带自动手枪、6个弹匣、望远镜、铁丝网钳和哨子；

轻机枪正射手：携带MG 34轻机枪、1个弹鼓、手枪、工具袋、手电筒；

轻机枪副射手：携带备用枪管、背带、1个弹药箱和4个子弹带（其中之一为穿甲弹）、手枪、工兵铲和太阳镜；

轻机枪弹药手：携带备用枪管、背带、2箱子弹，步枪和工兵铲；

6名步枪手：主要负责近战，军衔最高或资历较深者任副班长。所有人配备步枪、2个子弹袋、工兵铲、手榴弹（包括发烟手榴弹）、机枪弹链和炸药包，几名士兵也可能合力携带轻机枪使用的三脚架。

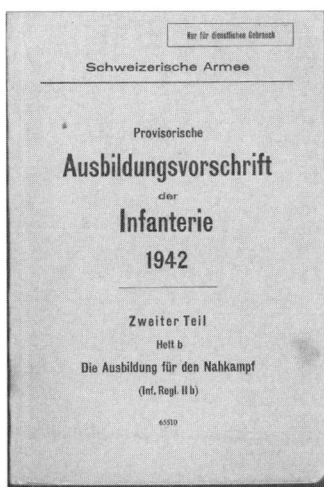

▲ 1942年版《步兵训练大纲》。

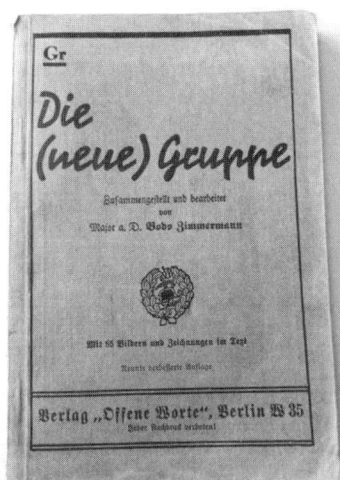

▲ 1935年版《突击小队》。

十三人制步兵班

齐默曼的《突击小队》（Die Neue Gruppe）一书指出："在现代战斗中，步兵班是步兵最小的战术单位"。步兵班是步兵的基础，从1940到1943年末，德军的每个步兵排都有4个步兵班、1个排部和1个三人组的50毫米轻型迫击炮班，满编一共49人；每个步兵班由1名班长和9名士兵组成。不过，在德军1940年5月出版的战斗手册当中，还有一种13人制的步兵班，包括1名班长和1名副班长。实际战斗中，副班长通常作为班长的助手指挥步枪手实施战斗。在《突击小队》中，这种步兵班通常包括两个部分，即4人机枪组和7人步枪组，机枪组由班长领导，其余4人员操作机枪，掩护全班行动。步兵班所配备的武器大体一致，但根据战斗任务、支援武器的不同而略有不同，13人制步兵班携带的武器和装备清单如下：

班长：步枪、望远镜、信号袋、铁丝网钳和指南针；

副班长：步枪、望远镜、信号袋、小斧头、卷尺；

轻机枪组第1名士兵（正射手）：轻机枪、手枪、可折叠的鹤嘴锄，如果配备的是MG 08或MG 15机枪，还必须在物资袋中携带弹鼓、瞄准镜和附件。如果配备的是MG 13机枪，则装备的武器器材包括携带装满子弹带的4个弹药箱、手枪、物资袋和可折叠的鹤嘴锄；

轻机枪组第2名士兵（副射手）：手枪、可折叠的鹤嘴锄；如果配备的是MG08或MG15机枪，还必须携带装满子弹带的弹药箱、工具袋、装水工具和冷凝管、空桶、背带；如果配备的是MG13机枪，还必须携带2个装满子弹带的可背负的弹药箱、

```
                    ┌─────────────────┐
                    │      排部       │
                    ├─────────────────┤
                    │      排长       │
              ┌─────┴───────┬─────────┤
              │  通信兵×2   │  担架员 │
              └─────────────┴─────────┘
┌───────────────┐ ┌───────────────┐ ┌───────────────┐
│     班长      │ │     班长      │ │     班长      │
├───────────────┤ ├───────────────┤ ├───────────────┤
│    副班长     │ │    副班长     │ │    副班长     │
├───────────────┤ ├───────────────┤ ├───────────────┤
│  冲锋手枪手   │ │  冲锋手枪手   │ │  冲锋手枪手   │
├───────────────┤ ├───────────────┤ ├───────────────┤
│    步枪手     │ │    步枪手     │ │    步枪手     │
├───────────────┤ ├───────────────┤ ├───────────────┤
│    步枪手     │ │    步枪手     │ │    步枪手     │
├───────────────┤ ├───────────────┤ ├───────────────┤
│    步枪手     │ │    步枪手     │ │    步枪手     │
├───────────────┤ ├───────────────┤ ├───────────────┤
│    步枪手     │ │    步枪手     │ │    步枪手     │
├───────────────┤ ├───────────────┤ ├───────────────┤
│   机枪射手    │ │   机枪射手    │ │   机枪射手    │
├───────────────┤ ├───────────────┤ ├───────────────┤
│  机枪副射手   │ │  机枪副射手   │ │  机枪副射手   │
└───────────────┘ └───────────────┘ └───────────────┘
```

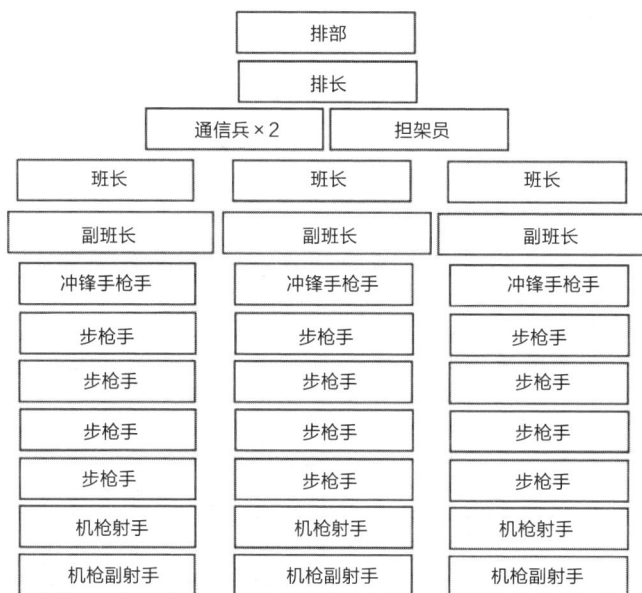

◀ 1943年的一种9人制步兵班，每班配有两支G 43步枪。

背带、空桶、露指手套；

轻机枪组第3名士兵（弹药手）：如果配备的是MG 08或MG 15机枪，则携带2箱子弹、步枪、工兵铲、背带；如果配备的是MG 13机枪，则携带2个装满子弹带的弹药箱、步枪、背带、工兵铲；

轻机枪组第4名士兵（弹药手）：如果配备的是MG 08或MG 15机枪，则携带机枪脚架、手枪、子弹箱、工兵铲；如果配备的是MG 13机枪，则携带机枪脚架、手枪、装满子弹带的弹药箱、工兵铲。机枪两脚架或三脚架体型较大，如果要求必须携带更多的子弹箱或者工具袋，则可不携带机枪脚架；

7名步枪手携带的武器装备大致相同：步枪及子弹、分插在身体各处的手榴弹、

相应的挖掘工具（根据步兵连连长的要求有所不同）。

九人制步兵班

1944年2月1日，德军下发了一种过渡性质的简短战斗手册《掷弹兵连中的突击步枪排》（Der MP Zug Der Granadier Kompanie），里面引用了鉴定小组得出的观点：应当为使用MP 43的士兵准备720发子弹，其中用6个容量为30子弹的弹匣装180子弹，供士兵随身携带；在装备MP 43的掷弹兵排中，其9人制步兵班的典型编制装备如下：

班长：MP 43、双筒望远镜、铁丝网钳、口哨；

士兵1（掷弹兵）：单发步枪（枪栓步

枪）、榴弹发射器、手榴弹；

士兵2（狙击手）：带瞄准镜的步枪、堑壕挖掘工具；

士兵3-8：MP 43、堑壕挖掘工具。

全班分工如下：

1. 班长负责指挥全班战斗行动，以完成战斗任务，同时给狙击手和掷弹兵规定打击目标；

2. 掷弹兵担任步兵的角色，攻击目标难以接近时，发射榴弹打击目标；

3. 狙击手打击单个重要目标；

4. 士兵3-8都是步枪手，使用MP 43战斗，承担近战任务，其中1人担任副班长的角色。

德军班组战斗队形

德军步兵班战斗队形分为密集队形和疏开队形。密集队形又称单线队形（纵队队形），具体人员分布为班长打头，机枪小组紧随其后，再往后是步枪兵，副班长断后；这种队形在正面看起来目标很小，同时允许班长根据情况来下达命令，主要在行军状态下采用。疏开队形又称交战队形，主要用于敌我双方交火时使用，细分为两种队形：第一种是小组队形，即步兵班以小组为单位分布在15平方米的范围内，为减少敌军火力杀伤，突击小队之间、单兵之间要保持一定的距离，但又要便于相互联络。

随着德军军事理论的发展，德军不再将步兵班简单的区分为步枪组和机枪组，小组战斗队形也不再提及。

步兵班逐渐成为一个基于机枪的战斗单位时，出现了第二种疏开队形，即链式队形。这种战斗队形是在密集队形（单线队形）的基础上，机枪小组迅速安置好机枪，步枪手移动到机枪的左边、右边或者两边（视情况而定），最终形成一条不规则的线式队形或链式队形。严格地讲，由于战场地形复杂，士兵通常在班长两翼占领射击位置后，不能形成真正的"线"，而是根据战场地形错落有致的分布，形成链式队形。一般来说，需要向敌方全力开火时，步兵班战斗队形将立即由密集队形向链式队形转变，除非受到地形限制，步兵通常会在机枪组的左翼或右翼展开，其他情况下均要求步兵以"机枪组为战斗队形中心"，在其两翼占领射击位置，展开之后单兵之间的距离通常保持在5步左右。

在开阔地带，步兵班向前机动时，所有士兵都必须将子弹上膛，打开保险；班长的基本指挥口令是"行军"和"停止行军"，无论是全班前进还是全班撤退，班长的位置总是位于离敌军最近的地方。向前推进过程中，班长一般有3个指挥口令，分别是"停""卧倒""全班射击"，用以指挥全班规避敌军火力或发扬火力压制敌军。

全班射击时，士兵都要在班长附近，既要保持一定疏开距离以减少敌火杀伤，又要将距离控制在一定范围，以便随时接收班长命令，同时确保全班协调一致的战斗行动和观察周边地区地形。受到战场环境限制时，采用其他战斗队形也是允许的，此时班长应下达一些特殊口令来调整战斗队形。面对敌军的火力打击和不利的地形时，班长应将密集队形调整为链式队形，但无论战斗队形如何调整，都应以保持全班协调一致作战为出发点。

在复杂地形行军或破除障碍（规避障碍）时，调整战斗队形是必然的。战斗队形的运用应该注重灵活性，士兵们不能为了保持队形而保持队形，战斗队形确定时，应根据地形、敌情等战场环境的不同，灵活的确定单兵之间的间隔和距离，以减小敌军火力杀伤效果，班长也应将士兵的战斗注意力从保持间隔距离等方面转移到密切观察敌情变化上来。班长的位置不是固定不变的，也不总是保持在班的先头位置。战斗中，班长可能要脱离班的战

斗队形，执行观察敌军和地形的任务，也可能调整位置，以便于和友邻班长进行协同，此时全班战斗交由副班长指挥。

为方便美军官兵了解掌握敌情，美军情报部门将德军的《步兵训练大纲》（Ausbildungsvorschrift 130/2a）转译为英文的《战斗中的德军班组》（German Squad in Combat），虽然配上了图释并重新编辑之后实用性大大增强，但准确性有待提升。举例来说，德语"Taschenlampe"一词通常被译为"手电筒"（对应英文中的"pocket lamp""flashlight"或"torch"），但在这本手册中被错误地翻译为"探照灯"（search light）。不管怎么说，美军认为德军战斗手册中体现出来的理论在当时处于领先水平，因此，美军组织包括情报部门和研究学者在

▲ 由德军《步兵训练大纲》转译为英文的《战斗中的德军班组》。

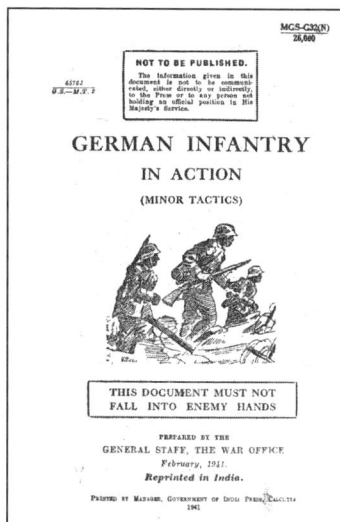

▲《战斗中的德军步兵》（小分队战术）。

内的所有力量对其进行了转译。当然其成果也或多或少带有英军研究的影子，如《战斗中的德军步兵（小分队战术）》【German Infantry in Action (Minor Tactics)】，该书于1941年出版，甚至连远在印度的部队也能看到；又如威廉·内克所著、1943年出版的商业版本《今日德军》（The German Army of Today），值得一提的是，内克还撰写了那本标题很鼓舞士气的《纳粹德国必败》（Nazi Germany Can't Win）。

德军步兵班火力交战

随着德军战斗理论的发展，将步兵班分割为机枪组和步兵组的传统做法被逐步摒弃，根据战斗任务与目的的不同，步兵班所属各类武器灵活组合成不同的突击小队。在火力交战中，步兵班是一个战斗整体，班长指挥轻机枪发扬火力压制敌人，步兵则尽量靠近至有效射程后发扬火力打击敌军；在攻击小型目标时，步兵班在火力掩护下靠近敌军后，掩护火力向纵深转移，此时最有效的打击武器当属神枪手（步兵班中射击技术最好的士兵，注意不要与狙击手混淆）手中的步枪；如果上级掩护火力与步兵班的火力同时打击目标，步兵班各个战斗人员围绕目标分散配置，且班长没有在事先规定火力协同信号，步兵班战斗人员就会各自发扬火力，此时班长要想将全班火力集中起来将十分困难。

班长在指挥全班火力打击时，如果下达"自由射击"的口令，则战斗人员往往会瞄准目标的核心位置实施打击，以期快

速完成战斗任务，如果班长没有下达任何口令，战斗人员就不会开火，除非目标在近距离上突然出现；班长也可根据目标的性质，指定全班火力打击的部位，战斗人员则会按照班长的口令，瞄准指定的部位实施射击。

在交战中，班长必须时刻考虑本班弹药的消耗情况。步兵班的弹药携行量有限，一次战斗中不进行补给就执行多种战斗任务并长时间战斗是不可能的。战斗中机枪一般都要保留200—250发的预备弹药，班长时刻掌握全班弹药消耗情况，并决定有限补充弹药的人员和数量，士兵则要利用战斗间隙，关注自己的弹药消耗情况，并上报班长自己弹药的剩余情况。

《步兵训练大纲》详细地阐述了几种火力交战的战术情况。步兵班就位，有效隐蔽且发现敌军时，班长的职责是选择好打击部位、掌握好火力打击的突然性，可能的话，最初只是用轻机枪实施射击；确定打击部位之后，班长必须向士兵明确打击距离、目标类型和位置，如"目标：农舍的顶部横梁，向右1指幅，敌军机枪"，士兵听到此口令后，报告说已看到敌军武器发射时的火光，或者向班长报告"机枪在绿色灌木丛后90米的位置"，表示自己已经接收到班长的命令；班长下达开火口令后，机枪手伪装好机枪，并占领射击位置实施开火，机枪副射手位于机枪手左侧或侧后，尽量实施隐蔽，并随时准备接替机枪手实施射击。步兵班与敌正面接触并遭到敌军火力打击时，班长的指挥口令

必须简洁、实用，如"全班注意，目标邮局，机枪占领灌木丛，打击目标左侧，距离450米，自由射击"。步兵班担负掩护任务、并为其他单位战斗提供火力支援时，班长的指挥口令是"自由射击"或"掩护火力"。

在火力交战的训练中，通常使用不同的旗子来模拟不同方向、不同位置的敌军。不同的旗子代表不同性质的目标，训练中步兵班必须在最短的时间内判断出对其威胁最大的目标，班长快速下达简洁、清晰的指挥口令，组织战斗人员与敌军交战；通过不同的战场态势引导全班作出创造性的对策。如在步兵班的防御训练中，步兵班掘壕固守，敌军步兵从远距离开始接近，或者是几名敌军步兵从距离步兵班457米的地方匍匐向步兵班接近，此时，为了不暴露步兵班的射击位置，确保敌军进入到轻武器的有效射程，步兵班应该保持静默，并密切关注敌军动向，待其进入有效射程后，再组织全班火力予以打击；敌军步兵进攻时，其机枪往往位于步兵战斗队形后方约366米处，相对单个的步兵而言，机枪组是一个高价值的目标，也是步兵班的一大威胁，一经发现就必须立即组织火力予以压制；敌机枪火力偃旗息鼓后，班长就必须组织本班的机枪组迅速转移到预备发射阵地，以防止敌军可能的报复。另一方面，敌军集群步兵推进至距步兵班防御前沿550米时，目标就应立即予以打击，班长应选派部分人员，对出现的目标实施突然的火力打击——"火力打击之

首要，就是阻止敌军步兵继续前进，并迫使其撤退"；如果在此情况下，更为致命的目标（如敌军机枪）出现，且班长来不及为机枪指示目标，他就应该直接操作机枪，以迅猛的火力打击敌机枪组，同时也为全班指明优先打击的目标。

可以看出，问题的关键就是班长的指挥能力。必须通过训练，使他能够针对战场出现的突发情况和复杂的战场环境，快速作出正确的决定，并将简短、清晰的口令下达给全班战士。在组织全班与敌进行火力交战时，班长必须牢记以下几点：

1. 确保目标清晰明确，并快速构设打击方案；

2. 确保射击的士兵有良好的视界和射界，并处在良好的射击位置上；

3. 确保轻机枪有预备发射阵地，以便在基本发射阵地发扬火力后能够快速转移至预备发射阵地，避开敌军可能的火力报复；

4. 机枪组在转移中需要在确认自身隐蔽后才能向新的阵地转移——而不是在被敌方观察到的情况下运动。

第三节 德军步兵分队战术的理论发展

二战初期，根据以往的战争经验和新式武器装备的要求，德军下发了一系列作战训练手册；同时以这些作战手册为基础，改编出了一系列的商业版本，以其通俗易懂、故事性强的特点受到广大官兵的

欢迎。德军下发的《步兵训练大纲》详细阐述了步兵分队的战术。1940年和1941年，德军对该大纲进行了两次改版并重新下发，其内容涵盖了步兵分队编制、班排战术和训练、步兵分队武器操作使用、简易信号通信以及一些野战训练。然而，现在可以发现，德军官方出版的各类战斗条令的部分内容已经落后于当时的战斗实践，一些具有超前意识的德军军官和士官在实战中代之以那些具有超前意识的商业版本，如本章开头提到的1938年版《战士手册》，该书首次介绍了MG 34机枪的操作使用及战术运用；又如经常被官兵使用的《军队服役指南》，该书由步兵学校教员赖伯特撰写，1940年1月出版。相对于德军官方出版的战斗手册，《军队服役指南》

所涵盖的内容较为广泛，一个初级步兵军官需要了解的知识该书都有所涉猎，主要有步兵战术、历史与传统、详细的编制体制介绍、军衔、军服和各类服饰的介绍、指挥与协同、防毒气训练、武器操作与使用、后勤保障、马术训练等等。该书理论性不强，但具有较强的可读性和可操作性，与老兵战斗经验介绍相似，因而在德军官兵中得以广泛流行。

另外一本较为出色的书籍是1940年出版的《突击小队》，该书是一本半官方性质的书籍，由博多·齐默曼（Bodo Zimmerman）少校所著，内容与官方出版的战斗手册大致相同。齐默曼上校是一位战术素养较高的军官，一度成为德国陆军参谋部首席作战参谋，主要参与西线德国

▲1941年版《军队服役指南》。

▲1938年版《战士手册》。

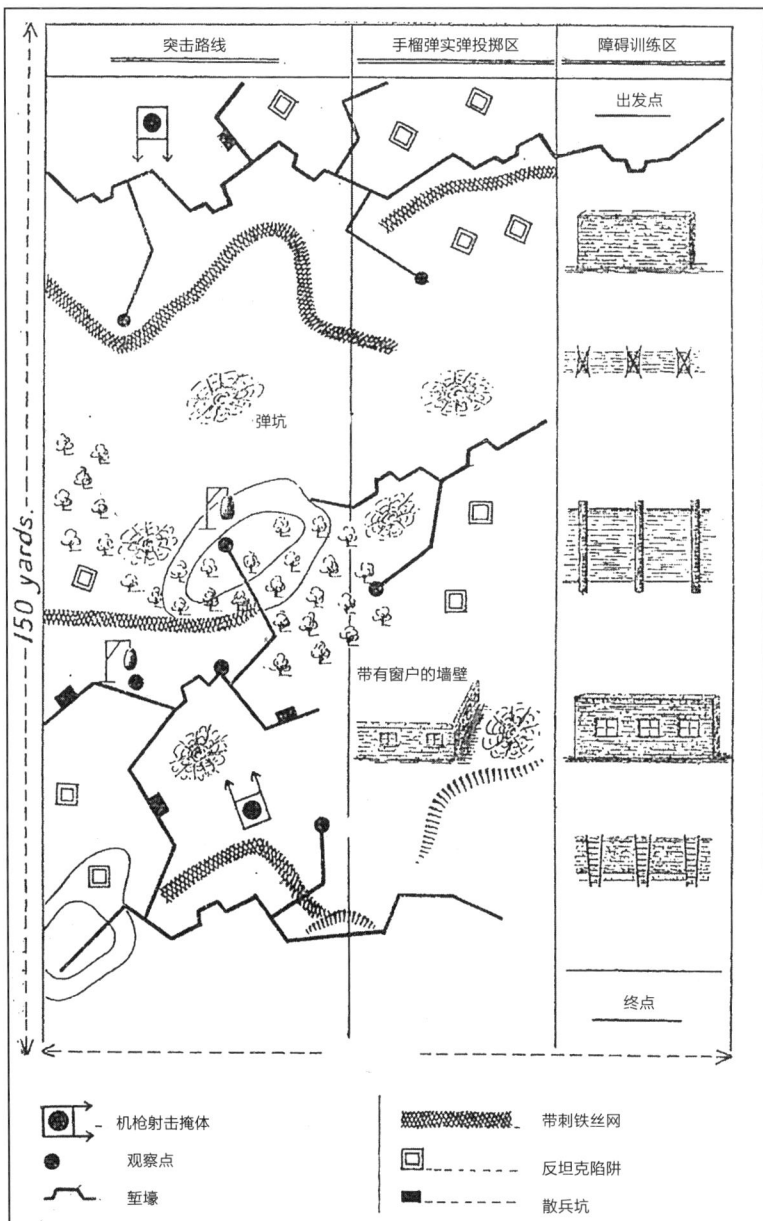

突击路线　　手榴弹实弹投掷区　　障碍训练区

出发点

150 yards.

弹坑

带有窗户的墙壁

终点

机枪射击掩体

观察点

堑壕

带刺铁丝网

反坦克陷阱

散兵坑

▲ 英军于1941年2月发行的第35期《德军简报》，里面摘录了德国带有官方性质出版物中所刊登的"近战训练场"。尽管整个区域的规格只有137米×91米，但德国人还是在狭小的区域内设计了实战中可能遇到的若干种战场环境。训练区域从左向右分别为进攻战斗训练区、手榴弹实弹投掷区和障碍训练区。

陆军的作战筹划，对西欧战场较为熟悉。上校于1963年过世，其回忆录对于研究诺曼底登陆战役及后续发生的若干战役、战斗的学者具有较强的借鉴意义。他出版该书主要基于两个动因：一是为基层官兵提供战斗指导，以应对即将到来的战争；二是在原有的官方战斗手册中，部分理论建立在一战德军编制体制的基础上，其内容已经过时。齐默曼在出版《突击小队》的同时，也利用已有的研究成果，将自己在1930年出版的《战士》进行了改版。

德军步兵战术的基础，即班、排战术在战前已经发展成熟，但纵观二战全程，还是发生了很大变化，这主要是战场环境和步兵武器装备的变化造成的。随着战争的发展，德军官兵的战术素养和士气有所下降，德军的应对办法之一就是在步兵中增加自动武器的数量，以获取足够的火力优势，增强官兵战斗的信心。特别是在东线战场，面对苏联红军"人海战术"，自动武器的数量显得特别重要。这与第一次世界大战有些类似，在一战前两年，德军的攻势被遏制之后，面对西线英法联军的"人海攻击"，德军采取了相同的措施来获取火力优势，缓解步兵的压力。

随着时间的推移和MP 44的列装，步兵战术也逐步发生改变，步兵与其他武器协同、集中各个突击小队的火力攻击目标

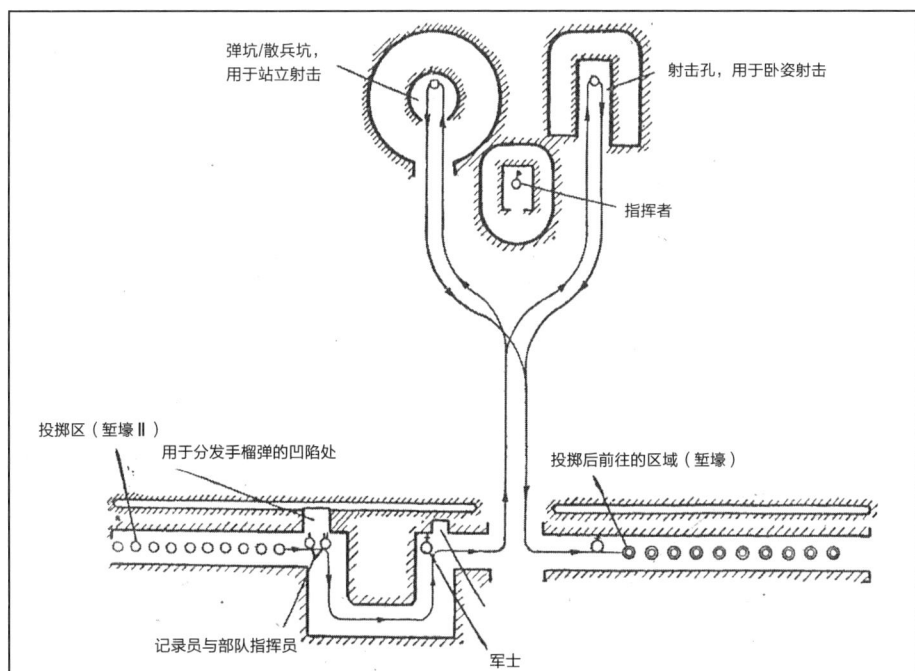

弹坑/散兵坑，用于站立射击
射击孔，用于卧姿射击
指挥者
投掷区（堑壕Ⅱ）
用于分发手榴弹的凹陷处
投掷后前往的区域（堑壕）
记录员与部队指挥员
军士

▲ 1938年版《战士手册》中手榴弹投掷训练工事的俯视图。

▲ 聚会上的德军高级指挥官，包括隆美尔、伦德施泰特、布鲁门特里特、施派达尔和布拉斯科维茨，近处最右者为博多·齐默曼。

正在变得日益重要；根据任务需求随机编组的战斗群逐步出现在战斗编组中，在战术理论中也出现了"任务主导式战术"；这种理论并不算新鲜，德军在1920年出版的《帝国国防军》（Reichswehr）中，就提出过类似的思想，1944年美军发行的《德军连长战斗手册》（Company Officer's Handbook of the German Army）对这种理论作出了解释：

"德军编制的特点之一就是灵活性较高，其中最为典型的例子就是其战斗组或者称之为'战斗群'的变化；尽管德军编制表可用于大致了解单位实力，但就作战而言，实际价值不大。德国师在进攻或防御战斗中可能编为一个或多个战斗群……在德军的军事术语中，'步兵战斗群'是一个不确定的概念，其规模可能是一个加强步兵连，也可能是一个加强步兵团。"

▶ 隆美尔、伦德施泰特和隆美尔的参谋长阿尔弗雷德·高斯在巴黎讨论战局，照片中最右侧就是博多·齐默曼。齐默曼1906年服役，1920年以少校军衔退役之后开始经营一家专门印刷军事教程的出版社，1939年重新加入国防军，战争结束时已经晋升为中将。

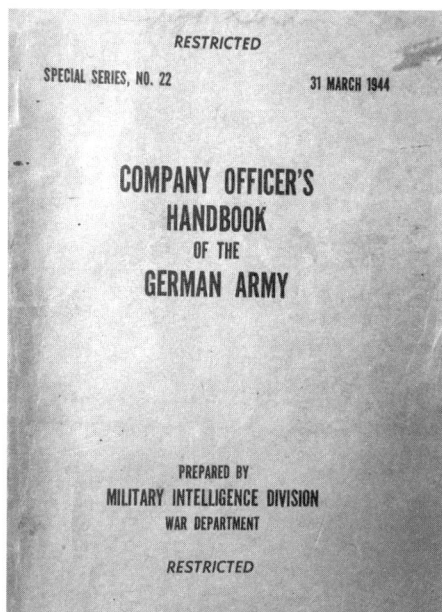

RESTRICTED

SPECIAL SERIES, NO. 22　　31 MARCH 1944

**COMPANY OFFICER'S
HANDBOOK
OF THE
GERMAN ARMY**

PREPARED BY
MILITARY INTELLIGENCE DIVISION
WAR DEPARTMENT

RESTRICTED

▲《德军连长战斗手册》。

战斗群通常以其指挥官的名字来命名，可能包括多个战斗兵种，包括步兵、装甲掷弹兵（装甲步兵）、装甲兵、炮兵、工兵、甚至是其他军种的单位。随着战斗进程的发展，战斗群下属的各个兵种也可能随时转隶给他人，因此其编组也不是固定的。德军认为应该强化战斗群独立战斗能力，因此其内部编成趋向于平衡，各个兵种比例十分科学合理，但有时紧急情况和自身兵力的缺乏也会导致战斗群功能单一或内部凝聚力不强。在西西里战场，赫尔曼·戈林装甲师曾编成厄林格（Öhring）战斗群；哈姆（Hahm）战斗群；雷霍兹（Rebholz）战斗群和费尔曼

（Fährmann）战斗群，这些单位混合了步兵、装甲车辆、坦克、突击炮、高射炮甚至是意大利的步兵。其编制是临时的，只是在特定的战斗环境中围绕某一作战目的的临机编组的战斗单位，战斗结束后就会解散。例如保卢斯（Paulus）战斗群，该单位根据1943年7月底的战斗形势，为抗击盟军登陆行动而组建，以装甲侦察连连长的名字命名，包括2个重炮连、1个装甲步兵连和1个由师部指派的"特种连"；又如加强营级别的海尔曼（Heilmann）战斗群，由伞兵部队、反坦克单位、炮兵和3辆自行火炮组成，还象征性地纳入了32名意大利伞兵（其中8人是军官），该群被投入阿普利亚（Apulia）北部来迟滞盟军的进攻；再如劳（Rau）战斗群，为防御意大利的泰尔莫利（Termoli）而紧急组建，其中383名官兵来自8个单位，装备火炮10门，自行火炮1辆，机枪24挺。

　　1945年年初，二战行将结束时，美国的军事理论研究者才开始探究德军基于战斗群的战术本质。德军的战斗群包括战斗部队与指挥机关，战时根据任务的不同，选择不同的战斗部队和指挥机关，临机组成一个战斗单位。应当承认，这是一种较好的做法，它能够快速适应战斗任务和当前作战环境。值得注意的是，战斗群有时并不只由陆军单位组成，也可能包括空军、海军和党卫军部队，如黑尔（Heer）战斗群，此时其指挥官及其指挥机关主要来自于占主导地位的军种。战斗群组建以后一般是单独执行战斗任务，并不依赖其

他兵力协同。总之，"二战前人们通常认为德国人的战术较为呆板，具体运用时也缺乏灵活性和主动性，通过这场战争，这种认识被颠覆了。二战中的无数事实证明，德国人在战斗中勇敢坚定，战术灵活，作战主动性较强。"

二战末期，德军步兵进攻战术的关键词是"接敌运动和出发"。步兵连在战斗区域的纵深出发，在炮兵火力的掩护下，成纵队向敌防御前沿接近；在接敌过程中，一旦与敌发生遭遇战或者是遭到敌军猛烈的火力打击，步兵连一般展开成排战斗队形；在向敌发起攻击时，步兵连将分散开来，利用一切可以利用的地形逐步攻击前进，在上级火力掩护下，逐步向敌前沿目标（如堑壕）发起攻击；在实际攻击行动中，往往采取渗透、穿插和强行突破的手段；第一波突入敌防御前沿阵地的是各类突击队，占领敌防御前沿阵地的若干关节点，形成突破口，后续攻击分队则从突破口中投入交战，向纵深发展进攻，同时部分攻击分队向突破口两翼扩张，以巩固和扩大突破口。

第四节 德军步兵分队进攻战术

德军认为，进攻往往是在获得优势后实施的，相对防御而言，进攻者具有较大的主动性，能够自主地选择进攻地点和战斗发起时间。在进攻战斗中，步兵往往是最后夺取胜利的决定性兵种，其他各个兵种都为步兵战斗提供支援，正如《步兵训练大纲》中指出的那样，在进攻战斗中，数量优势往往并不是决定胜负的因素，领

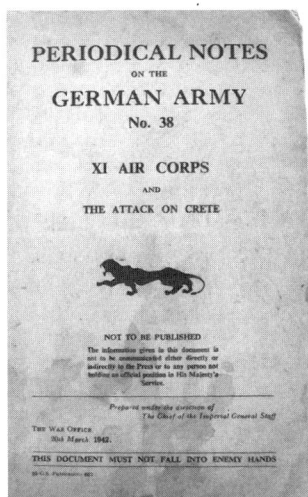

▲ 英国陆军部发行的《德军简报》。

导能力、指挥能力、训练水平、战斗意志等因素决定了步兵单位战斗力的高下；德军在1918年下发的战斗手册中也指出：进攻掘壕固守的敌军，其进攻能力的取决于平时的训练水平、装备质量、战斗准备和战胜敌军的信心。

进攻准备

德军通常在进攻战斗发起的前一天，从不同的战斗分队抽组8-10人的战斗骨干，带领一个突击小队，以战斗巡逻的方式对预定目标实施试探性的战斗侦察。在1940年发生的几次重大战役之前，法国人在萨尔前线的战斗中对这种战术有着深刻的认识。这种突击小队（Stosstrupp，字面意思为"震慑部队"，通常译为"突击小组"），一般由中尉领导，包括2名军官、

3-4名士官和若干名士兵；这些人员并非来自"专家们的马戏团"，而是从普通的步兵营或步兵团中临时抽组。

英军陆军部1940年5月发行的《德军简报》（Periodical Notes on the German Army）对此进行了详细描述：德军执行战斗侦察的突击小队人数在25—60之间；通常会配属携带爆破筒的工兵，其使用报告已多次传来。为确保战斗侦察任务的完成，通常在任务开始之前、抽组人员之后，实施针对性的训练（一般以分阶段训练的形式进行），训练前通常会制定针对性的训练计划……至于武器，军官携带左轮手枪（也可能是半自动手枪），士官们携带冲锋枪，普通士兵携带步枪和手榴弹（每人4枚），根据一名俘虏的供述，突击小队还配有轻机枪甚至是重机枪；突击小队实施战斗侦察时，可以得到步兵武器或各类炮火的支援，这种支援火力可能持续几个小时，但通常不会超过20分钟，一般是方形弹幕，后面跟随着机枪火力……执行战斗侦察的突击小队通常分为2组，每组由1名军官和1-2名士官带领，每组都有特定的侦察任务。在剪断电话线、在铁丝网中打开缺口、掩护部队就位、目标被包抄或包围后，突然对敌发起攻击，以探明敌军的火力配系、战斗部署等内容。

接敌行动

步兵连在进攻战斗中，有一个接敌展开的过程，即在距离敌防御前沿一定距离上，步兵连开始接敌，而后在行进过程中由连队形展开成排队形，而后继续展开成班队形。为保持接敌速度，尽管此时步兵连进行了展开，但展开后的步兵班仍然是以密集队形（单线队形）实施接敌运动，也就是在这个时候，步兵班、步兵排将接到来自上级的最后攻击命令。步兵排的攻击队形，一般包括前三角队形、后三角队形等队形。前三角队形是1个步兵班在前，2个步兵班在先导班的左后侧和右后侧，后三角队形则与此相反，2个步兵班在前，1个步兵班在后；地形复杂，不便于观察、且敌军位置较为模糊时，使用前三角队形。先导班与敌接触时，后面2个步兵班将视情采取正确的行动。步兵排采取前、后三角队形机动时，只要情况允许，如在上级火力掩护下或没有遭到敌军火力打击，往往使用密集队形（单线队形）实施徒步机动。

冲击行动

接到上级展开的命令后，步兵班将展开成交战队形（疏开队形），通常轻机枪位于先头首先展开。在上级火力掩护下，展开后的步兵班对敌军发起攻击。根据支援火力的强度、敌军火力和地形情况的不同，步兵班发起攻击时，可采用跃进、匍匐前进等战术动作；如攻击时遭遇敌方有效火力打击，步兵班必须使用自身的火力，完成火力的本职任务（即夺取火力优势），压制敌军火力的有效发挥，掩护士兵向前推进；攻击时，火力必须与机动紧密结合，同时士兵要充分利用地形的掩蔽效果，如果地形较为开阔，可供掩蔽的地物较少，士兵就必须在开阔地上快速挖掘掩体，在此过程中，轻机枪必须提供持续的火力掩护，直至掩体被快速挖掘出来；遭遇敌军炮火严密控制地段时，如地形和战斗任务允许，选择有利道路实施绕行，反之，就必须利用敌军炮火间隙，拉开间距快速通过敌炮火封锁路段。

步兵班通常在步兵排或步兵连的编制内实施进攻行动。正如英军下发的《德军步兵战斗》（German Infantry in Action）指出：连级单位是德军的基本战术单位，步兵连是步兵战斗当中的一个重要因素。步炮协同、步坦协同、空地协同等战斗协同通常由连这一级来组织实施，其协同水平的高低对步兵连攻击行动的成败有着巨大的影响。按照步兵连或步兵排的战斗协同计划，步兵班与其他单位必须同时发起攻击，因此，步兵班长必须在指定的时间节点将全班快速带到攻击发起位置；为节省士兵体力，以保持充沛的体力投入后续的战斗，步兵班长带领全班机动至攻击发起位置时，往往采取大步走或是徒步行军的形式；机动路线的选择、机动途中遇到敌情的处理，由班长自行决定，以避免较大的损失为准。

从攻击发起位置向敌军发起攻击时，步兵班一般采取跃进冲击的方式。在战场上，步兵班的跃进方式一般有全班跃进和全班分组跃进两种。在理想情况下，如敌火力中断，可以采取全班跃进的方式，即机枪组报告做好火力掩护准备后，其余战斗人员一

次性从一个掩蔽点向下一个掩蔽点跃进；这种跃进方式较为系统，班长指挥难度较小，其指挥口令只有一个"步兵班，准备跃进，跃进"；战斗人员听到口令后，以突然跃起的方式向班长指定方位实施跃进。

在多数情况下，步兵班要冒着敌军火力实施冲击，此时步兵班一般采用分组交替掩护的方式实施跃进，即班长指定1个突击小队跃进，其余各组则实施火力掩护，第一组到位后占领有利射击位置，掩护下一组人员跃进，以此类推，各组采取交替掩护的形式向前推进；当然，步兵班在敌火力打击下机动，需要上级提供及时的火力支援。

在冲击或接敌过程中，班长必须根据所处的战场环境灵活选择跃进、冲击的方式和战术动作。在穿越被敌军炮火掩护的大桥时，最好的方法就是利用敌军炮火间隙实施长距离跃进；在攻击被敌军控制的高地时，应该隐蔽迅速地接近，进至一定距离后突然发起攻击；在冲击过程中遭到敌军炮火拦阻或打击时，最好的选择不是寻找掩体躲避炮火，也不是撤退，而是拉大距离快速通过；敌军炮火被我军火力有效压制时，步兵班应快速通过；步兵班在近距离遭敌军火力有效打击时，应将短距离跃进、匍匐前进等战术动作结合使用，避免被敌火力大范围杀伤。

德军步兵班冲击时，其掩护火力一般来自后方的分队，德军步兵排在进攻时，排长一般指定一个步兵班的兵力实施火力掩护，并将其火力集中在前方步兵分队的"突破点"上（突破点可能选择在敌

军防御正面，也可能是翼侧或后方的防线上）。1939年11月，即第二次世界大战初期，法国人将德军这种进攻时的掩护火力称之为"攻击火力"，认为这是一种新型的火力使用方法，"能够震慑敌军，迫使其认为遭到大量兵力的攻击，并促使其产生投降的意图"。步兵班在狭窄正面上突破敌防御前沿并夺占敌一线阵地后，并不会停下来，而是继续向前推进，特别是在敌军抵抗较为薄弱的地方，将继续向敌战术纵深推进。

火力交战

进攻战斗由敌我双方各类重武器实施的火力交战拉开序幕。打击敌军防御要点、取得火力优势的重武器主要包括榴弹炮、步兵炮和重机枪；如在有效射程范围内，轻机枪也将加入火力交战；己方火力优势不明显，或者要为后续战斗创造更有利条件、且目标在有效射程范围内时，步枪也将加入火力交战，但获取火力优势、实施长时间的火力交战不是步枪手应该承担的战斗任务。

在攻击过程当中，特别是突入敌阵地后，只有所有攻击手段都失效时，步枪手才将通过拼刺刀等方式给予防御者最后一击，以获取战斗胜利。作为步兵班班长，在进攻战斗中，优秀的指挥水平体现在将全班战斗人员安全的带至与敌发生直接火力、兵力接触的地点，进攻战斗的胜负也取决于全班战士的战斗意志、班长的战术素养及指挥水平。

▲ 1942年版的《军队服役指南》，尽管不是德国陆军部的官方出版物，但该书仍然是最流行的战斗手册，德军也在训练中经常参考该手册的观点。整本书共342页，涵盖的内容极其广泛，包括步兵战术、德国历史、军人职责、军人服装、军衔介绍、勋章介绍、武器介绍、如何防敌化学武器、地图判读、野外行军、野战工程作业，甚至还有军马职责等内容。正如德军一样，英军和美军也发行一些非官方或者是半官方的出版物，以弥补官方出版物的不足。

在与敌直接接触之前，对于步兵班来讲，最理想的方式是静悄悄的接近，尽可能不被敌发现从而引发交火。被敌军发现后，如果没有足够的火力掩护，或者火力掩护的效果不足，步兵班将使用轻机枪压制敌军火力，打击敌防御支撑点；步兵班被敌机枪火力有效压制时，步兵应当卧倒隐蔽，同时引导本班机枪火力压制敌军火力，如轻机枪火力压制无效或轻机枪出现故障，班长应该指挥距离敌军最近的突击小队，采取交替掩护的方式接近至步枪的有效射击距离后，压制敌军火力点；步兵班整体接近至距离敌军较近的距离时，担任掩护的炮兵火力将会对步兵班造成误伤，因此炮兵火力等掩护火力将向敌防御纵深转移，此时步兵班需要实施密集射击，即以突然、猛烈、短暂的火力打击敌军。豪普特曼·韦伯在其著作《战士手册》中的"击败敌军"一章中写道，这样做的目的不仅是杀伤敌军，还要压制敌军火力，防止其还击。

赖伯特在《军队服役指南》指出，步兵班实施火力交战时，班长下达"自由射击"的口令，全班在卧姿的基础上实施隐蔽，而后向敌方射击；在战场态势较为有利的情况下，各个步兵班前后分布，后方的步兵班则只能利用前方单兵之间10-20步的缺口，向敌方防御前沿实施猛烈射击；步枪手在参加火力交战的同时，也在上级火力掩护下，将枪挂在脖子上并横放在胸前，采取高姿匍匐的战术动作向前机动，或大背枪，采取低姿匍匐的战术动作实施匍匐前进，实现火力与机动的有效结合。

突袭目标

1940年出版的非官方著作《火力打击与防护》（Der Feuerkampf der Schützen-kompanie）引用了很多官方观点，里面详细阐述了火力交战的"小战术"：如何判断距离；从一战和波兰战役中获得的战斗

▲1940年版《火力交战与防护》。

技巧；步兵分队队形的要领；火力使用和基本通信等等。还附有插图说明轻机枪手如何携带机枪匍匐前进通过敌军火力严密控制的地域；在敌军火力打击下迅速卧倒、发扬火力实施反击的动作要领。

该书还附有一些素描，详细阐述了士兵射击时，应瞄准目标的中心位置实施射击的要领；对于立姿或跪姿的目标，瞄准点应选择在目标的胸部下沿或腹部的位置，对于卧姿匍匐前进的目标，应利用其抬起上身的瞬间，瞄准其胸部上沿实施射击，子弹将会击中其头部。有趣的是，根据过去几个世纪的经验，射击骑兵时应瞄准骑手而非马匹。

有时仅仅凭肉眼根本无法看到敌军身影，应该借助望远镜和测距仪等装备；对于移动的目标，确定瞄准点时选取提前量十分关键，一种确定提前量的方法是以目标身影宽度为基本衡量单位，来确定射击

的提前量，如对于在600米距离上行走的目标，提前量应确定为目标身影宽度的3倍，对于在300米距离上奔跑的目标，提前量应确定为目标身影宽度的4倍，对于在300米距离上骑马的目标，如果骑马奔驰的速度不快，提前量应确定为目标身影的0.5倍。

在赖伯特撰写的《军队服役指南》（1940年版）中，详细阐述了步兵排和步兵连进攻战术，全面解释了正面攻击、翼侧攻击、迂回攻击、对进攻击、包围等攻击方式。这些攻击方式从本质上讲建立在敌军防御前沿这一曲线的基础上，正面攻击是在敌防御前沿正面发起的攻击，翼侧攻击是从敌防御地幅翼侧发起的攻击，迂

回攻击则是从敌后侧发起的攻击，对进攻击则是两个分队沿敌防御地幅对角线两个方向发起的攻击，包围则是一个分队实施正面攻击，另一个分队则发起翼侧攻击。

值得注意的是，这些连、排经常使用的攻击方式尽管是步兵战斗不可避免的内容，但在1942年的版本《军队服役指南》中却进行了简化，步兵班攻击的内容反倒有所增加。该版本指出，步兵班是对敌攻击的最先发起者，班长应在战斗中保持高昂的攻击性，即使是没有上级的命令，班长也应利用每一个有利战机，指挥全班攻击敌军，力争突破敌防御前沿；对于步兵排长来讲，如果情况允许，应尽可能使用

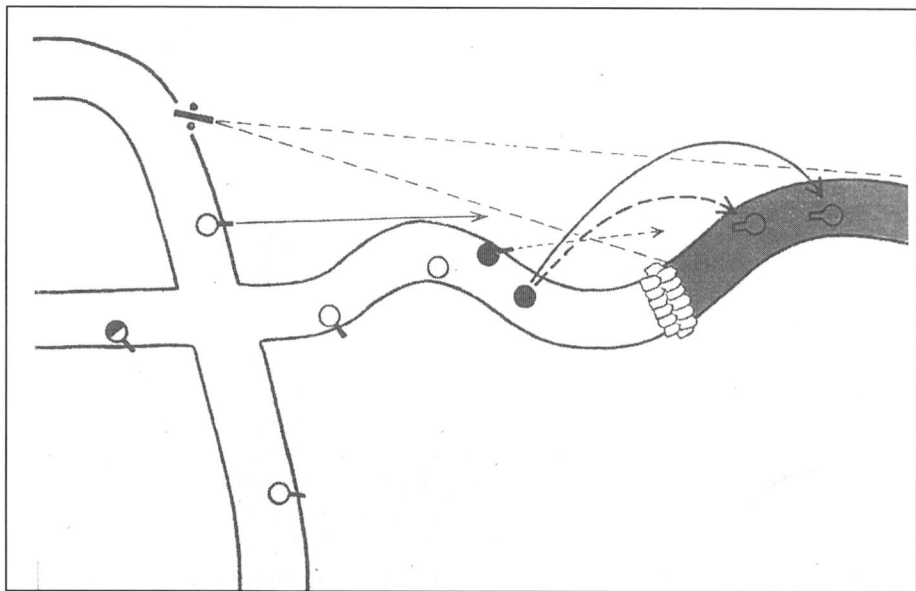

▲ 攻击堑壕示意图，选自1940年出版的《军队服役指南》。步兵班向前推进时，携带手榴弹和步枪的士兵位于攻击队形的先头，其余士兵在后侧警戒各个方向，班用轻机枪在侧后实施火力掩护；先头士兵向堑壕内的障碍物后投弹时，其余士兵迅速利用手榴弹爆炸效果，迅速向前突进实施近战。

多个步兵班从多个方向攻击目标，这样做的好处显而易见，可以分散敌军的防御火力，使其不能形成防御重点。步兵班长在攻击目标之前，应组织全班向目标投掷手榴弹，利用手榴弹爆炸的效果指挥全班迅速攻击目标。在此过程当中，班长必须组织好手榴弹投掷、机枪掩护和步枪手突击三者之间的协同。

1939年版本的《步兵训练大纲》对于"近战"进行了很多有趣的阐述。大纲认为"近战"建立在与敌实施"面对面"战斗并消灭敌人的基础上：在进攻战斗的最后阶段，步兵分队利用森林、乡野的篱笆等自然条件，隐蔽接近敌军，同时装上刺刀，填满步枪弹仓，打开保险，尽可能为即将到来的近战做好充足准备，力争给敌军突然一击。

在突入敌阵地前，也就是距离敌军防御前沿30-50米时，德军步兵一般都会在冲击的过程中投掷手榴弹（这里是指使用进攻型手榴弹的情况，防御型手榴弹最好还是从掩体内向外投掷）。具体的动作是将步枪交到左手，右手取出手榴弹放置在左手，而后右手小指紧扣在手榴弹内的导火索圆环上并紧握手榴弹木柄，接到班长的命令后向目标投掷手榴弹，同时右手小指拉着导火索激发手榴弹，此时班长的指挥口令是"投掷手榴弹"，而后组织全班人员利用手榴弹的瞬间杀伤效果，快速突入敌阵地。

突入敌阵地时，步枪手一般在火力的掩护下，斜握步枪，成刺杀姿势突入敌防御前沿，随时准备利用刺刀与枪托与敌肉搏；机枪组一般在班战斗队形的先头突入敌军阵地，机枪正射手一般左手端在收回的两脚架上，防止射击时枪口上抬，右手移握握把，食指扣在扳机上，一边突入敌阵地一边射击，遭到敌军火力压制或需要占领射击位置发扬火力时，机枪手迅速卧倒，左手打开两脚架，将机枪架在两脚架上迅速射击。

突入敌阵地后，班长应指挥全班利用手枪、步枪、手榴弹、机枪、冲锋枪的火力大量杀伤敌军，逐个堑壕、逐个地堡、逐个掩体歼灭敌军，甚至使用工兵铲与敌军肉搏；夺占敌军部分阵地后，步兵班迅速调整战斗队形，继续向敌纵深攻击，机枪组和班长在战斗队形的中心，以便机枪组发扬火力和班长实施指挥，距离班长前方30-40米的位置还有1名步兵打头阵。

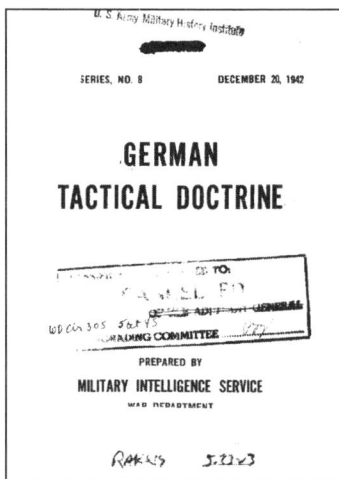

▲ 美军于1942年发行的《德军战术教义》。

夜间进攻战术

对袭击行动、战斗侦察行动和大规模的进攻行动而言，暗夜提供了最好的隐蔽条件，进攻者应当尽可能地利用这一条件隐蔽接敌，在被敌军发现之前尽可能地靠近，减少在敌火力下运动的距离，以达成攻击的突然性。美军于1942年发行的《德军战术教义》（German Tactical Doctrine）中指出，实际上，德军十分重视在暗夜、黎明前或黄昏后等时间段发起攻击：

对于攻击者来说，暗夜使得向敌防御前沿机动这种接敌行动变得十分困难，某种程度上削弱了进攻者的力量，但通过白天休整和规律的饮食等措施，可以将这种不利因素降到最低"；夜间进攻也有很多有利因素，它降低了敌空中侦察的效果，使得防御者的火力打击变得可有可无，甚至麻木防御者，从而达成攻击的突然性；可以说，夜间接敌能够"减少进攻者的损失，获得高效的战斗效率。

夜间机动接敌的速度取决于月光的强弱和其他一些因素，在路况和夜间能见度较差的情况下，夜间机动接敌的速度一般为每小时3公里；为克服暗夜带来的不利影响，夜间机动接敌时，通常制定周密的协同信（记）号以确保前卫分队、后卫分队与本队之间通信顺畅，同时缩短侧卫分队、前卫分队、后卫分队与本队之间的距离，以确保战斗执行的整体性。

苏联红军同样精通夜间战斗，他们的步兵分队很善于在狭窄的正面集中兵力实施攻击，利用暗夜来达成攻击的突然性，

在暗夜掩护下快速挖掘战斗工事，在短距离上突然使用强光照射误导敌军。在与苏军的夜间战斗中，德军根据实际战场经验和教训，重新修订了步兵分队的夜间进攻战术。

从德军1943年的战斗手册可以看出，德军在夜间战斗中强调：夜间接敌或攻击目标时尽量从两个方向上行动；要利用风的效果，从远处吹来的风中，可以闻到长久未洗澡敌军身上的臭味；防御中设置声响障碍，行军或接敌时注重减少声响；遇到单个敌军或敌军小队，先放其过去，然后突然从后部实施攻击；破障时应带上铁丝网钳，用来破除铁丝网障碍；距离敌军较近时，应利用弹坑、洼地和灌木丛，采取匍匐前进等战术动作，继续隐蔽接近敌军；采取从另外一个方向射击，或是在另外一个方向故意暴露身形等措施分散防御者的注意力，以掩护攻击分队从一个方向继续隐蔽接敌；采取鸟叫等简易通信手段，保持各个攻击分队之间密切的联系；突入敌防御阵地之前，往往要先向敌军阵

▲1944年初，东线的德军士兵夜间发起进攻。

地投掷手榴弹，与昼间进攻战斗强调远距离投弹不同，夜间战斗强调短距离投弹；在步兵班昼间进攻战斗中，突入敌防御阵地时，其机枪组位于战斗队形的先头，而在夜间战斗中则位于战斗队形的末尾；夜间战斗时，必须指定步枪手和机枪火力掩护暴露的翼侧。

第五节 德军步兵分队防御战术

德军的防御战斗理论建立在一些较为传统的原则上：使敌军的攻击变得困难；迫使敌军在准备不充分的情况下发起攻击；在一些地方削减防守兵力，在另一些敌方集中防御兵力以形成防御重点，节约出来的兵力可以作为机动预备队。德军的防御战斗部署较为科学，体现了高超的技巧，如纵深阵地和阵地翼侧的部署就十分强调利用地形实施天然伪装，人工设置障碍，通过构建严密的防御体系，德军使用一少部分力量就能够暂时挡住较大规模敌军的前进步伐，甚至能够完全阻止敌军前进。德军防御体系的火力配系十分强调机枪和观察员的作用，"机枪火力是所有火力中的骨干火力，其他火力必须围绕机枪火力来布置"，其他步枪火力沿着防御前沿设置若干正射、侧射、倒打火力，以确保火力能够覆盖整个防御正面。

防御任务

在德军防御战斗中，班的防御战斗任务通常由排长进行分配。班长接受任务后，将会勘察任务地域内的地形，对人员进行战斗编组，确定其战斗位置，而后组织工事构筑和阵地伪装。一般来说，班的防御正面为27-37米，排的防御正面不超过275米，用火力控制班与班之间的空白地带。随着距离的增加，排长对步兵班的控制难度也随之增大。构筑多少战斗工事视防御战斗准备时间的长短而定，在时间充裕的情况下，首先应该挖掘散兵坑，而后挖掘连接散兵坑的堑壕，在防御前沿前和防御纵深地域设置各类障碍，以迟滞敌军的攻击步伐。

轻机枪的位置十分重要，选择轻机枪的基本发射阵地时，要有良好的视界和射界，在基本发射阵地46米甚至更远的地方构筑预备发射阵地，机枪发射点暴露且被

▲ 图片显示的是从树上实施精确射击，摘自1940年版的《军队服役指南》。

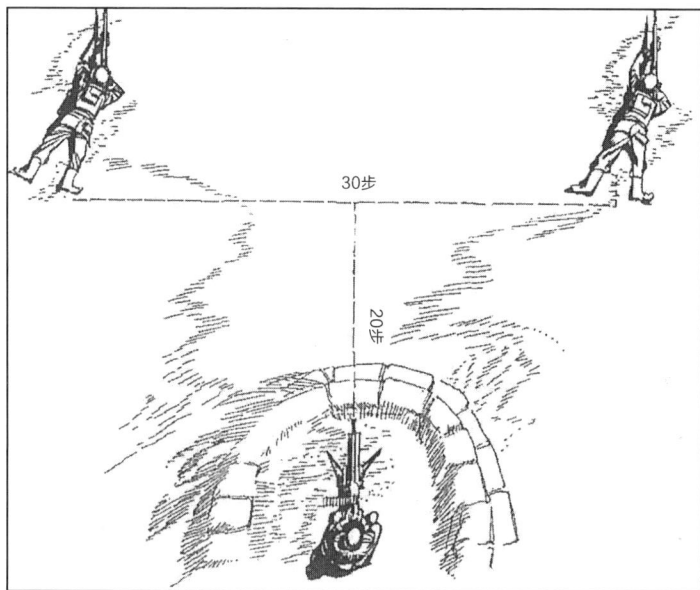

◀ 美军1944年下发的关于"德军步兵班战术"小册子中，使用一系列战术示意图解释了德军步兵班防御战术。图中占领射击工事的机枪手与前面2名步枪手成三角配置，卧倒步枪手之间的横向距离为30步，机枪手与步枪手连线的距离为20步。这种距离的确定，有利于采取跪姿的机枪手发扬火力。

敌军压制时，机枪组要能够利用堑壕隐蔽机动至预备发射阵地，从不同的方向打击进攻之敌。在机枪发射阵地的两翼，应部署若干担负掩护机枪安全的步枪手。由于完成战斗部署、阵地构筑、工事构筑、火力配系、设置障碍等事务需要大量时间，因此，防御战斗准备的时间越长，其防御体系越完备，防御能力越强。

火力配系

在战斗开始之前，进行任何程度的战斗准备都不为过，其中尤以确定射击距离、准备充足的弹药等事项尤为重要。在确定各类武器的配置位置时，应当首先考虑机枪，理想的配置位置应当满足良好的隐蔽伪装、开阔的视界射界、一定的遮蔽条件以防止敌军火力报复三个条件。枪手在射击时，其视线要高于枪管，这使得整个头部暴露，必须在头部上方构设遮蔽物，以免遭敌军子弹射击。因此，枪手在构设射击掩体时，必须清除遮蔽物前方同等高度的物体，以免射击时破坏头顶的遮蔽物；轻机枪架设两脚架实施射击时，整个枪身和射手明显高于地面，容易遭到敌军火力打击，必须使用工兵铲等挖掘装备将射击位置的土块清除，降低射击位置的高度，使机枪枪管贴于地面，从而减少射手头部暴露的部位；在树上射击不易于机动，不过这是一种简易的平台，可以从敌军意想不到的角度开火，同时也是进行观测的理想场所；机枪主要负责提供火力，是战场上敌军首先打击的目标，因此，机枪出现小故障时，应退回掩体排除故障，原地排除故障极易遭到杀伤。机枪副射手主要负责为轻机枪装弹，其配置位置的选择要考虑到装弹方便、位置隐蔽、不干扰射手射击动作三个因素；理想情况下，轻机枪副射手距离正射手的距离不应超过1米，其位置应十分隐蔽，如躲进散兵坑或在山坡的反斜面上，若在冬季战斗，轻机枪副射手的位置可适当放宽到2米以内。

步兵应对敌坦克攻击的正确对策是就地隐蔽，掉头逃离只会招来坦克的火力打击。尽管步兵也可使用轻武器打击坦克的观瞄部位等薄弱部位，但在坦克仍然面前显得十分脆弱。坦克发起进攻时通常有步兵实施步坦协同作战，这些步兵是执行防御任务步兵手中步枪和机枪的主要打击目标，必须"立刻集中火力予以打击，以切断敌步坦联系"；如果进攻一方使用烟幕实施干扰，将降低防御一方的火力打击效果，这时防御中的步兵仍然要立刻集中火力，打击随伴坦克攻击的敌方步兵（由于

烟幕的影响，敌方步兵的攻击速度同样也会降低）；如果友邻单位被敌军突破，步兵班必须坚守自己的阵地，以配合上级组织的反冲击。

配置在战斗队形后部的步兵班一方面要掘壕固守自己的阵地，另一方面要组织火力，利用前方战斗队形的间隙，或者是从前方战斗队形的翼侧打击进攻的敌军；接到上级命令对突入己方前沿阵地的敌军实施反冲击时，由班长选择反冲击路线；如果不实施反冲击，配置在战斗队形后方的步兵班所属轻机枪应保持静默，待其进入近距离后，与步兵班其他步枪合力，以迅猛的火力打击敌军，这种集中火力突然打击的方法从翼侧实施的话效果会更好。

阵地编成

德军强调，在防御战斗中，步枪手也必须构筑多个预备发射位置，这些位置可能位于基本发射位置其后或旁边，也可能位于前沿前方。在防御战中进行战斗部署

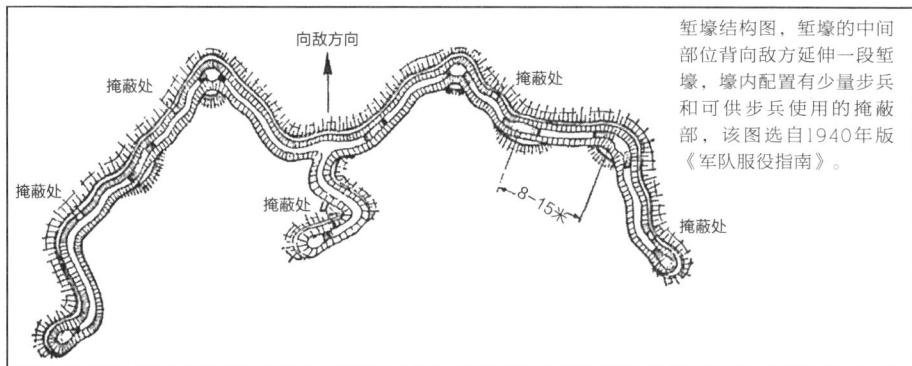

堑壕结构图，堑壕的中间部位背向敌方延伸一段堑壕，壕内配置有少量步兵和可供步兵使用的掩蔽部，该图选自1940年版《军队服役指南》。

应遵循以下原则：机枪和步枪手的射击位置应当能够在近距离上覆盖前沿前地域：以两个步枪手为单位实施配置是配置步枪手的一条基本原则，将两个步枪手近距离配置在同一条堑壕或壕沟当中，战斗中二者能够相互依靠密切配合；掩蔽部的构筑不能沿防御前沿一线排开，应当从前沿到纵深梯次配置；在单兵射击掩体的后方必须构设散兵坑或堑壕，以便单兵射击后能够迅速转移射击位置；散兵坑构筑时要进行一定的伪装，以防止敌军的地面侦察，时间足够的条件下，应进行严密伪装，以防止敌空中侦察，便于士兵在伪装散兵坑中待命，直至班长发出占领阵地打击敌军的命令。

《火力打击与防护》一书指出，步兵班可在狭窄的正面组织防御，但应避免出现1发炮弹同时杀伤2名士兵的情况；部署

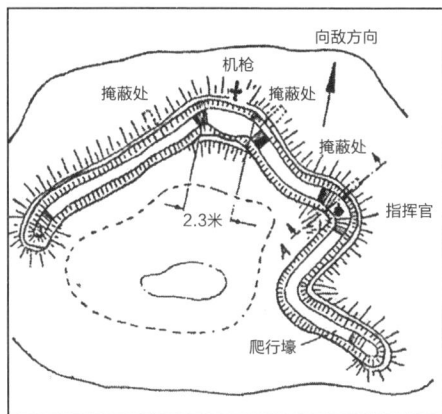

▲ 轻机枪巢构筑示意图，射击掩体两端均有堑壕相连，方便班长和机枪组员隐蔽进出射击掩体，该图选自1940年版《军队服役指南》。

兵力时不应成直线排列，应成梯次配置；为便于指挥，班长通常位于战斗队形的中央。班长的指挥位置通常由自己决定，一般选择在便于指挥机枪火力、便于组织全班实施火力打击的地方；班长的指挥位置要视界、射界良好，便于其利用明显的参照物和方位指挥全班实施火力打击。

独立的地标，如单棵树木、森林边缘和孤立的高地容易吸引敌军的注意力，也方便敌军确定坐标并组织火力打击，因此，班长在选择防御阵地时应避开这些地方。班长在确定每名士兵的射击位置时，也应该确保其有良好的视界和射界，以方便对各个方向实施观察，避免被敌从地面或空中突袭。班长在计划火力时，如果防御准备时间足够，可以在预定打击位置设置独立、明显的地物，以方便组织全班火力打击，同时也要将阵地内独立、明显的地物移除，以增加敌炮兵火力和重武器的定位难度。

工事构筑

在增强防御工事的隐蔽性方面，德国人也想尽了方法。在选择堑壕、步枪射击工事、散兵坑等工事的位置时，应尽量避免锐角、直线、明显的阴影等位置，同时要及时对挖掘出来的新鲜泥土进行伪装；工事挖掘好以后，班长应从远距离上观察工事隐蔽效果，尽量提升其隐蔽性；在草地等植被较为单一的地形上挖掘工事时，应小心保留草皮或同等颜色的植被，以备后续实施伪装时使用；应利用草地之间的

▲ 图片显示的是1944年诺曼底战役中，美军士兵正在检查树篱当中的敌军阵地。法国西海岸地区地形较为复杂，其突出特点是灌木丛、树篱密布，将整个区域分割成大量独立的小区域，墙壁和树篱为防御者提供了理想的地形条件。在这种地形上组织防御时，德军士兵往往在树篱处挖掘隐蔽的散兵坑，以供步兵和机枪手使用；在树上配置狙击手和观察哨，实施预警和狙击。从图片中可以看出，德军士兵在两排树篱之间挖掘了一条壕沟，建立了一个临时宿营地，这种构筑方法能够有效防止敌军的空中和地面侦察；在这个临时营地，有预防坏天气的篷布、面包、瓶装葡萄酒、香槟酒，甚至还有一些书籍，使用者能够享受家的感觉。

树篱、灌木丛等位置挖掘战斗工事，以避免引起敌军的注意，减少被敌空中侦察发现的机会。

在开始挖掘战斗工事之前，在预定挖掘位置的面向敌军方向应放置一定的伪装器材，以遮盖挖掘活动，防止敌军的地面侦察。在防御战斗中，过早的开火和不必要的机动将降低战斗的突然性并削弱伪装效果。因此，对于远距离目标，较明智的做法还是交给炮兵火力和重机枪火力来打击，步兵班的轻机枪火力应当在有效距离上开火，主要打击重机枪火力没有打击的目标。在近距离抗击敌军冲击的过程当中，应当抛弃伪装这一概念，步兵班所有成员都应当立即开火，以防止敌军接近到可以投弹的距离；一旦敌军接近到该距离投掷手榴弹，士兵们应跳进掩体，或捡起手榴弹扔回去。

齐默曼在其著作《突击小队》中，更详细地阐述了步兵分队的防御工事：在土坎旁边挖掘散兵坑，以便利用土坎射击后迅速爬行至散兵坑隐蔽；将低于地面的道路改造成良好的射击位置；在机枪射击掩体上方构筑一定的防护层，以防止敌军侦察。齐默曼认为，使用散兵坑必须掌握以下诀窍：保持警觉；始终确保步枪枪管紧贴在散兵坑边缘的地面上；必须将散兵坑伪装好，但要留出进出的通道，以便能够像兔子一样快速出入散兵坑；头上必须始终带着钢盔，以防止流弹和炮弹弹片的击伤，只有处于"停火状态"时，才能取下钢盔，戴上作训帽；根据当地土质状况，步枪手散兵坑的深度必须保持在1.5米—1.7米。齐默曼还进一步强调：步兵班所有的散兵坑必须用简单但伪装良好的交通壕连接到后方，以便步兵在防御阵地内隐蔽机动；修建一小段通往己方战线的之字形交通壕，以便步兵隐蔽撤出阵地。

韦伯在其1938年版的《战士手册》中对机枪的射击位置进行了详细描述：机枪组散兵坑的大小应为单兵散兵坑的4倍；构筑此类散兵坑时，应当对其顶部实施伪装，而后慢慢往下挖；在散兵坑面朝敌方的内壁上，应构筑猫耳洞，以便机枪组成员躲避敌军炮火，或用来放置弹药；敌军实施炮击或遭到敌军密集火力压制时，机

枪组成员将机枪放置猫耳洞内，人员也进猫耳洞以躲避敌军火力。韦伯认为：不论是机枪组的散兵坑，还是单人散兵坑，都应在底部挖掘具有一定角度的排水沟，以便及时排除雨水；单兵伞兵坑内的猫耳洞可以挖成直角，并保持一定角度，即可以有效躲避敌军炮火，也可以排水。

赖伯特在其1940年版的《军队服役指南》中不仅对散兵坑进行了详细描述，还详细介绍了怎样在面向敌军方向构筑射

▲ 步兵抵御坦克用的"小型散兵坑"，可以看出这种工事深度和宽度均十分有限，土工作业量较少。

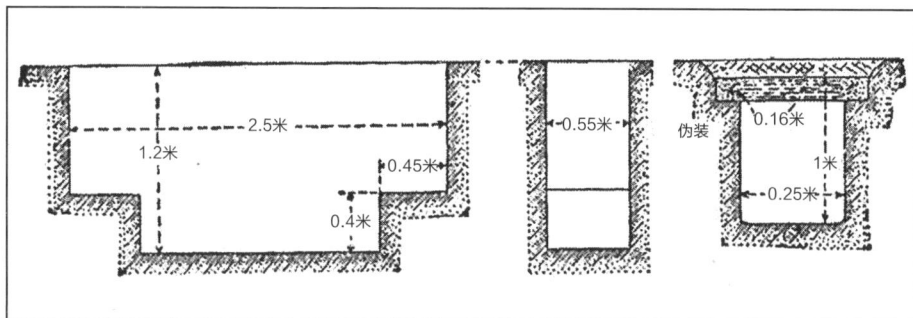

▲ 赖伯特所著的1940年版《军队服役指南》中提及的两人机枪组掩体，左图为正视图，中间为侧视图，最右为加盖木板的状态。

击用的胸墙和在背向敌军方向构筑防护用的背墙。胸墙是30厘米高的土层，距离散兵坑边缘60厘米。射击时，枪管放在胸墙上，射手脸部贴在枪托上，其头部暴露的面积较小，大大降低了被敌军击中的概率。胸墙和背墙之间使用绳索和木棍等材料连接成网状，而后覆盖伪装材料，就能对散兵坑实施良好的伪装。

在1940年版本的《军队服役指南》中，赖伯特使用了大量的图例来说明两人机枪组使用的能够防敌装甲车辆近距离攻击的"小型散兵坑"，这种散兵坑十分狭窄，只有55厘米或一个肩膀宽，深1.2米，盖有厚厚的木板，上面覆盖泥土和伪装物，实际上可供士兵躲藏的高度是1米左右；敌坦克经过时只要不将木板压垮，就不能发现躲藏其下的机枪小组。赖伯特在该书中指出：低于地面的道路或小径是一种天然的射击掩体，士兵可以利用这种简易的射击掩体实施快速射击。利用这些道路或小径实施射击时，必须在其拐弯处挖掘至少1米深的散兵坑，以便士兵休息或躲避敌军炮火；如果这些小径或道路位于森林或茂密的灌木丛中，也不失为良好的射击掩体。在1942年版的《军队服役指南》中，赖伯特仍然保留了上述观点。

战斗警戒

步兵班也可能担任前沿的"战斗警戒队"（combat outposts），该单位主要配置在防御前沿前方不远处的有利地形上（即警戒阵地），以便于炮兵前方观察所观察，使其在战斗中能够及时引导炮兵火力支援。"战斗警戒队"的主要任务是防止敌军的突然袭击，迫使敌军提早展开成战斗队形，迟滞敌军的攻击速度等。遭到敌优势的兵力、火力打击时，担负"战斗警戒队"任务的步兵班应沿障碍物中的预留通道快速撤回防御前沿。步兵班接到上级命令担负前沿前的战斗警戒任务时，班长首先带领2名战士（在班长前方，保护班长安全），机动至防御前沿前的有利地形上，对战斗警戒地域内的地形实施勘察。

勘察地形时，班长应首先确定轻机枪的配置位置，在头脑中思考进出战斗警戒阵地的路线、伪装的措施、火力使用的方法，谋划机枪、步兵的预备发射位置，设想敌军可能的攻击方法和己方应该采取的防御方法；确定好机枪的射击位置后，班长应将步兵分成两到三人组成的突击小队，并确定突击小队的射击位置，以便于突击小队与机枪之间、突击小队与突击小队之间、突击小队内部组员之间，实施相互支援。步兵班在遂行防御战斗前哨任务时，其防御正面不应超过183米，且在敌军优势火力、兵力的压力下，能够隐蔽的沿预定路线回撤至防御前沿。

设置"战斗警戒队"可达成以下战术目的：增大敌军隐蔽接近的难度；使敌军对防御一方防御前沿的具体位置产生误判；迟滞敌军攻击速度，为防御者争取更多的防御准备时间；可为防御者提供前沿预警作用，并与敌军保持接触。相对于更高级别的作战单位来讲，步兵排、步兵连在配属反坦克武器、机枪的情况下，也可以充当"战斗警戒队"的角色："战斗警戒队"一般以突击小队为单位实施战斗，这些突击小队从前至后成梯次分布，后面的突击小队能够为前面突击小队的战斗行动提供火力掩护，并使用火力掩护前方突击小队的回撤行动。"战斗警戒队"必须阻止攻击者的前方侦察巡逻队穿透其防线；有时，"战斗警戒队"通过派出巡逻小组，前出实施战斗巡逻，以侦察进攻之敌的情况，获取相关情报。

"战斗警戒队"通过灵活使用各种手段，如构筑假阵地、制作假目标、夜间变换战斗部署等等，也能够有效迷惑敌军。出于同样的目的，进攻者在发起进攻行

▲ 1935年版《突击小队》。

动时，也可能建立类似"战斗警戒队"的"尖兵分队"，防止敌军获取己方攻击主力所在的具体位置。各级步兵分队都有可能担任"战斗警戒队"的任务，步兵班也不例外。与自身规模相比，步兵班防御的正面和纵深较大，且通信手段极为有限，班长对全班战斗的控制相对其他各级步兵分队来讲要困难得多，因此，执行"战斗警戒队"任务时，班长必须独自决定什么时候、以何种方式与敌军脱离战斗，或者什么时候、以何种方式进入阵地，抗击敌军的进攻。防御的任务是尽可能的阻止敌军前进的步伐，对于班长来讲，担负"战斗警戒队"时也要尽可能地抗击敌军，班长必须根据不断变换的战场态势，决定在什么时候、以何种方式，在被敌军包围歼灭之前，就将全班撤回防御前沿。步兵班的回撤行动必须把握以下几点：

1. 和进攻一样，必须落实"火力与机动相结合"的思想，步兵班的各个突击小队需要交替掩护实施回撤，或者在防御前沿的各类重火力掩护下，全班迅速回撤；

2. 尽量利用起伏的山岚、森林等利于隐蔽的地形实施回撤，也可以采取释放烟幕等主动措施掩护回撤；

3. 轻机枪的有效射程一般为550米，步兵班必须在敌军进至轻机枪有效射程之前就回撤至防御前沿，否则与敌军胶着在一起时会遭到友军的火力打击。

警戒哨与"战斗警戒队"的作用有相似之处，但作为一种防备敌军突然袭击的安全保障措施，警戒哨更多地用于部队

宿营、休息。警戒哨一般配置在可以俯瞰道路、桥梁的有利地形上，起到战斗预警作用，也可以用来迟滞敌军坦克的攻击速度，还可以确保设置在山顶上的观察哨的安全。这类警戒哨离本队的距离一般不超过1.6公里，且具有一定的独立战斗能力；为确保自身安全，警戒哨的指挥官一般要规定好明哨、暗哨，派出侦察巡逻人员，指定好机枪的配置位置；明哨或暗哨一般要离警戒分队几百米，相互之间要能够互相监视，而后通过巡逻哨，将各类明哨和暗哨联系起来，形成一个完整的警戒体系；在能见度不良的情况下，或者在地形条件差观察受限的情况下，可适当缩短各类哨位之间的距离，多派出几个巡逻哨，以确保警戒体系的完整。

与战斗前哨类似，上级在派出警戒哨之前，应当向担负警戒哨任务的步兵分队下达一道简短的战斗命令，明确主要观察地境、重点观察地段，以及协同信记号和报告情况的方法。更为重要的是在命令中

▲ 1935年版《突击小队》。

指出受到敌军攻击时的行动方法，如什么时候开枪还击、按照何种路线撤回等等。作为警戒哨的一种补充，哨长应当指定人员进行观察与潜听，并指定观察与潜听的位置，最好选择村庄或桥梁。

为更好的迟滞攻击者的前进步伐，博多·齐默曼少校在《突击小队》一书中，为战斗前哨和警戒哨提供了很多有趣的方法，甚至是很多令人难以察觉的诡计和陷阱。运用最为广泛的是依据一个独立明显的遮蔽物，如农舍或小灌木丛，班长将全班配置在农舍后方一定距离上，在农舍的花园内或农舍前方设置一个隐蔽观察点（该观察点不易被敌军发现，也不易被敌军炮火所打击），班长自己或副班长携带望远镜待在里面密切观察敌军动向。

敌军在炮火掩护过后，派出步兵接近农舍时，班长迅速发出指令，全班在躲过敌军炮火后快速向前，占领农舍的有利射击位置抗击敌军。这种做法既可以躲过敌军观察员的侦察，使全班躲过敌军的炮击，又可以在敌军通过开阔地带、处于无遮蔽状态下时，及时命令全班占领有利射击位置，打击暴露的敌军，最大限度杀伤敌军并减少自己的伤亡。通过这种反复的占领，就可以有效躲避敌军的炮火，最大限度保存自己的战斗力。

战斗部署

在防御战斗中，步兵班除了参加警戒和担负战斗前哨任务，更多的是作为支撑点（point）的一个构成部分。支撑点的

兵力较为强大，一般占到整个防御力量的1/6至1/3，相互之间的距离在457米左右，如果有自行车或马匹代步的话，间距还可以适当拉大。防区中支撑点密度和数量取决于一系列因素，但有两点可以肯定，当敌空袭的可能性较大时，支撑点密度和数量都将减少；在夜间或能见度不高时，为便于相互之间进行兵力、火力的支援，支撑点之间的距离将进一步减少，密度则相应增大。支撑点是防御体系的重要组成部分，主要任务是抗击敌军的进攻，这点是任何侦察分队、空中力量、装甲车和巡逻队所代替不了的。

以步兵为主要构成的支撑点规模一般为一到四个步兵班。组织防御时一般都在其防御前沿、纵深和防御区域后沿构筑若干个支撑点，主要是掩护前方警戒，抗击敌军的逐次攻击。支撑点内配备有有携带望远镜和手枪的侦察兵，发现敌军攻击迹象时，侦察人员鸣枪示警；分队成纵队沿隘路行军时，侦察人员前往隘路两边的高地，以防止敌军的突然袭击或伏击；支撑点的最高指挥员占领支撑点的最高点或地势较高的地点实施观察，以便及时发现敌情变化并作出处置。

敌军出现时，支撑点内的防御人员不进入地下工事隐蔽，而是利用树木、路边的壕沟或其他物体实施疏散隐蔽；敌军实施火力准备时，除了在阵地上留下观察员与值班武器外（通常是轻机枪），其余人员进入隐蔽部实施隐蔽；敌军火力准备结束，进攻之敌接近至轻武器有效射程时，支撑点内的防御者迅速占领阵地抗击进攻之敌。

其他防御战斗行动

作为防御一方，有很多种方法和措施来迟滞、瓦解进攻之敌。进攻之敌规模较小时，防御者可以立即发起阵前出击，指挥轻机枪占领有利位置，为出击分队提供火力掩护，同时指挥出击分队利用有利地形，从翼侧对进攻之敌发起攻击；进攻之敌规模较大并占据优势时，指挥员在指挥轻机枪占领有利地形发扬火力之后，也要指挥战斗人员占领射击工事，抗击进攻之敌，具体组织组织火力时，有集火打击、压制射击等火力运用方式。无论进攻之敌规模大小，防御一方在战斗发起前，都要组织防御性侦察和巡逻，以及时发现进攻之敌。战斗打响后，侦察人员和巡逻兵力也要立即投入战斗。

防御性战斗巡逻单位一般配备装甲车和其他能够快速机动的运输工具。其兵力规模和火力要根据"战场形势和具体任务"来确定。侦察巡逻队机动时必须小心谨慎，十分安静，途中要经常停下来，仔细观察与倾听；侦察巡逻人员必须熟悉战场地形条件，以便选择良好的接近和撤退路线，必要时，能够选择有利地形，适时转为战斗前哨。

第二章
英军步兵分队战术

步兵所需要的，就是坚定的战斗信念和对手中武器的信心。

——莱昂内尔·威格拉姆

第一节 英军步兵武器

轻机枪

    1935年，英国军方宣布用"布伦"轻机枪替换老式的刘易斯轻机枪，1938-1939年该枪逐步列装部队。但敦刻尔克大撤退之后，英军苦于机枪数量不足，只得让大量"刘易斯"轻机枪和"哈奇开斯"机枪再度"应征入伍"，随着"布伦"轻机枪的产量逐步提高，刘易斯轻机枪才退出了英军的装备序列。

    "布伦"轻机枪是二战中英军步兵班的支柱。该枪外部特征鲜明，弹匣在枪身上方，从枪身下方抛壳；工作原理为活塞长行程导气式，采用枪击偏转闭锁方式。"布伦"轻机枪具有良好的适应能力，结构简单，动作可靠，在激烈的战场上和恶劣的自然环境中坚固耐用，在进攻战斗和防御战斗中大显身手。1935年英军正式将该枪列为制式装备，1938年由恩菲尔德兵工厂正式投产。

    《步兵班指挥》（Infantry Section Leading）对"布伦"轻机枪进行了重点介绍。该书认为该枪是步兵的主要枪械，除非需要提供持续火力或者是不便于移动，在其他情况下该枪都应该跟随步兵班机动。"布伦"轻机枪有两种射击方式，一种是单发射击，一种是连发射击，前者可以节省子弹，也可使敌军无法判断对手的武器是自动武器还是手动步枪，直到遭受到突然的持续火力才会反应过来。展开两脚架射击时，理想的点射是一次发射4-5发子弹，必要时反复对目标实施打击。这种打击方式能够有效使用子弹，并提高命中

▲ 1944年，在向荷兰"芬洛"推进途中休息的英军小分队，最右边的是"布伦"机枪手，将枪舒适地扛在肩上，小分队的其余成员携带4支步枪。《步兵训练》指出，英军为获得良好的伪装效果，通常在钢盔上用麻绳编成伪装网，上面插上树枝和树叶，如照片所示。

率。按照一般标准，单发时"布伦"轻机枪的射速为每分钟5发，快速射击时射速为每分钟30发；自动射击时，在使用两脚架的情况下，每分钟射击5次，每次射出5发子弹，使用三脚架长点射时每次发射10-15发子弹。

对于"布伦"轻机枪的使用，《战斗技术与战术训练教官手册》（Instructor's Handbook）指出，与敌发生火力交战时，班长应当立刻发现并确定敌军的具体位置，而后给机枪指定隐蔽的发射位置，该位置最好在敌军的翼侧，甚至在己方战斗队形的后侧，以便于发扬翼侧火力，或者是切断敌军的机动。通过机枪的火力的使用，可以切断敌军的加强力量，消灭逃逸的敌军；冲锋枪和步枪也强调集中并突然开火，特别是在森林中战斗时，经常使用小路作为划分冲锋枪和步枪火力的标志物，以便集中火力突然打击从地面和树后突然出现的敌军。

步枪

李-恩菲尔德步枪是英国陆军步兵的制式装备，由英国恩菲尔德兵工厂制造。

在"短步枪"（全长介于传统长步枪和卡宾枪之间）概念的刺激下，英军在原有李-恩菲尔德步枪的基础上提出了短步枪的设计，并于1903年投产。1931年，英国军方对1号Mark Ⅵ步枪稍加改进后，将其重新命名为4号Mark Ⅰ型步枪，但该枪直到1939年11月才被军方正式采用，1941年夏季在英国本土投入量产，1943年以后才广泛装备使用。因此在战争中前期，英国步兵仍然在使用1号步枪。

李-恩菲尔德步枪采用开创性的旋转后拉式枪击，可拆卸式弹匣容量为10发，所以在手动步枪中射速较快。该枪具有性能可靠、操作方便的优点，装填速度较快，但射击精度一般，相对步兵来说较为笨重（长1130毫米，重4千克），携带不方便，与最新式的半自动步枪相比射速也略显不足；上述恩菲尔德步枪的特点都总结自真实的战场实践，多少制约了步兵班指挥的发展和班长的战术运用。此外，陆军每年的采购预算为100万英镑，相对陆军规模而言不算充裕，这是英国陆军建设和发展的最大问题，这些少的可怜的经费不能将陆军的战斗力维持在较高水平。作为这一问题带来的衍生问题，陆军倾向于使用现有武器和库存的武器，其中就包括一战时大量生产的恩菲尔德步枪；另一个束缚步兵枪械发展的观点认为，如果使用射速快的自动武器，弹药消耗量大，步兵携带大批弹药作战会影响其机动性，因此使用非自动武器可以减少后勤保障的压力，这种观点现在看来简直滑稽可笑。

第二节 英军步兵分队

英军步兵营

步兵营（1941年）

兵力：营部54人；营部连235人；步兵连×3，每连124人；"前线补充人员"共计157人。

装备：7.7毫米李-恩菲尔德Mk Ⅲ或Mk Ⅲ*步枪868支；刺刀862把；3号Mk Ⅰ狙击步枪8支；步枪榴弹发射器24个；"布伦"轻机枪58挺（备用枪管58根，弹匣1450个，62具机枪架）；汤姆逊冲锋枪42支；"博伊斯"反坦克步枪25支（弹匣200个）；左轮手枪53支；

信号枪38支（信号弹372枚，储存360枚）。

2英寸迫击炮16门（备高爆弹1152发）；3英寸迫击炮6门（备高爆弹和烟雾弹936发）；

弹药：手榴弹732枚；7.7毫米子弹42800发（弹带），70000发（弹带包），75000发（常备）和12000发（曳光弹）；9.65毫米手枪子弹636发（备用282发）；11.43毫米子弹25200发（供汤姆逊冲锋枪使用）；13.97毫米博伊斯反坦克步枪子弹6000发。

车辆：自行车31辆；双座汽车6辆；四座汽车1辆；神职人员座车1辆；30英担（1英担=112磅=50.8千克）卡车1辆；3吨卡车13辆；

15英担拖车32辆；运兵拖车2辆；运水拖车1辆；摩托车23辆。

英军步兵排

步兵排（1944年3月）

　　排部：

　　排长：装备手枪、步枪或冲锋枪；

　　排中士：李-恩菲尔德步枪，备弹50发，手榴弹4枚；

　　迫击炮一等兵：李-恩菲尔德步枪，备弹50发，迫击炮弹12发；

　　1号迫击炮手：迫击炮、司登冲锋枪、5个弹匣、160发子弹、6发迫击炮弹；

　　2号迫击炮手：李-恩菲尔德步枪、50发子弹、12发迫击炮弹；

　　传令兵：李-恩菲尔德步枪、50发子弹、2枚手榴弹；

　　勤务/通信兵：李-恩菲尔德步枪、50发子弹、38号无线电台。

　　步枪班×3

　　总兵力37人，装备29支步枪，4支冲锋枪，3挺轻机枪，1门2英寸迫击炮（备弹30发，18发烟幕弹，12发高爆弹），36枚手榴弹，640发冲锋枪子弹，4450发7.7毫米步枪子弹。

英军步兵班

　　英军认为：对于步兵而言，班是最小的战术分队，1938年的最后一天，英军下发了《步兵班指挥》，并于翌年大规模发行，共印刷了135套（每个步兵营配备一套）。该书在开始部分旗帜鲜明地提出了以前同类书籍经常忽视的内容——班长管理，其关键词就是"领导""忠诚""纪律"和"时间"。要获得全班士兵对自己的忠诚，年轻的士官班长首先必须建立士兵对自己的信心，主要方法包括：班长必须时刻保持冷静，果断作出判断和定下决心；通过纪律管理全班时，不带私人感情色彩，并能够公平对待每一名士兵。该书也用一些章节详细叙述了如何使全班保持干净整洁的内务卫生、确保全班的武器得到正确的保养、照看士兵的双脚等事项。在班战术方面，该书教导班长如何达成突然性，指明靠前指挥的好处，同时该书指出，作为班长，不仅要了解己方武器的战技术性能，还应对敌军武器的战技术性能有一定的了解。

　　二战前的英军步兵班人数较少，不能划分为火力组和机动打击组，这一点备受评论家的批评。而且，步兵班没有装备冲锋枪和"布伦"轻机枪，不具备持续的火力打击能力。这一时期英军步兵班编制8

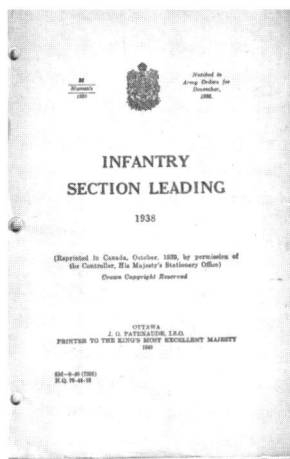

▲ 1938年版《步兵班指挥》。

人，包括1挺机枪（不是"布伦"轻机枪）和7支步枪。在组训中英军强调，步兵不仅要能够操作这两种装备，还要能够操作反坦克枪；行军时单兵必须携带粗帆布背包，里面装着饭盒、口粮、水壶、防水床单、充气斗篷等物资，总计约22.7千克；准备投入战斗时，帆布背包里装的东西可能会更多，重量更大，难以携带的物品将装上配发给步兵排的15英担通用轻型卡车；尽管这些卡车不能将步兵排所有的人员和物资装走，但能装载部分物资，还可以采取倒运的方法，使步兵实施快速机动。

步兵班（1942年）

班长：司登冲锋枪、6个冲锋枪弹匣、3个"布伦"机枪弹匣，铁丝网剪钳；

1号步枪手：狙击步枪、4个"布伦"轻机枪弹匣，50发子弹；

1号投弹手：步枪、1个"布伦"轻机枪弹匣，50发子弹，2枚36号手榴弹，2枚烟雾手榴弹；

2号步枪手：步枪、4个"布伦"轻机枪弹匣，50发子弹；

2号投弹手：步枪、3个"布伦"轻机枪弹匣，50发子弹，2枚36号手榴弹；

副班长：步枪、2个"布伦"轻机枪弹匣，50发子弹，2枚烟雾手榴弹；

1号"布伦"机枪手："布伦"轻机枪、4个"布伦"轻机枪弹匣、额外50发子弹、零件包；

2号"布伦"机枪手：步枪、4个"布伦"轻机枪弹匣，50发子弹，备用枪管。

步兵班（1944年3月）

班长：司登冲锋枪、5个弹匣、160发子弹、2枚手榴弹；

1号步枪手：步枪、2个"布伦"轻机枪弹匣，156发子弹，1枚手榴弹；

2号步枪手：步枪、2个"布伦"轻机枪弹匣，156发子弹，1枚手榴弹；

3号步枪手：步枪、2个"布伦"轻机枪弹匣，156发子弹，1枚手榴弹；

4号步枪手：步枪、2个"布伦"轻机枪弹匣，156发子弹，1枚手榴弹；

5号步枪手：步枪、2个"布伦"轻机枪弹匣，156发子弹，1枚手榴弹；

6号步枪手：步枪、2个"布伦"轻机枪弹匣，156发子弹，1枚手榴弹；

副班长：步枪、4个"布伦"轻机枪弹匣，162发子弹；

1号"布伦"机枪手："布伦"轻机枪、4个"布伦"机枪弹匣，112发子弹；

2号"布伦"机枪手：步枪、5个"布伦"机枪弹匣，190发子弹，2枚手榴弹。

与德军类似，英军步兵班也分为机枪组和步兵组，部队齐装满员、老兵较多时，也可分为2个步兵组和1个机枪组，小组长可能由初级士官或作战经验丰富的老兵担任。此时，班长不再充当战斗小组长，而是直接指挥3名小组长实施战斗。战斗小组的成员之间尽量保持较好的关系，或者由关系较好的士兵组成，以便"能够团结一致的战斗"。小组长也可能不是士官，而是那些"具备领导能力，能得到战友一致支持"的士兵。

英军班组战斗队形

步兵班的战斗队形必须视指挥方便程度、地形条件、己方火力掩护和敌军火力打击等情况而定。除了"团状"队形外，无论是在白昼还是在夜间，单兵之间都必须保持一定的战斗距离，通常为4.57米左右，这意味着步兵班成一字横队时，其正面大约有45.7米，此时班长只能通过简易信号或是下达简短的口令来实施指挥。以下是5种步兵班战斗队形的优缺点：

2-4人畏缩成的"团状"队形：便于控制，便于隐蔽伪装；

纵队队形：便于利用灌木篱墙实施隐蔽，但不便于发扬火力；

"松散"队形：便于指挥控制、快速机动和改变进攻方向，不便于发扬火力；

不规则的箭式队形：能够向翼侧快速发扬火力，但不便于指挥控制火力；

横队队形：适用于最后向敌发起攻击，但翼侧暴露，易遭敌翼侧攻击。

英军步兵班战术主要观点

步兵班进攻战斗的3条主要原则就是：

1. "掩护火力"，没有掩护火力，步兵班"几乎不可能向前推进"；

2. "翼侧攻击"；

3. "时间"，从战斗一开始就要保持对敌军的火力压制，中间不能出现断档，防止敌军恢复火力打击。

必须说明，压制火力很少能够歼灭敌军，而是迫使敌军躲藏，从而降低敌军火力打击强度。步兵班在向前推进过程中遭到敌军"有效"火力打击时，将采取战斗协同计划中所规定的行动，即立即全班卧倒（规避敌方火力，并造成被击中的假象），而后采取匍匐前进或者是侧身匍匐前进的运动姿势，接近至有利地形后，组织全班火力实施还击，直到接到上级停止射击的命令。在战斗学校中，也流行着类似的口号，即"卧倒、匍匐前进、观察、瞄准、射击"。

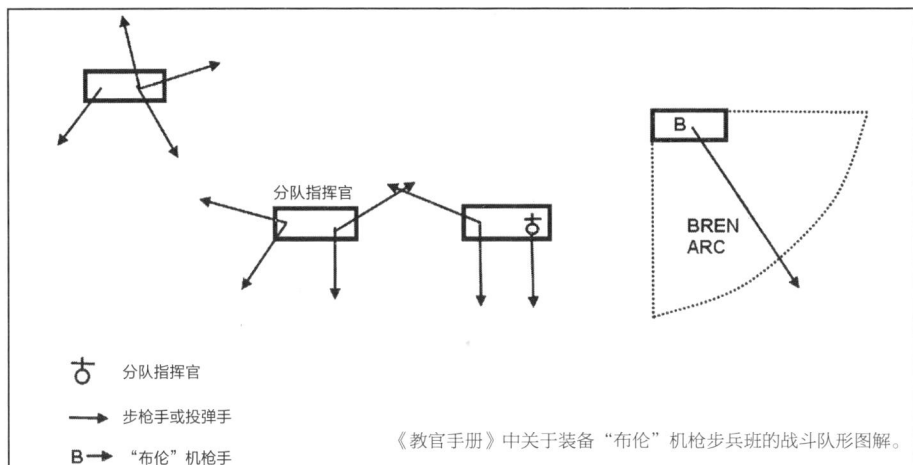

分队指挥官

BREN
ARC

⚦ 分队指挥官

→ 步枪手或投弹手

B→ "布伦"机枪手

《教官手册》中关于装备"布伦"机枪步兵班的战斗队形图解。

战斗中步兵班班长必须不断观察判断战场态势，根据变化下达战斗命令，可能直接命令某一个战斗小组实施隐蔽，或者是带领某一战斗小组沿指定路线向前推进。在进攻战斗中，火力与机动相结合是最基本的要求；班长要为"布伦"轻机枪组指定射击位置，步兵组则在机枪组火力掩护下向前推进，如班长下达左翼攻击或右翼攻击的战斗命令时，步兵组和机枪组交替掩护向前向敌军翼侧推进，到达距离敌军足够近的距离时，机枪组占领有利射击位置，发扬火力掩护步兵组行动，步兵组随机向敌军发起冲击；只要条件允许，就要发射烟幕弹和流弹，以掩护步兵班的行动。

步枪的射速一般在每分钟5发左右，官兵也可以在确保精确性的基础上尽可能快速射击，步枪的最大射速大概在每分钟15-20发。1937年出版的《火力运用》（Application of Fire）一书中指出：步枪能够用于狙击，也可掩护"布伦"轻机枪行动；步兵班在具体使用火力时，班长往往命令全班保持静默，待敌军进至足够近的距离时，全班突然开火打击敌军，以突然性来增大火力打击的效果，相对于在步枪的有效射程内开火或者是单个步枪打击单个人员，这种使用方法无疑极大提高了打击效率。

在防御战中，组织观察哨、用火力控制可能的接近路线和充足的空间以部署兵力等因素极为重要；在91米或183米这个距离上，步兵武器打击效果最为理想，因此步兵班在充当防御战斗的战斗前哨时，

也要考虑友邻火力的打击范围、有效打击范围和最大打击范围。班长在使用火力时，必须考虑以下几种火力使用方式：全班集中火力打击；仅使用"布伦"轻机枪射击；集中使用火力打击狭窄的正面；使用火力打击一个宽大的正面。机枪在战斗中的作用极大，在战斗间隙，往往从步枪手和伤员那里收集多余的弹药供机枪手使用；当全排武器弹药消耗较大时，排长会安排人员从随行的卡车停放处运输弹药到战斗区域。米尔斯手榴弹能够投掷到23-32米的距离，是步兵手中的理想武器，手榴弹的杀伤半径不大，但在石质环境下爆炸时，其破片激起的石块也能杀伤百米距离上的敌军；手榴弹在街垒战、堑壕战等其他一些"非文明"战斗中威力巨大，可以用来打击在洞穴中或岩石后的敌军。迫击炮和反坦克枪通常由营或连集中掌握使用，在特殊情况下也会配属到排。

《步兵班指挥》指出，为便于指挥与协同，除了常规的步兵武器外，班长还必须了解其他兵种装备，如炮兵、机枪部队（一战中曾是独立兵种）、装甲兵、反坦克炮兵、空军甚至是骑兵。在上述各类支援兵种当中，炮兵和装甲兵在支援步兵的战斗中扮演着重要角色。就炮兵而言，皇家野战炮兵团装备的新型25磅野战榴弹炮便于机动、使用方便。在步兵向前推进时，该炮可以发扬火力压制敌军，发射烟幕弹干扰敌军视线，或是在敌障碍物中开辟通路。在防御战斗中，该炮通常用于打击步兵轻武器有效射程范围之外的敌军

目标；坦克是步兵支援武器中最有价值的一种，特别是在对有准备之敌的进攻战斗中，坦克可以在前方引导步兵攻击前进，在敌障碍物中碾出一条通路，摧毁敌军由机枪等自动武器构成的火力点；小型卡车在设计之初是用来运载机枪及其弹药的，以便机枪组能够快速机动、快速发扬火力并持续战斗，但后来，该车也用来运输人员和其他战斗物资。小型卡车一般不由营调遣，而是由各排自行掌握使用。

1937年版的《步兵训练》（Infantry Training）中提出了一些战术观点，如在坦克火力支援下行动、步兵相互协同实施渗透、保护侧翼、在火力掩护下实施反冲击、与敌军保持不间断的接触和撤退时使用火力掩护。从二战第一年摩托化步兵排的战斗实践来看，这些观点显得有些模糊，其论述也不是十分完整，甚至给人以夸夸其谈的印象。

1940年6月根据法国和比利时作战所作的《陆军训练备忘录》（Army Training Memorandum）指出，卡车能够作为快速向前冲的"轰炸机"，夜间也可伪装成坦克迷惑敌军；不幸的是，其防护能力较差，各类轻、重武器均可造成致命威胁；卡车的越野能力较强，但反坦克障碍和其他障碍都能阻止其机动。使用方面，通常的做法是乘车机动，下车发起攻击或防御，在火力掩护下乘车撤退，正如《摩托化步兵排进攻战术手册》（Notes on the Tactical Handling of the Carrier Platoon in Attack）指出的那样："有情况，就下车。"

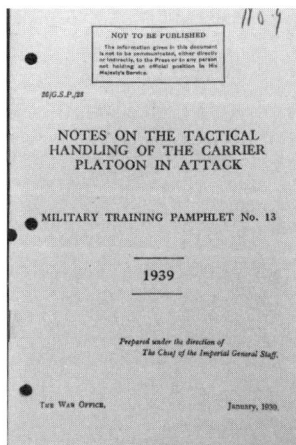

▲ 1939年版《摩托化步兵排进攻战术手册》。

第三节 英军步兵分队战术的理论发展

两次世界大战期间英军步兵战术理论发展

一战以后，英国陆军大幅裁剪，回归了许多职业人士所认为的"正常生活"。这支缩水的军队仍然要维护一个世界性的帝国，必须保持兵员充足、头脑清醒、政令清明、训练有素、纪律严明。在缩编后的英国陆军中，守备部队规模较小，却分布在从百慕大群岛到兴都库什山脉之间的广阔区域，其步兵很少有机会组织战斗小组以上规模的训练，也没有进行步兵、炮兵、机枪兵之间的协同作战，更谈不上用来镇压殖民地的骚乱。由于资源有限，在军队发展的清单上，只能在最下面的位置找到步兵战术，艾弗·马克西爵士（Sir Ivor

▲ 英国著名播音员克里斯托弗·斯通，他曾服役于皇家燧发枪手团，1923年出版过一本该团团史。

▲ 1917年8月21日，担任第18军军长的马克西爵士正在为第51步兵师第152步兵旅的士兵授勋，他在第一次世界大战中曾担任军级指挥官，一战末期转而负责训练工作，1926年退役。

Maxse）痛心疾首地指出："我们根本就没有任何战术"；1919年年初，克里斯托弗·斯通（Christopher Reynolds Stone）少校也认为：军中的保守思想导致了许多优秀人员的退役（至少是导致退役的一个重要因素）。但真实情况表明，即使是在如此恶劣的环境下，认为英军没有发展战术理论仍然是一种错误的看法。

两次世界大战之间，英军战术发展的关键词之一——至少用英军自己的话来说——就是利德尔·哈特（Liddell Hart）上尉。1895年，利德尔·哈特出生在巴黎，1913年在英国剑桥大学就读，成绩平平，大学期间接受了军官训练团组织的训练。一战爆发前，用利德尔·哈特自己的话来说，他是一个"社会主义者、和平主义者、反对大规模征兵制、自由主义者"，

如果这些都是事实的话，那么后来利德尔·哈特就变成了上述名词的对立面。

第一次世界大战爆发后，利德尔·哈特在皇家约克郡轻步兵团参军入伍，1915年9月底在艾伯特附近的前线作战，他所在的营参加了1916年7月1日索姆河战役中的惨烈进攻，幸运的是，利德尔·哈特担任其所在营的"储备军官"，逃过了一劫。在马梅斯森林战役中，由于吸入了毒气，他被认为只能执行轻微的任务。索姆河战役给利德尔·哈特留下了深刻印象，这种印象和他对第一次世界大战的观点贯穿于他后期所有的作品当中。

一战结束后，利德尔·哈特在马克西将军麾下任职，后在训练总监的领导下参与远征军的训练，期间与机械化战争学派大师J.F.C.富勒一度有过工作上的合作，

▲ 利德尔·哈特是最著名的英国军事理论家之一，曾于1914-1927年间在英国陆军服役，他的《第二次世界大战史》《战略论：间接路线》与《隆美尔战时文件》已经为国内读者所熟知。

不久又受命参加编修《步兵训练》手册，并在1921年出版了小册子《步兵战术大纲》（The Framework of the Science of Infantry Tactics）；不久以后，利德尔·哈特将其步兵作战理论建立在"扩张的洪流"这一思想之上，面对一战中的连续防御体系，提出了一种"横扫和压倒"的观点，即集中兵力在敌防御前沿打开一个突破口，而后马不停蹄继续向敌纵深发展进攻，直到被敌机动部队所阻止；同时突破口两翼的部队向两侧扩张，扩大突破口，后续作战单位"从突破口投入交战，在占领敌正面的同时继续向纵深发展进攻"。利德尔·哈特宣称其灵感正如河流冲刷大地和堤坝一样，是自然产生的，但仔细查看他的论文和著作，里面有相当一部分内容与1918年

德军战斗手册《阵地进攻战》（Der Angriff im Stellungskrieg）中的内容一脉相承。

利德尔·哈特以一种批判的态度审视以往的军事历史，在他的作品中或多或少都有对军事历史的分析和批判。1928年，利德尔·哈特在写给富勒的信中指出：在公众和军队眼中，我们是机械化战争的倡导者。事实上，机械化战争来临时，人们对于新事物的认识总是模糊不清的。必须指出，您才是机械化战争真正的先驱者，而我在1918年至1921年这段时间，主要致力于步兵战术的研究和发展，很少接触接机械化战争。近年来，我们为军队和公众接受机械化战争付出了巨大努力，这种努力的成果，我想在以后公众会给出公正的答案。必须指出，在战役这个层面，我认为您是倡导建立装甲兵的先驱者，也是您首次提出集中装甲兵，越过敌防御前沿，直接攻击敌军的指挥所和控制中心，而我的观点是使用装甲兵力攻击并摧毁敌军目标，这代表了一个时代的到来，使建立在机枪基础之上的防御体系无用武之地，使骑兵成为一个历史名词。无论如何，正如二战期间许多重要杂志所指出的那样，是利德尔·哈特将上述两种观点结合在一起，并进行了广泛推广。

1937年，利德尔·哈特开始探索军队改革事务，其中一些观点出现了1939年出版的《英国防务》（The Defence of Britain）一书中。该书一些观点属于战略的范畴，另一些观点则对于步兵战术的发展和实际运用具有重要的指导意义，包括

▲ 1939年版《英国防务》，作者利德尔·哈特在书中提出的很多建议被英军所采纳。

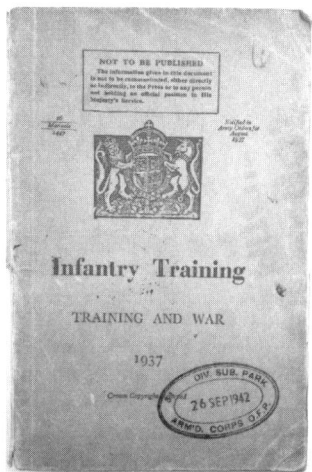

▲ 1937年版《步兵训练》。

以下几点：

1. 步兵营全面摩托化；

2. 解散独立机枪营的编制，为每个营配备装甲运兵车；

3. 缩减步兵营和步兵师的规模，增加火力投送单位的人员比例；

4. 为军队供应适合现代战斗的作训服；

5. 建立能作为"散兵"使用的摩托化单位；

6. 对步兵进行系统化、现代化训练，包括礼仪训练；

7. 赋予士官更多责任；

8. 允许非值班（执勤）士兵在营区外休息；

9. 开办战术学校，培训初级军官。

利德尔·哈特的上述观点代表了未来陆军的发展方向，其中一些也正在军队中逐步落实。1932年年初，柯克委员会提出减少陆军师下辖的步兵营数量；1937年进行了新式作战服的试点，并在二战爆发时下发到了前线部队；在1940年下发的突击队员行为规范中，士兵可以在外过夜；陆军的军事训练也逐步走向正规，如制定了"标准操作程序"，实施了"战斗训练"，对士官的战术训练也日益重视起来，在敦刻尔克撤退之后，这种训练变得更加重要。另一方面，军方也得出一些错误的结论，如认为摩托化单位不适合作为"散兵"使用，虽然这种单位已经在侦察、通信方面展现出了巨大的潜力。

可以从一些重要文献中窥得战争爆发时英军步兵战术的轮廓，如1937年版的《步兵训练》和1938年版的《步兵班指挥》。《步兵训练》认为：周密的战斗协同对于战斗胜利具有极大的推进作用；步兵、炮兵和装甲兵在战斗中应当密切协同，充分利用相互配合所带来的整体战斗威力，将战斗伤亡减少到最小程度。除此之外，该文献还十分重视官兵在战斗中的持续战斗能力，提出了维持战斗力与战斗资源之间的关系。

《步兵训练》还认为，与欧洲国家大规模征兵制相比，面对殖民地国家那些缺少技术支撑和战术训练的军队，英国本土维持一支小规模职业化军队是十分明智的，正如戴维·弗伦奇（David French）指出：一战中英军遭受了很大损失，特别是在1914—1916年间损失惨重。痛定思痛之后英军认识到，取胜依赖于各军兵种的密切协同，要获取战场优势，必须使用强大的火力打击防御者，以掩护步兵机动，减少步兵的损失，因此必须维持一支小规模的职业化军队。

二战初期英军步兵战术理论发展及相关训练

1939-1940年，英军在德军闪电战的打击下溃不成军，在失利中学到了很多经验教训，开始学会组织俯冲轰炸机和坦克的协同，开始重视步兵战术的发展。从1940年5月，英国军队开始大规模扩张，"本土防卫志愿者"也逐步进入现役，尽管加强了步兵战术训练和战术理论的研究，军队的职业化程度还是有所降低；另一方面，随着国家面临战争局势的恶化，步兵战术训练也参考了战场实际的发展，对实战中的经验和教训进行了总结。许多具有战斗经验的军人被调来担任教官，训练本土防

▲ 约翰·兰登-戴维斯是英国著名作家和探险家，曾作为志愿者参加了西班牙内战和苏芬战争。

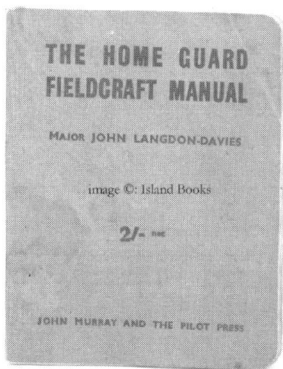

▲ 约翰·兰登-戴维斯所著的《本土防卫军野战手册》封面。

卫志愿者；这些军人教授了很多实际的战场技巧，例如如何识破敌军设置的陷阱，但由于训练设施和装备的缺乏，有些训练还是无法全面展开，有些训练所使用的保障器材严重不足，甚至到了使用扫把、雕

▲ 左翼作家约翰·布罗菲。

▲ 休·莱斯特（中间者）在西班牙内战期间的留影，当时他在国际旅英国营反坦克连服役。

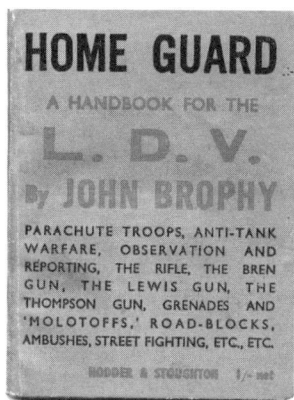

▲ 约翰·布罗菲撰写的《家园卫士：LDV手册》封面。

▲ 休·斯莱特撰写的《为了胜利——家园守卫》。

刻刀和绞刑具来训练的地步；在训练内容上，不仅教授第一次世界大战时期的战斗技巧，更有西班牙内战时期的战场经验。"国际旅"成员来自世界各地，由于共同的政治信仰在西班牙与法西斯作战，所以他们所获取的战斗经验和教训在向志愿者传授时，还是受到了带有偏见的英国官僚主义作风的阻扰。

实际上，"本土防卫"运动的兴起是在德军入侵的威胁下，英国各类观点、思

▲ S.J.卡斯伯特撰写的《我们将在街道上战斗》。

▲ 汤姆·温特林厄姆一生扮演过多种角色，他是士兵、军事历史学者、探险家、诗人、作家，又是马克思主义者和政治家。

潮相互作用的结果，其代表人物包括：约翰·兰登－戴维斯（John Langdon-Davies）少校，他撰写了《本土防卫军野战手册》（Home Guard Fieldcraft Manual），这本在英国广为发行的手册吸收了西班牙内战的经验和东南野战指挥学校的研究成果；左翼作家约翰·布罗菲（John Brophy），他在佩尔西·霍巴特（Percy Hobart）少将的鼓励下撰写了《家园卫士：LDV手册》（Home Guard: a Handbook for the LDV）；西蒙·法恩（Simon Fine）上尉在皇家燧发枪团服役，参与了对本土守卫志愿者的训练；杨克·列维（Yank Levy）是一名国际冒险者，也是一名在西班牙内战中运气极好的士兵，在训练本土守卫志愿者时，主要负责近战的训练；另一名西班牙内战老兵休·斯莱特（Hugh Slater）是一名画

家、旅行家和参谋军官，他写了一本《为了胜利——家园守卫》（Home Guard for Victory）；S.J.卡斯伯特（S.J. Cuthbert）是苏格兰禁卫团的一名上尉，他撰写了《我们将在街道上战斗》（We Shall Fight them in the Streets）。与此同时，随着本土防卫军的发展，步兵分队，特别是步兵排指挥官逐渐由本土英国人担任，一些中高级军官也由那些退役的校官和将军们担任；这些英国人在各自的岗位认真工作，努力使各自的单位按照正确的战术发展方向来训练，但如果要谈论个人对于英军陆军战术发展的贡献，汤姆·温特林厄姆（Tom Wintringham）绝对是一个绕不开的人物。

对于温特林厄姆这样行为和性格与常人差别较大的人物，"特立独行"是一个很恰当的形容词。他早年是一名资深的

共产党人，曾经因革命活动而入狱。1938年，受其女友的影响，温特林厄姆退出了英国共产党，但仍被看作是左翼人士。

温特林厄姆出生于林肯郡，从牛津大学毕业后，朋友们都认为他性格真诚、激进，具有较强的号召力，对武器装备的创新发展颇有研究；1916年6月初，18岁的温特林厄姆加入了英国陆军航空队，在一支气球部队担任通信员。1918年，温特林厄姆患上了流感，为了去参观埃塔普勒（Etaples）而逃出医院，并由于这次滑稽的行为而被控告为叛变，不久之后该事件又被定性为不假外出。

1936年，温特林厄姆被英国共产党主席哈利·波利特（Harry Pollitt）派往西班牙，在巴塞罗那任党代表，不久后就卷入了西班牙内战，加入了国际旅的战斗行列。温特林厄姆最终成为国际旅英国营的营长，但两天后就在加拉玛的作战中受伤。一名嫉妒心较强的同志认为这次受伤属于自伤性质，但更多目击者证明，当时温特林厄姆正带领全营冲锋，始终身先士卒，直至大腿中弹。

伤愈后，温特林厄姆被任命为阿尔瓦塞特附近的波索鲁维奥军官训练学校的教官，而后以参谋军官的身份再次投入前线，在对敌前沿实施抵近侦察时肩部中弹，这次伤势较为严重，需要通过几次手术将体内的骨头碎片取出来。后来，温特林厄姆还打算前往亚洲，加入到中国共产党的抗战事业当中，但由于欧洲局势的变化而未能成行。

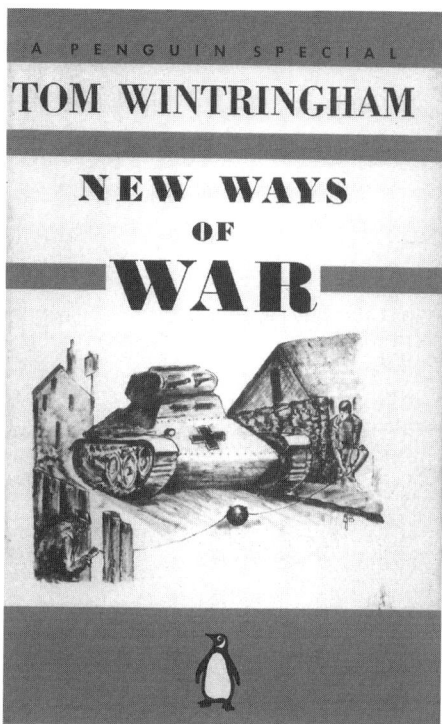

▲ 除了正文中提到的几本著作之外，温特林厄姆还是这本《新战法》（New Ways Of War）的作者。

有趣的是，尽管温特林厄姆参加了现代战争，获取了一些有用且十分适合现代战争的知识，对于反坦克战斗和巷战十分精通，也具备适应现代战争的组训能力。但温特林厄姆仍然认为，政治决定军事，在军事斗争中，政治是不得不考虑的因素，历史也是一个重要因素。在《即将到来的世界大战》（On the Coming World War）一书中，温特林厄姆引用了恩格斯的观点，即火药和武器颠覆了进行战争的方法，战争更多的依赖于工业水平和掌握工业技术的城镇居民，面对这种情况，封建领主不再高高在上，其防御用的大型城堡也变得脆弱起来；随着资产阶级的发展，步兵和火炮越来越成为战争的制胜因素。

温特林厄姆通过研究第一次世界大战战史（尤其是鲁登道夫的战争回忆录）得出的关于战术发展的观点，对于英军现代步兵战术的发展起到了直接推动作用。他认为，最小战术单位的瘦身使得突破一战中形成的堑壕防御体系成为可能，但这要求这些战术单位的指挥官具备较强的责任心和行动自主权。在西班牙内战中，他看见了由许多最小战术单位形成的"蚊子群"，上级对这些最小战术单位的战斗行动不加以严格限制，这些单位几乎是在独立战斗，充分发挥其主动性，展现出更高的战术水平。温特林厄姆认为，西班牙内战中这种指挥权限下放的做法也许是一种

高水平的战术思想，也许只是环境所迫。但毫无疑问，这种做法需要在军队中处理好民主与集中的关系，这也是迄今为止解决传统英国军队战术发展的一个重要切入点。温特林厄姆曾在战斗中遭遇坦克，他对这种武器的看法体现出了敏锐的洞察力：一种观点认为，西班牙内战表明，坦克的使用方法是失败的，这种观点有一定的偏颇；西班牙内战中坦克的使用教训表明，坦克并不完全适用西班牙的地形条件；坦克并不能完全取代步兵成为陆军的基础，因为其伪装难度大，也不能进入地下隐蔽，很难达成战斗的突然性，同时坦克观察受限，噪声大，作为枪炮发射平台其射击效果有待提高；坦克在战斗能够被手持式的小型武器所击毁。

1940年，温特林厄姆投入英国军队的组织和训练工作，成果斐然。脱离英国共

▲ 皮特·怀亚特·福尔杰。

▲ 威尔弗雷德·弗农。

产党后，温特林厄姆得到了很多人的实际帮助，包括英国媒体《图片邮报》（Picture Post），该杂志的封面选取了温特林厄姆的画像，并刊登了他的爱国事迹，使得他得以在各类杂志上介绍在西班牙内战中获得的战争经验，并宣传关于建立作战辅助力量的观点。在爱德华·哈尔顿爵士（Sir Edward Hulton）和泽西勋爵（Lord Jersey）的鼓励和帮助下，温特林厄姆参与了在奥斯特利公园建立游击战训练学校的工作，当年7月10日正式成为该校的负责人。

温特林厄姆利用自己的影响力聚集了一批前革命者、报业大亨和贵族中的有识之士与英国陆军的传统思想做斗争；这些人包括休·斯莱特、皮特·怀亚特–福尔杰（Peter Wyatt-Foulger）上尉、斯坦利·怀特（Stanley White）、威尔弗雷德·弗农（Wilfred Vernon）和罗兰·彭罗斯（Roland Penrose）。其中，怀亚特·福尔杰是一战老兵，战斗经验丰富，在轻武器对空射击方面颇有心得；斯坦利·怀特是童子军协会的主要管理者；罗兰·彭罗斯是一名超现实主义画家，在隐蔽伪装方面颇有研究；威尔弗雷德·弗农性格古怪，秉性疯狂，被同事们认为是"莫洛托夫燃烧弹"和各类爆炸装置的"混合产物"。

到1940年9月底，约有6000人接受了"奥斯特利公园"的训练，这些人在那里学到了实在管用的东西，正如温特林厄姆在《图片邮报》上撰文指出的那样：我们认为教学是必须的，我们坚信能给那些志愿者更好的教学：训练、通信、射击等等。我们的教学内容通常包括：一般现代战术、德军目前与未来的战术；手榴弹的战场使用、埋（排）雷、反坦克手雷的战场使用，各类步枪、霰弹枪和手枪的操作使用等；烟幕的利用、伪装、侦察、跟踪和巡逻；在敌占区的游击战；巷战和城市防御战术；机降、伞降

▲ 罗兰·彭罗斯。

▲ 奥斯特利学校除了教授游击战术之外，还组织开发各式各样的新式武器，这张照片展示了其中一部分，包括燃烧瓶、迫击炮和爆炸装置。

及其反制作战；构筑野战工事、设置路障和反坦克工事；观察与报告。总而言之，要通过我们的教学，训练出一批准军事人员和精通游击战的人员。

奥斯特利游击战学校取得了巨大成功，其教学内容和教学方法不久以后就在英国推广开来，在英联邦的其他国家和地区也同样流行。在公众宣传和实际操作上，"奥斯特利公园"都取得了巨大成功，温特林厄姆甚至还建议为本土守卫志愿者成立独立于体制之外的"军事法庭"，这些都引起了英国当局的警惕。尽管英国人在政治上比较保守，但奥斯特利游击战学校还是受到了公正的对待，在1940年夏天，部分英军单位也参加了

这类课程，其中就包括奥古斯塔斯·索恩（Augustus Thorne，前国际旅士兵，十分赞同温特林厄姆的观点）将军指挥的作战部队。温特林厄姆在该学校干得十分成功，他被增选为本土守卫文化的撰写委员会委员。随着德军入侵英国本土威胁的逐步降低，英国正规军也渐渐吸收了这些训练成果。"奥斯特利公园"曾一度关闭，后在军队的支持下，又在邓贝斯（Denbeis）重新开办，其侦察方面的训练仍然由斯坦利·怀特负责。随着英军训练水平的提高，温特林厄姆逐渐淡化出了历史舞台，但他在英军战术发展史上留下了不可磨灭的痕迹，其训练模式和战斗思想成为英军现代战术发展的滥觞。

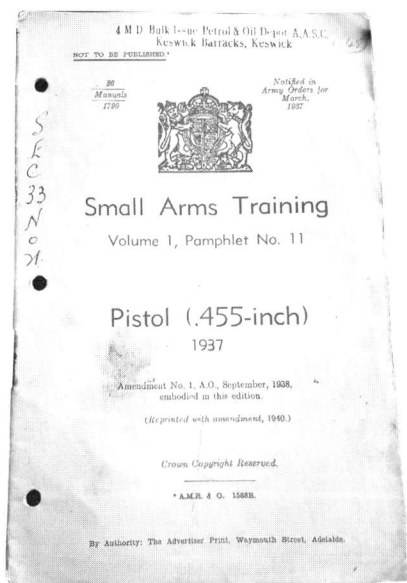

▲ 1937年版《轻武器训练》。

▲ 1944年版《步兵训练》。

二战中期英军步兵战术理论发展及相关训练

应当指出，直到1944年，英军才对通用的1937年版战斗手册《步兵训练》进行了更新，修订并发行了1944年版本的《步兵训练》。一种观点片面的认为，在此期间英军步兵战术落后于同时代的其他国家。实际上，英军的步兵战术也在不断改进和发展，其训练水平不断提高，并出版发行了一系列改进后的关于步兵战术和训练的小册子，如《轻武器训练》（Small Arms Training）、《军事训练手册》（Military Training Pamphlet）和前文提到的《陆军训练备忘录》等，它们也提供一些最新的战术和训练知识，其中部分内容被收录进了英军的各类战斗手册，《期刊笔记》（Periodical Notes）则致力于研究德国陆军的各类战术和训练。尽管没有英国军政人员愿意承认，但事实是从1939年9月开始，部分德军军事理论开始进入到英军军事理论当中，其中最为典型的例子就是1939年版的《作战手册》（Operations manual）中，关于步兵战术的部分内容就借鉴了德军步兵战术的一些理论。

1939年版《作战手册》第二部分"防御"在更早些时候就开始这样做了。该手册的防御理论指出："步兵火力是防御的骨干，构筑野战工事、对各类武器和工事进行伪装、达成行动突然性、设置各类障碍等是防御战斗取胜所必不可少的内容"；对多挺"布伦"轻机枪实施伪装，而后选择有利时机实施突然开火，形成交叉火力，能够使防御行动更为有效等，上述观点很明显来自于德军的步兵战术理论。尽管在防御中堑壕和铁丝网是十分有效的障碍物，但该手册还是借鉴了德军挖掘武器射击掩体和实施伪装的做法，同时强调德军通常使用的"地域防御"观念，即以连、排为单位实施防御战斗，在实施战斗部署时应确保下属的步兵班之间能够相互支援，同时得到反坦克枪和通用机枪的支援。正如人们预料的那样，在1941年修订再版的《作战手册》中，其战斗队形的作战行动部分借鉴的也是德军防御战斗部署理论，而非什么什么匿名人士。

尽管简短不成系统，但是陆军军事训练备忘录仍然对步兵战术训练所涉及的各个课目给予了极大关注。在1939年版《作战手册》中，详细阐述了步兵训练、野外技能和巡逻；该手册指出，训练手册大致分为两类：战术训练手册和技术

▲ 正在进行体能训练的别动队员，1942年摄于埃克那卡瑞别动队基础训练中心。

▲ 训练使用汤姆逊冲锋枪的别动队员，摄于埃克那卡瑞别动队基础训练中心。

训练手册。前者着重于战术训练、战斗队形的使用和战斗中各级各类分队的运用；后者着重于"武器装备的操作和一些必备常识"。在分类上，各类版本和修订后的《野战勤务条令》（Field Service Regulations）涉及武器操作手册、训练、工程通信等内容的条令条例被划归到战术训练手册的范畴，其他条令条例则被"武断"地划分到技术训练手册的范畴。

二战爆发时，伦敦律师、地产商莱昂内尔·威格拉姆（Lionel Wigram）是皇家燧发枪手团的一名军官，他取得了像温特林厄姆一样的成功，不过方式方法略有不同。威格拉姆不仅才华横溢，而且在正确的时间出现在了正确的地点。虽然是个局外人，他却设法加入了英国军队建设发展委员会，并克服质疑声和保守势力，得到了决策层的支持。威格拉姆的姐夫是第1军级军校（1st Corps school）的校长，利用

他的影响力，威格拉姆在亚历山大少将的指导下，在1940年的下半年开始推广一些简单而实用的训练技巧和战术理念，用以进行基础战术训练；亚历山大在第一次世界大战结束时曾接受了相似的训练，所以对此极为热心；后来，类似的训练方法被引入林肯市的排长指挥学校和一些师级班长培训学校；这些训练方法和观点于1941年被补充进了《步兵训练》中的"步兵排长战斗笔记"一章。在威格拉姆行推行新式训练方法和战术观点时，也存在个别不协调的音符，如一些官方的书籍就拒绝使用"战斗训练"一词，理由是"战斗"和"训练"是两个不同的领域，强行把二者结合在一起有给人穿紧身衣的感觉，限制了有天赋的指挥官和勇敢的士兵战斗才能的发挥，这种观点在"战斗训练"成为主流之后就烟消云散了。

1941年7月，步兵第47师师长约翰·厄特森·凯尔索（John Edward Utterson-Kelso）少将在苏塞克斯郡塞尔活门（Chelwood Gate）成立了第一所师属战斗学校，聘请威格拉姆为校长，指定了一个为期两周的训练课程，训练内容包括观察与潜听、野战技能等内容，其训练重点放在实际练习上。在训练中，厄特森·凯尔索少将和威格拉姆校长都会对参训者训话，后者也尽力在本土守卫训练方法中，挑选合适的方法运用于师属战斗学校的训练。有趣的是，该战斗学校的10名教官身份各异，有商人、律师、正规军士兵、野战技能专家、反坦克专家等，这些人常常将他们的观点和做法汇集起来，昼夜不分对参训

▲ 正在进行两栖登陆演习的别动队员。

官兵实施毫不留情的训练。参训者不仅包括本师的团级军官和基层军官，还包括加拿大军人和其他单位的官兵。这种建立战斗学校的做法和训练方法在实际训练中取得巨大成功，当年12月伯纳德·佩吉特（Sir Bernard Paget）中将就任英国本土部队司令时，下令在每个师级单位都建立类似的战斗训练学校，在达拉谟郡的巴纳德堡（Barnard Castle）建立中央战斗学校（Central Battle School），任命威格拉姆作为该校的主要负责人，训练那些战斗学校的教官。1942年夏天，在巴纳德堡开办了新的步兵学校，丘吉尔曾视察该校以示支持。

正如规划的那样，师属战斗学校有条不紊地运行着，军官们则在巴纳德堡接受磨练，包括阿盖尔的丹尼斯·福尔曼（Denis Forman）上尉，他后来成为建立在舍德兰群岛的师属战斗学校的主要教官，也是英国最为偏远地区的教官。后来福尔

曼在蒙特卡西诺受伤，返回了巴纳德堡担任教官。另一个杰出的战斗学校教官是来自女王直属卡梅伦人高地团的德里克·朗格（Derek Lang）少校，他兼备作战经验和战术教学经验，先后在比利时和厄立特里亚战斗过，1941年调到中东地区的战斗学校担任教官，后转入巴纳德堡担任教官，其教学十分成功。有趣的是，和阿克纳卡利别动队基础训练中心（Achnacary Commando Basic Training Centre）一样，英国的一些步兵战斗训练学校也供美军使用，这是对美国租借法案一种回报。

在威格拉姆制定的师属战斗学校为期两周（13天）的训练计划中，第一周的第一天由校长威格拉姆致辞，剩余时间和第二天（师长通常在当天训话）进行野战技能的训练，科目包括伪装、战斗编组等，大约40分钟至1个小时训完一个科目；第三天组织小分队战术的学习和训练，同时训练渗透、钳形突击；第四天训练追击敌军和夜间巡逻；第五天将学员分成2个排级规模的战斗队，一个战斗队进行城镇居民地战斗训练和敌情不明条件下的野战机动训练，另一个战斗队进行城镇居民地战斗的推演；第六天也就是第一个星期六，两个战斗队互换第五天的训练内容；第七天休息。在第二周的训练计划中，从星期一至星期三，再次分成两个排级规模的战斗队，学习训练设置反坦克陷阱、设置路障、森林战斗技巧、穿越河流、防卫重要目标和桥梁，其中一些课目是在实弹的背景下实施的。夜间组织对静止坦克的攻击

训练；第四天主要训练如何组织步兵排火力（实弹）、穿越河流，夜晚再次进行夜间巡逻训练；第五天在高地和山谷中开展打击敌空降伞兵的训练；第六天上午组织一次综合演练，将前面的训练内容以演练的方式串起来，午饭前的最后课目为观摩防空火力，下午是结业典礼，主要阐述战斗训练的精神和意义。

随着战争的发展，各级司令部都大力推行这种短期的培训模式，也出现了一些意想不到的培训内容。值得一提的是，那些并非由威格拉姆亲自指导下产生的变化略显保守，但从总体上看，这种短期培训基本没有超出1941年威格拉姆所作的规范。战斗学校组织过一个排级试点单位探究新兵训练方式，其第一个训练内容就是十分苛刻的进攻战斗训练，新兵们要爬上一个光秃秃的山坡，穿越各种类型的障碍，包括一个游泳池大小的泥浆坑，最后要在接近零度的水温中，穿过一个水深及胸、宽274米的小型峡湾，涉水时必须把枪

▲ 训练中的别动队员，1942年摄于埃克那卡瑞别动队基础训练中心。

举过头顶，并面临"敌军"的实弹射击。

MG.杰弗里斯（MG Jefferies）是一名年轻的通信军官，曾经是本土守卫军的一名志愿者，1943年11月，他参加了位于湖区阿尔斯沃特的战斗学校的训练。在他为期两周的训练课程中，第一部分是进攻课程，在该课程当中，杰弗里斯必须面对各类铁丝网，有一列桩、二列桩、三列桩铁丝网，也有蛇腹形铁丝网。在步兵班克服这些铁丝网时，其中一种方法就是首先将1名身穿较厚防护服士兵，抛在铁丝网上形成人桥，步兵班其余人员则从该名士兵身上踩过，最后两名士兵通过铁丝网后，将该名士兵垂直抬起，而后全班继续前进，克服下一道障碍。在杰弗里斯接受的其他训练中，包括（战斗着装和非战斗着装）在冰冷湖水中游泳的课目、使用竹筏渡河、高空跳落、全副武装越野和武器的操作使用等。左轮手枪的操作使用训练最为痛快，由于手枪弹药充足，学员可以打个够；完成上述课目后，杰弗里斯继续训练，在稠密的森林中战斗，打击各类射击靶模拟的敌军；学习迫击炮的操作使用，经常是将学员编为迫击炮班进行训练，不光进行武器的分解结合，还要进行实弹射击和战术运用的学习。

杰弗里斯已经记不清为期两周的训练课程是如何结束的了，只记得自己在高强度训练中拉伤了背部。其他学员对于结束阶段的训练记忆犹新，其中就包括在巴纳德堡接受步兵训练的坦克兵罗恩·德斯坦（Ron Goldstein）和弗兰克·埃里森（Frank

Alison）；德斯坦记得"穿着牛仔裤在泥浆中的感觉"、消耗大量弹药的射击和穿越河流，印象最深的还是夜间战术训练中子弹撕裂空气的声音和闪电划破夜空的景象；埃里森则记得在手榴弹投掷训练中，他将手榴弹投进了狭长掩壕，其战友面对冒烟的手榴弹，挖掘工事的速度刷新了该校的纪录。

在战斗学校里也有一些加拿大的军官学员（毕业后可能到加拿大战斗学校任教官），在毕业时其职业化水平得到明显提高，战术观察能力进一步增强。他们总结了一些关于训练的顺口溜，如"卧倒、匍匐前进、观察、射击"，并总结出在战场上单兵之间的距离不能小于4.57米，以免被敌军一网打尽。在巴纳德堡战斗学校，学员们要在不同的战斗单位担任班长和排军士，学习如何将步兵班区分成3个战斗小组（包括1个专门提供掩护火力和侧射火力的"布伦"轻机枪组）。

1941年，威格拉姆将他个人的训练思想和战术观点汇编成册，写成了《战斗学校》（Battle School）一书，但直到1942年4月才以个人名义出版，仅发行了1000册。该书感情色彩较浓，开篇即引用了美国报纸对1930年德国陆军的报道，隐晦地批评了英国低落的士气；在某种程度上，《战斗学校》并不受权威部门欢迎，主要原因是威格拉姆在书中批评英国步兵忽视了现代战斗的要求，并对德国步兵战术评价较高：关于上次战争最值得注意的是，1918年3月，德军在最后的进攻战役中采用

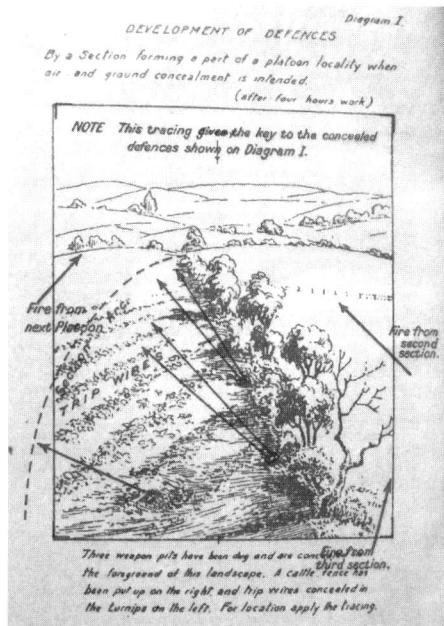

▲ 1937年版《步兵训练》中对于将步兵班分成三组进行布置的说明，左下角箭头即为"布伦"机枪班所处位置。

的步兵战术出现了非常明显的变化，而英军对此并没有予以足够的重视与研究。你可以用任何你喜欢的战术术语来称呼这一方法，但就其影响来说，它不仅可以恢复对步兵武器的信心，运用恰当时还可以成为致胜法宝。在大西洋的另一端，美军军事理论家原版翻译了德军战斗手册，并将其精髓融入美军自己的战斗手册，《战斗学校》一书准确引用了美军翻译后的德军战斗理论，并强调战斗中火力与机动相结合的重要性。

《战斗学校》花了很大篇幅来研究下述内容：野战技能的训练、小单位的战

场机动、步兵排的武器装备和器材、进攻行动、团队训练和团队精神、巷战与巷战中的防御行动。许多指令都被简化为可以在训练场上演示的动作，非常适于对连、排级军官及军士进行培训。进攻战术包括向敌军防线渗透、钳形攻击行动、班一级的基础行动等。在步兵班的进攻战斗行动中，步枪组和机枪组分开行动，只要条件许可，二者大约成90度，以充分发扬火力，获取"火力优势"；在火力掩护下，狙击手和"掷弹兵"采取匍匐前进的运动姿势，隐蔽向敌军防线运动；此时，狙击手必须严密观察战场，狙杀威胁"掷弹兵"的敌军。接近敌军防线后，掷弹兵投掷手榴弹（或烟雾手榴弹），而后"在手榴弹爆炸瞬间，或烟雾尚未散去时，步枪组迅速发动突击"；达到狙击手和"掷弹兵"的位置时就可以尽情倾泻火力了；在进攻过程当中，班长位于战斗队形的中央，保持着对全班的控制；步兵班的进攻正面大约为45.7米，一旦完成进攻任务，歼灭预定敌军，应当尽量避免在敌军阵地上逗留，以免遭敌火力报复。

《战斗学校》一书语言风趣，具有鼓舞士气的作用，且行文措辞较为干练，在英国陆军战术发展中具有不可磨灭的作用，但作为一种实用性较强、便于理解的战术参考书，仍有一定不足之处。在英国陆军战术发展历史上，真正具有里程碑意义的战术著作还要数《战斗技术与战术训练教官手册》（The Instructor's Handbook on Fieldcraft and Battle Drill，即前文提到的《教官手册》，以下用简称），该书于1942年10月出版发行，是在《步兵训练》重新修

◄ 在意大利战场上，英军步兵躲在由弹药箱堆成的工事后面战斗，照片中，佩戴士官军衔的士兵是一名摄影师，其携带的枪套中装着9.65毫米口径的恩菲尔德左轮手枪；摄影师旁边是一名正在投掷米尔斯手榴弹的士兵，这种防御型手榴弹杀伤范围较大，为防止弹片误伤己方士兵，通常躲在掩体后投掷，正文提到的"掷弹兵"在进攻时使用的是杀伤范围较小的进攻型手榴弹。

订期间英国陆军的替代指导书籍。该书的内容基本由威格拉姆撰写，改编时结合了其他人的一些战术思想和观点，删除了故事性较强的内容（一些旁白和插图毫无疑问增强了书籍的可读性，但正式出版并下发部队时，这些模棱两可、观点模糊的内容还是删除了）。尽管在"几个月"之后，对1937年版《步兵训练》的修订工作就将最终完成，但在1942—1944年初这段时间，《教官手册》一书仍然是大部分官兵保留的战术训练书籍，新出版战术训练书籍也会借鉴该手册的内容。《教官手册》在二战中扮演着重要的角色，该书接受并系统阐述了"战斗训练"的概念，并以一种十分正统的方式向步兵传授相关的战术和战术训练。

尽管《教官手册》不像各类版本的《步兵训练》一样尽人皆知，但到1942年年底也发行了175000份。该书更像是威格拉姆《战斗学校》的升级版本，不仅主题和内容相似，而且全书的框架结构也基本类似。《教官手册》并不声称要传授"新型战术"或进行"战术革新"，也没有对战术创新进行限制，更不主张遵循刻板陈旧的战术，正如"年轻的板球运动员"学习完基础技巧以后才能发展并形成自己的打球风格一样，该书侧重于向初级军官传授基本的战术和技术基础，以便于这些军官能够形成自己的战术风格。与1937年版的《步兵训练》有所不同，《教官手册》的内容已经发生了较大的变化，宏观论述部分大大减少，更多地关注分队战术和班

排作战行动，着重于排长、初级士官在战斗中应掌握的战术和技术，而老版本的《步兵训练》则较多着墨于少校和中校在作战指挥中应关注的内容。

战斗训练的本质就是研究机动和作战行动，并将其分解为具体的各类要素，而后根据这些要素，针对理想的战斗条件，制定理想的战斗计划，通过战斗条件的动态变化，使参训者了解整个战场蓝图，熟悉"完成任务的手段"。对于参训者来说，要能够熟悉战场态势，使自己的战斗行动与整体战斗行动融为一体，知道"整体战场态势，应该瞄准什么目标，应该如何完成自己的战斗行动"（这些都是现在的士兵所欠缺的）。在此基础上，即使是那些理解力较差、没有想象力的官兵，也能够比以前更好的实施战斗行动。

通过战斗训练，能够确保步兵排的每名士兵在任何战场环境中都知道应该采取什么行动，为什么要采取这些行动，自己的战友正在干什么，自己的战斗行动对于整个战斗小组完成战斗任务中有什么影响。通过战斗训练，对于指挥官来讲，可以通过简短的指挥命令，指挥分队战斗行动达到最佳战斗效果。同时，战斗训练强调构建实战化的战场环境，能够促使各级指挥官在近似战场的训练环境中，了解到各个战斗细节对于成功的重要性，强化在战斗中主动作为的精神，提升指挥效率，获取近似实战的指挥经验。

《教官手册》借鉴了《战斗学校》中的一些战术观点，如进攻行动和钳形运

动，这些思想和观点也是一年前威格拉姆为战斗学校制定的教学大纲，但《教官手册》的内容更为丰富，研究更为具体，也便于官兵理解掌握；与一年前相比，《教官手册》所教授的内容更接近于"近战"，其操作程序标准化程度更高。在进攻战斗方面，《教官手册》强调：进攻行动要强调火力与机动相结合，支援火力一停止，就必须立刻发动攻击；"布伦"轻机枪组必须跟随步兵班一起向前推进，尽量接近敌军以充分发扬火力；攻击时必须逐次交替掩护前进（即一个组推进时，另一个战斗小组实施火力掩护）。在武器的战术运用方面，《教官手册》阐述的更为详细，该手册认为：2英寸（50.8毫米）迫击炮"可能是步兵排最重要的武器"，然而，"迫击炮发射时会爆产生较多烟雾，因此这种步兵排武器最难的是隐蔽伪装……低角度发射时，这种武器必须从精心伪装的阵地上射击，这种阵地位于防弹的遮蔽物后面，遮蔽物能有效防止迫击炮发射时产生的火光和烟雾被敌军侦测。"

《教官手册》指出，迫击炮遂行战斗行动时，第1名炮手携带迫击炮和4发炮弹（装载弹袋中携带），第2名炮手携带带刺刀的步枪和装备6发炮弹的弹药箱，第3名炮手往往充当排长的勤务兵角色，并携带另一个装有6发炮弹的弹药箱。接到立即发射的命令时，第1名炮手就会在没有其他炮手协助的情况下，从其弹袋中取出1发迫击炮炮弹并发射出去；如果时间足够，第1名炮手将寻找一个观察点，观察目标位置和步兵排推进的前锋线，第2、3名炮手将全力配合第1名炮手的工作，第1名炮手"无需对其队友大喊大叫"，他的具体职责是在观察点实施观察，在迫击炮发射阵地强调隐蔽的情况下，为迫击炮发射提供具体的射击方向、射击范围，并确定使用的弹种。具体射击时，第1名炮手重复上级下达的射击口令，如射击范围、发射炮弹的数量和发射的弹种（是烟幕弹还是高爆弹）等，并指明射击方向（常用的办法是将两把刺刀插在地上，其连线方向为大致射击方向）。

二战后期英军步兵战术理论发展及相关训练

和战斗学校的其他教官一样，威格拉姆在参与《教官手册》的撰写之后就远赴海外战场，在战斗实践中评估这些新型战术思想和训练方法。在西西里战场，威格拉姆起初作为一名观察员，后来领导一支小分队参战，由此获得了一些实际战场经验，但与其庞大的战术体系相比，这些实际战场经验还远远不够。虽然威格拉姆管理着一所小型战斗学校，其军衔也曾调整到中校，这使得他有机会领导一个步兵营，能够按照他自己的思想来组织训练和实施作战，但在更高级指挥官的限制下，威格拉姆也很难大展拳脚。在实际的战斗和训练中，威格拉姆想有所作为，并尽量减少部队的伤亡，所以做出了许多令上级恼火的事情。

1943年8月16日，在一份给上级的报

告中，威格拉姆抱怨军队的编制体制"过时"，战斗中机动力量过少，班的规模过小，战斗巡逻不充分，且他所倡导的战斗训练很少在实际中运用；在报告中威格拉姆指出：步兵排在战斗中很少将火力与机动相结合，面对战场突发情况，官兵们往往凭一腔热血实施战斗；大多数步兵排在战斗中，排长和6名班长、副班长冲锋在前，后面跟了一群"绵羊"，且有"四到六名"胆小鬼将实施撤退，因此部队需要通过战斗训练，来进一步增强官兵的战斗精神；战斗中要使用烟幕和25磅炮来掩护部队的行动。在报告中，威格拉姆提出的最有争议的观点就是在抵达前线前甄别出那些不适合参战的士兵，这样可以有效防止在炮火打击下出现"恐慌和精神崩溃"。威格拉姆的这些观点严重刺激了蒙哥马利，遭到了后者的抵制，这限制了他在军队中的发展。

在意大利战场，根据上级的命令，威格拉姆退出正面战场，转而与游击队合作，这是一种他未曾接触过的战斗方式（据有关人员证实，威格拉姆身穿黑色披风，头戴紫色帽子实施作战）。在战斗中，威格拉姆取得了一些成功，但意大利的游击队在战斗训练方面甚至还不如英国本土的普通民众。调到旅部的丹尼斯·福门对这些力量的战斗能力也持怀疑态度：

在进攻战斗中，他们畏缩成一团，像蜗牛爬行一样向前推进，手持武器向外、向空中射击，或者是趴在地上胡乱射击，以至于误伤周边的战友；到达进攻出发线后，

这些战斗人员便不受控制、乱哄哄地发起攻击，伤亡惨重；一双靴子是对他们战斗的唯一奖励，游击队员们闲暇时并不是讨论如何杀死德国人，而是讨论如何赢得一双靴子；在危险的战斗环境当中，这些人不以装死为耻。在这种环境中，威格拉姆发现自己不是在协调指挥，更多时间是在单打独斗。1944年2月3日，威格拉姆领导一支小规模的英籍意大利人分队（被称为"威格分队"）在黎明时分攻击敌军坚固设防的阵地，进攻失败了，威格拉姆伤重而亡，时年37岁，尸体被就地掩埋，后改葬在加拿大莫罗河战争公墓。

威格拉姆死后，他的同事继续在巴纳德堡工作，但在1944年，保守思想逐步占据了上风，在其限制下，战斗训练这种训练方式逐渐退出历史舞台了。当然，战斗训练的精髓已经在步兵部队扎根，渗透于平时的日常训练当中，因此也没有必要将其作为一种独特的训练方式单独提出来。与此同时，应当意识到这种简单复制德军的做法也存在一些缺点。在统治集团对这种训练方式的批评声销声匿迹之后，战斗训练的精髓进入了初级军官培训学校和士官培训学校。二战期间英国陆军下发的一些战术手册中也肯定了这种做法。

随着时间的推移和战斗实践的发展，《步兵训练》的内容也需要进一步调整和更新，1944年3月发行的《步兵训练》与以往的版本相比，其内容更加广泛，也更容易理解，并增加了来自战斗实践方面的知识。正是由于这个原因，《步兵训练》

的第8章"野战技能、战斗训练，步兵排和步兵班指挥"格外显眼。应当指出，不仅"战斗训练"一词出现在第8章的标题中以凸显其重要性，攻击行动、进攻程序、战斗纪律、战斗转换等词对于整个《步兵训练》来说也是十分重要的。这部分的内容主要教授基层军官如何训练下级分队以适应战争的需求，既不是生搬硬套某个战斗模式，也不是教学大纲的完全复制，它具有一定的灵活性，不至于压制指挥人员的创造性和主动性。第8章的出发点就是教会班长如何了解其战斗职责，增加学习班组战术的兴趣，教会步兵排"像一群猎犬一样战斗"，而不是"像一群绵羊一样战斗"。《步兵训练》指出，训练必须立足现实，指挥员必须站在敌军的角度来发

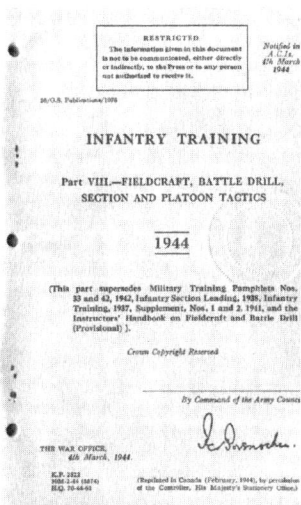

▲ 1944年版《步兵训练》，《战斗技术与战术训练教官手册》是该书修订期间的替代品。

现训练中的问题：在现代战场上，采取过去战争中出现的密集队形将带来巨大的伤亡，疏开的战斗队形是战斗的必然要求。采取疏开队形意味着，小规模的战斗单位，甚至是单兵，必须围绕上级下达的战斗命令独自决定其在战场上的行动。面对这种情况，要求这些单位和人员具备作战主动性，在战斗中更加聪明，要求单兵必须具备更多的军事知识。

第一次接受班长培训的学员将会被集中在一起，以排为单位编成一个单独的集体，学习各类课程，获取相关知识，在训练中建立自信。在训练中，这些担负培训任务的学校无一例外地选择了战斗训练这种方式，按照实战要求加快学员排的部署速度，使他们"快速释放最大战斗能量"，而不是按部就班教相关的决策程序；在训练中，既不"对每个问题都给出答案"，也不禁止学员独立思考，而是教会学员在正确的道路上、快速思考问题；如果可能，会选择一个"示范排"，就当代的战例进行教学示范。上述所有观点或举措都是威格拉姆的思想，只不过在实践中组织的更为完善，也更少有人诋毁。

1944年版的《步兵训练》借鉴了《教官手册》和其他战斗手册的做法，开篇就给负责训练的教官的建议，从野战技能、机动、伪装等科目开始实施教学，对于步兵班的训练来讲，还增加了夜间行军、夜间观察与潜听。《步兵训练》指出，在第一次世界大战中，在防御地区组织的防御行动时间漫长，官兵可以逐步适应当地环

境，但在二战中，部队需要在夜间从平时状态进入"百分百战争状态"，官兵们都要习惯这种"战争恐怖"，这主要依靠战斗纪律、轮战措施和道德限制三项措施。

"战斗纪律"从由来已久的短期传统训练开始，很快转入战斗训练——通过更加有趣的现代方式实施训练，使参训士官们拓宽眼界，增长才干。接下来是进攻课程的训练，在这个课程当中教授更多的战斗技巧，班长们学习指挥口令；在进攻战斗课程的教学中，学员们将遇到典型的野战障碍，如铁丝网、反坦克壕、坑道口和成片的树篱，在教官的指导下，学员们竭尽全力通过这些障碍；而后沿指定的路线对敌军发起攻击，在推进中，学员们必须利用一切可以利用的地形实施隐蔽，并且组织火力压制敌军；翼侧受到威胁时，学员们学会了释放烟幕干扰敌军，同时组织"布伦"轻机枪火力掩护自己的行动；接近敌军防线后，学员们必须学会利用手榴弹爆炸的火光（训练中用闪光弹代替）来辨识敌军的具体防御。在与敌直接接触时，无论是在白昼还是在夜间，战斗换防都需要在火力掩护下进行。具体训练时，教官故意扮作"老式突击队员"发出咔嚓声，训练学员根据声音确定敌军的具体位置，分辨敌军携带武器的种类，而后在引导员的引导下快速向指定区域接近。学员们利用田埂一样的地形，采取匍匐前进的姿势向前推进，教官使用1挺机枪向其射击，同时大量使用炸药制造爆炸声模拟战场的炮火。

尽管如此，在战场上光有"铁的纪律"和良好的训练是远远不够的，要加大宣传力度，使官兵为自己即将投入的战斗而骄傲，在战斗中充满激情；要克服在恶劣环境中等待上级命令才会行动的缺点，采取措施增强官兵战斗的主动性，使官兵在战斗中充分开动脑筋，从而取得战斗胜利；作为指挥员，不仅需要掌握战斗技术和相应的战术，还必须具备一定的领导气质，在战斗的任何时刻，都必须保持旺盛的战斗精力，能够分辨纪律与道德之间的界限，适当取舍，从而影响和带动士兵实施战斗。

第四节 英军步兵分队进攻战术

进攻准备

要对敌军发起攻击，排长通常会让自己的人带上一切武器装备，如果所攻击的敌军是轻步兵，那么进攻部队很难拒绝带上重武器这一诱惑。到底要带多少武器装备才合适？这个问题并没有标准答案。在实战中，最低标准就是按照满足"轻型战斗"，具体来讲，必须携带武器、弹药、水壶、刺刀、堑壕挖掘工具、防毒面具；尽管防毒面具使用的机会很少，但必须携带；刺刀放在刀鞘中，用绳索采取右肩左斜的方式挂在身体左侧；水壶则挂在身体的右侧（这种携带装备的方式很少在各类图片中找到，可能是为了便于卧倒或就座）。其他单兵装备则放在粗帆布背袋中（帆布袋上写有士兵的姓名），整齐地放在步兵排配备的卡车上，或者是经过改良的"担架"上；战斗中，这些卡车根据连长的命令，适时向前机动，并重新将粗帆布背袋发给单兵，步兵排则根据事先确定好的物资清单到卡车处领取相关战斗物资；交通条件较差，车辆无法抵达步兵排战斗区域时，步兵排将挖掘堑壕或者散兵坑，存储战斗物资。弹药和食品也采用卡车运送，必要时，也可由各个战斗小组自行携带。

士兵所携带的武器装备越少，其机动的速度就越快，战斗行动就越敏捷，也不容易疲劳。《教官手册》指出，战斗中，

步兵的机动速度是一个开放式的问题；本质上，"在确保到达目的地之后官兵还有体力实施战斗的前提下，官兵应该用其体力所能支撑的最大速度实施机动"，这里有一个前提条件，那就是"指挥官必须十分熟悉其部署，了解其体能极限"。从训练的情况来看，每小时4公里被认为是"最低机动速度"，如果距离较短，且要求指挥官冒一定的战斗风险，那么也可以采取更快的速度实施机动。

在一战中，英国陆军常因攻击速度缓慢而饱受诟病，但在接敌时，如果官兵奔跑800或1600米后就耗尽了体力，在接下来

▲ 图片显示的是1945年4月，皇家直属苏格兰边境团的士兵正向乌尔岑奔袭。从图片可以看出，在这个行军纵队中，由近至远分别是"布伦"机枪手、步枪手和反坦克抛射器射手，他们携带着军用小铁锹，用于快速挖掘防护工事。

的攻击行动中就容易疲倦，在180米的距离上成为敌军理想的靶子。《教官手册》对这种机动速度与官兵体力之间的矛盾进行了简短阐述，但该手册进一步指出，排长和连长应精确计算官兵的体力分配，为达成突然性，应快速实施接敌，而后突发发起攻击，必要时也减少火力准备的时间。慢腾腾的机动就是战斗胜利所面临的最大障碍，为了取胜，应该"不要犹豫，要采取自己认为较快的速度实施机动"。

接敌行动

筹划进攻行动时，在接敌方面，往往设想成纵队队形，沿道路或各类羊肠小径实施机动，同时派出若干前卫分队和巡逻分队与敌军保持接触，密切关注敌情动态发展。接近至一段距离时，要根据指挥官的命令，将纵队队形展开成正面尽量宽的攻击队形，此时己方处于十分虚弱的状态，极易受到敌军攻击，在此过程当中，时间是十分关键的，必须在敌军攻击或者是撤退前完成展开行动。

突破敌防御前沿时，往往选择在敌军防御的薄弱部位发起进攻，此时的战斗队形视情况而定：地形有利时，往往由坦克引导步兵冲击；地形不便于坦克机动时，采取坦克在后方以火力支援步兵冲击的战斗队形。无论哪种战斗队形，步坦之间必须密切协同，步兵为坦克扫清敌方的反坦克武器，坦克摧毁步兵无法摧毁的各类火力点。在此过程当中，指挥员果断决策和火力支援是十分重要的因素。

冲击行动

对于分队来讲，进攻战斗的一个关键词汇是"跳跃点"（进攻出发阵地）。步兵在进攻战斗中，为保持体力和攻击能量，往往在距离敌防御前沿的一定距离上，选择一个休息和进一步做好攻击准备的"跳跃点"。该点距离敌军越近，就越能够缩短在敌火打击下的冲击距离，进攻取胜的可能性就越大，该点一般选择在距离敌防御前沿约183米的地方。步兵在脱离"跳跃点"向敌防御前沿冲击时受到上级火力的掩护，自身并不发扬火力（战场环境不利时例外）；此时，炮兵往往采取"移动弹幕射击"的方式，在攻击分队前方掩护其冲击行动，重点打击突破地段敌军防线和敌炮兵阵地。在进攻战斗中，指挥员必须保留一支建制完整的步兵分队作为预备队，以便随时投入战斗，从翼侧打击敌军的防御要点；有坦克协同作战时，首先使用坦克打开突破口，而后步兵跟进实施攻击，以确保步坦协同攻击的速度；这种步坦协同作战方式并不是完美无缺的，但能产生巨大的能量，特别是面对仓促组织防御的敌军时，其威力更为凸显。在对仓促防御之敌进攻时，速度是关键，如在进攻之前进行火力准备，就有可能留出时间给敌军进一步完善其防御准备。面对仓促防御之敌，步坦协同战斗队应立即投入战斗，从敌防御的薄弱处打击敌军，此时"精心计划火力准备"显得有些多余，命令应强调"步兵使用自身火力，快速实施推进，不停顿的打击敌军"。在此

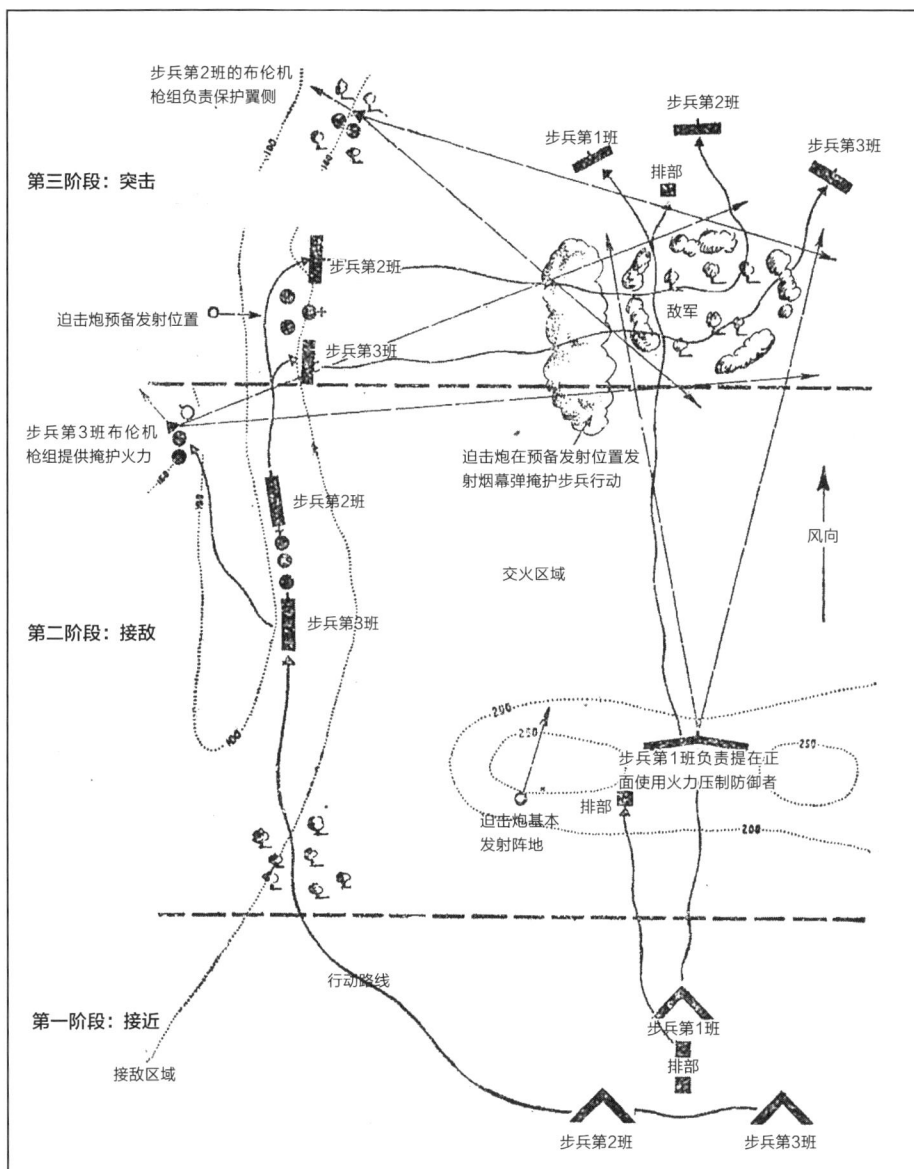

步兵第2班的布伦机
枪组负责保护翼侧

步兵第1班

步兵第2班

步兵第3班

第三阶段：突击

排部

步兵第2班

迫击炮预备发射位置

步兵第3班

敌军

步兵第3班布伦机
枪组提供掩护火力

步兵第2班

迫击炮在预备发射位置发
射烟幕弹掩护步兵行动

风向

步兵第3班

第二阶段：接敌

交火区域

步兵第1班负责在正
面使用火力压制防御者

排部

迫击炮基本
发射阵地

行动路线

步兵第1班

第一阶段：接近

排部

接敌区域

步兵第2班

步兵第3班

▲ 示意图摘自1944年版的《步兵训练》，展示了步兵排"正面牵制，左翼攻击"的战法。整个战斗区域用横向的
虚线分成3个区域。在战斗中，步兵第1班在接近区域完成接敌后，在接敌区域占领有利地形，使用火力压制敌
军，步兵第2班和第3班利用步兵第1班火力掩护效果，继续向前侧实施推进，在近距离攻击区域展开成战斗队
形，对敌军右翼发起攻击。整个战斗行动都在迫击炮火力和"布伦"机枪火力的掩护下实施，同时迫击炮根据需
求发射烟幕弹干扰敌军，以保障3个步兵班能够接近到敌军足够近的位置，而后发起近距离攻击。

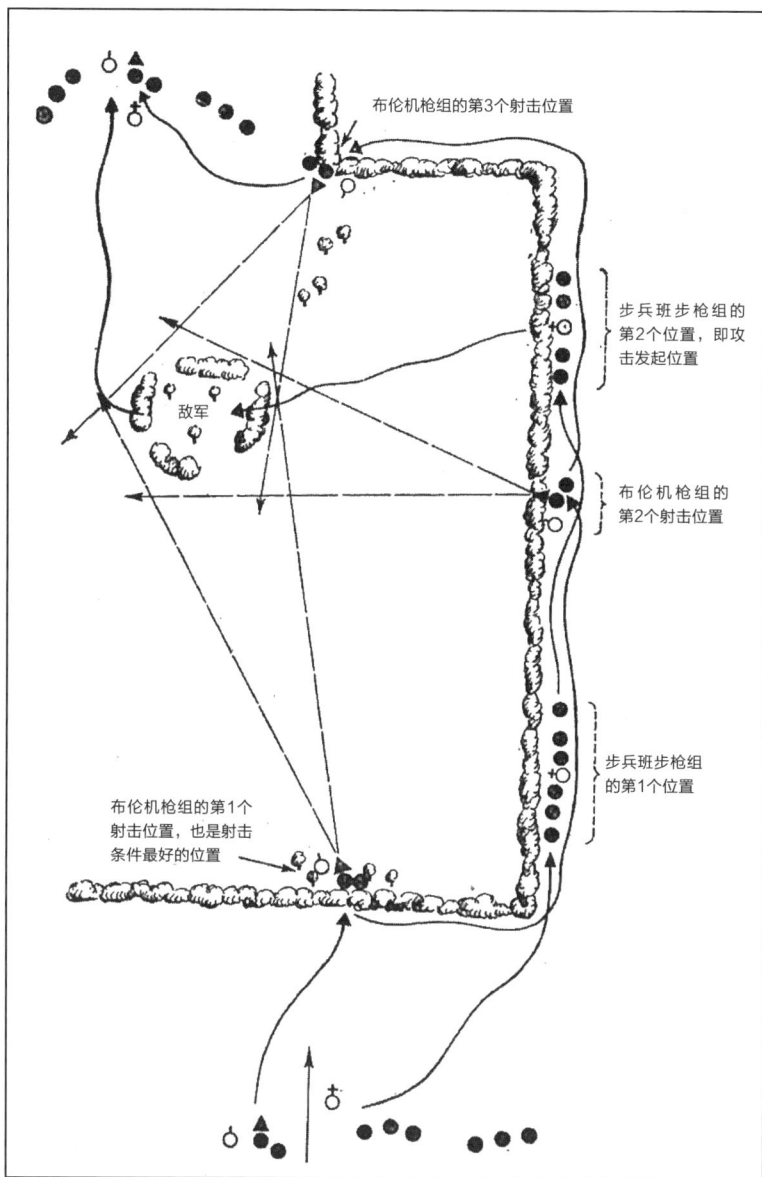

布伦机枪组的第3个射击位置

步兵班步枪组的
第2个位置，即攻
击发起位置

布伦机枪组的
第2个射击位置

敌军

步兵班步枪组
的第1个位置

布伦机枪组的第1个
射击位置，也是射击
条件最好的位置

▲ 示意图摘自1945年版的《班长及野战候补军官手册》，展示了步兵班翼侧攻击行动。"布伦"机枪组发扬火力压制敌军时，步枪组在火力掩护下向敌军翼侧机动，步枪组织火力压制敌军时，"布伦"机枪组在此向前推进，机枪组再次提供火力时，步枪组机动至攻击发起位置，而后，"布伦"机枪组发扬火力打击敌军（并歼灭企图逃跑的敌军），步枪组向敌军发起强攻。

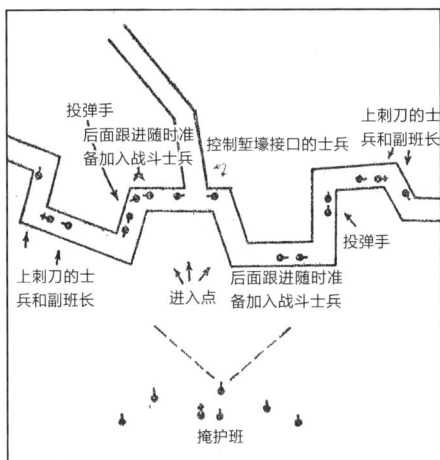

▲ 1940年3月，英军下发了《野战训练与初级战术》（Training in Fieldcraft and Elementary Tactics），介绍了堑壕战的一些方法。图片中2个步兵班在位于后侧的步兵班火力掩护下，从进入点突入堑壕，而后沿堑壕分左右两翼实施搜索攻击。序列由前至后分别是"上刺刀的士兵和副班长、投弹手、后面跟进了随时加入战斗的士兵、控制堑壕接口的士兵"投弹手；后面跟进随时加入战斗士兵；控制堑壕接口的士兵；上刺刀的士兵和副班长上刺刀的士兵和副班长；进入点后面跟进随时加入战斗士兵；投弹手；负责火力掩护的步兵班。

过程中，步坦协同战斗队中的先导步兵本着"勇敢无畏的精神"快速攻击前进，在不断的试探性进攻中找出渗透的路线和敌军的薄弱地点。

火力交战

在所有进攻行动当中，使用优势火力都是成功必不可少的因素。步兵营必须在炮兵火力、机枪火力和迫击炮火力的掩护下行动，前方攻击分队攻击前进时，将无可避免地遇到敌军实施顽强抵抗的地点，必须对这些地点投放迫击炮、机枪和炮兵火力，通过临时性短促有力的火力突击，全面压制敌军火力，尽可能为进攻创造有利条件。

在进攻战斗中，步兵连通常在上级的火力掩护下，使用自身携带的武器，在己方支援火力（包括机枪火力、迫击炮火力、炮兵火力，有时也包括坦克火力）的掩护下，攻击上级指定的目标和地区，这种行动是"火力与机动"的典型代表之一。战斗中，营长必须采取各种措施，维持进攻的势头，寻找敌防线的薄弱点，打开一个突破口，而后迅速向两翼扩张；其目的十分明确，就是要为后续的攻击打开一个口子，并保障后续攻击分队迅速向敌纵深攻击。在进攻战斗中，防御者应当充分利用并改造地形，进攻者也要采取各种措施减少敌军火力打击效果，如频繁机动、构筑临机工事、使用烟幕、在暗夜等不良天候战斗和实施火力报复。

作为被攻击的对象，防御者有可能是有预有准备的，也可能是仓促组织防御。在有准备的防御中，防御者将构建能够相互支援的各类防御要点，形成严密的防御体系；对这种敌人发起攻击，进攻一方就必须面对各类挖掘好的工事、敌纵深防御体系、铁丝网、地雷场和其他一些防御设施；进攻一方必须"精心准备"，采取各种措施压制防御者的火力，减少己方人员伤亡；在典型的进攻战斗中，分队指挥员会在主力发起攻击之前，组织炮兵火力、机枪火力、烟幕和坦克火力（如果有的话）发起一次小规模的试探性进攻，以摸清敌军防御前沿的各类情况，而后再投入主力实施攻击。

步兵营进行进攻战斗时，通常按照上级指定的攻击发起线和攻击正面，在上级火力的掩护下投入步兵和坦克，前者通常在后者的引导下攻击敌防御前沿。步兵连在进攻战斗中，必须计划自己的迫击炮火力和机枪火力，并保留一支预备队。在攻击发起前，经常会使用小规模的步兵排进行试探性攻击。此时步兵排占领预先选择的攻击发起阵地，"采取火力与机动相结合的攻击方式，对敌发起试探性进攻，在敌防御体系中发现弱点，有时也从翼侧发起攻击，调动敌人以制造敌防御弱点"。步兵排下辖的各步兵班采取交替掩护的方式，在上级火力的掩护下向前推进；进攻者为节省体力，一般在"固定的距离"上选择进攻出发阵地，特殊情况下，也可能远距离接近，不停顿的发起攻击；通过敌火力重点打击地段时，进攻者必须采取各种措施来掩护分队的机动，确保攻击分队在发起最后的攻击前保持足够的战斗力；在最后的攻击中，往往在班长、排长的率先带领下，士兵们装上刺刀向敌发起冲击。

突袭目标

分队进攻战斗行动中有三个要点：

1. 步兵连、排的"逐段推进"；

2. "标准进攻"，即给分队下达概略的进攻命令，分队使用自动武器、烟幕和手榴弹，向防御之敌发起进攻；

3. 各步兵班"分组跃进"，即步兵班分成3个战斗小组，1个战斗小组跃进时，其余2两个战斗小组原地不同，并发扬火力掩护第1个战斗小组实施跃进，第1个战斗小组跃进距离通常不大于18.3米，到达隐蔽位置后立刻卧倒并发扬火力，掩护下一个战斗小组实施跃进；在开阔地形上，从防御者的角度来看，跃进的战斗小组出现的时间较为短暂，跃进速度快，在进攻者其余2个战斗小组的火力压制下，防御者很难发扬火力，准确打击跃进的战斗小组。

在进攻战斗中，地形条件有利时，步兵排利用树篱等有利地形或堑壕、交通壕等隐蔽工事，逐段逐段向前推进；位于开阔地带等不利地形时，首先使用"布伦"轻机枪压制防御之敌，获取火力优势，而后逐段逐段向前推进；步兵连在开阔地带向前推进时，首先使用76.2毫米迫击炮和"布伦"轻机枪压制敌军，而后组织下属各分队采取"蛇形"战斗队形向前推进，同时"布伦"轻机枪在50.8毫米迫击炮发射的烟幕弹掩护下，依次逐段向前推进，为步兵连提供持续的火力支援；"布伦"轻机枪推进至距离敌军一定距离时，将集中火力从多个方向对敌军实施打击，掩护步兵连下属的至少一个"蛇形"分队从敌军意想不到的方向突破其防线。

在进攻战斗中，营长和更高级别的步兵指挥官强调采取"各种措施"来取得战斗的胜利，如果敌军防御正面过宽，指挥官将在一个狭小的正面集中较多的兵力发起攻击，如集中1个营中的2个步兵连在一

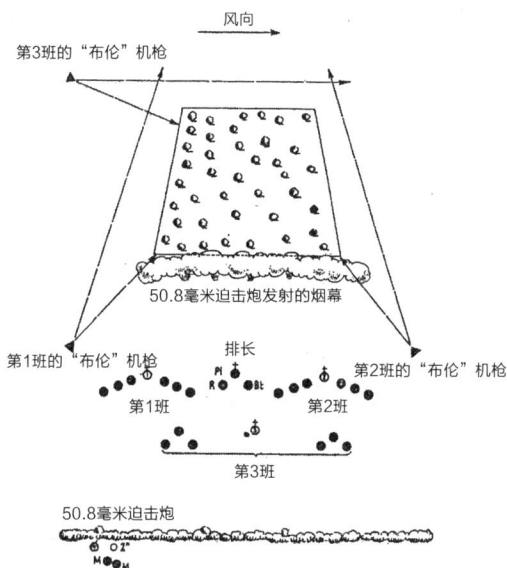

风向

第3班的"布伦"机枪

50.8毫米迫击炮发射的烟幕

第1班的"布伦"机枪　　排长　　第2班的"布伦"机枪

第1班　　　第2班

第3班

50.8毫米迫击炮

▲ 图例摘自1944年版的《步兵训练》，展示了步兵排进攻森林的行动。步兵排分为攻击班和支援班，攻击班迫使敌军暴露位置，而后占领有利地形发扬火力压制敌军，敌军被进攻方的火力牢牢盯住时，支援班从另一个方向向前推进并攻击敌军。

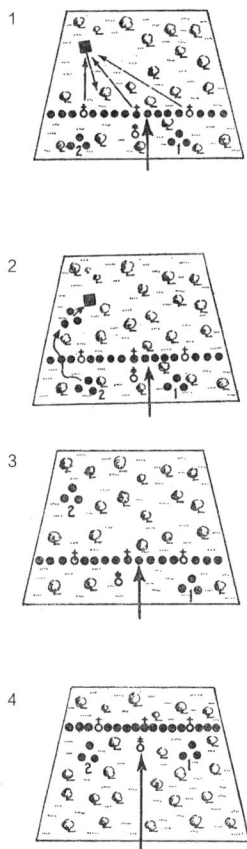

▲ 图例摘自1944年版的《步兵训练》，展示了步兵排进攻森林的步骤：
1. 攻击班锁定敌军大概方位，寻找掩蔽并发扬火力；
2. 攻击班为支援班指示目标，后者上刺刀，准备发扬火力，视情况或消灭敌军，或报告说已经没有敌军；
3. 排长下令"前进"，除第2班之外的所有官兵向前移动，在达到第2班所在位置后该班再开始推进；
4. 恢复原始队形，准备下一阶段的推进。

个狭窄的正面对敌实施进攻，此时可以得到大部分支援火力的支援。尽管武器装备得到了较大的发展，但这种在狭窄正面集中兵力实施攻击的观点并不新鲜，它是拿破仑"中央位置"的另一种论述，即集中较多的兵力去打击敌军较少的兵力，同时也吸收了德军战术的观点，即在进攻或防御战斗行动当中，应建立主要防御方向或主要进攻方向。

如果接到命令要发起正面攻击，担负"主攻"任务的步兵连将成三角队形配置（2个排在前，1个排在后），以2个排攻击1个德军防御用的步兵排，英国人将取得数量上的优势。当然，要取得战斗胜利，必须首先实施炮火准备，而后再依靠占据优势的兵力数量发起攻击。

在理想条件下，应确定敌军防线的具体位置和分布，而后使用步兵连从容不迫的发起进攻。具体行动时，第1个步兵排将在76.2毫米迫击炮"绵密的火力"支援下进入战斗区域，占领"一流的射击位置"，一旦与敌军发生交火，其余2个步兵排将向敌军翼侧机动，从翼侧发起攻击，此时，英军将集中大部分的"布伦"轻机枪，从不同角度压制并打击敌军，迫使敌军龟缩在堑壕内不敢抬头，直到英军步兵已完全占领进攻出发阵地。

针对利用地形之利的防御之敌发起攻击，经过精心设计的接敌运动是一种理想的机动方式，在实际战斗中，"必须牢记应该在伤亡比例和攻击敌军之间取得平衡"；只有在取得并保持火力优势的情况下，对步兵实施近距离火力支援和随伴火力支援，步兵战斗行动才能顺利进行。

步兵排在丘陵地带向位置不明的敌军发起进攻行动时，典型的战斗队形为前三角队形，即1个步兵班在前（又称先导班），其后是排部，2个步兵班分别位于排部的左后侧与右后侧。行动时，位于前侧的步兵班充当"侦察班"的角色，全排进至展开线后向敌军发起冲击；全排遭敌火力打击时，先导班立刻组织火力还击，并力图"独自实施战斗"，只有在排长周密观察战场态势、并判断必须立刻实施打击的情况下，步兵排才会发扬全部火力打击敌军；此时先导班将停止向前推进，占领有利地形，发扬火力压制敌军，充当全排的"火力班"角色，其他2个步兵班沿既定

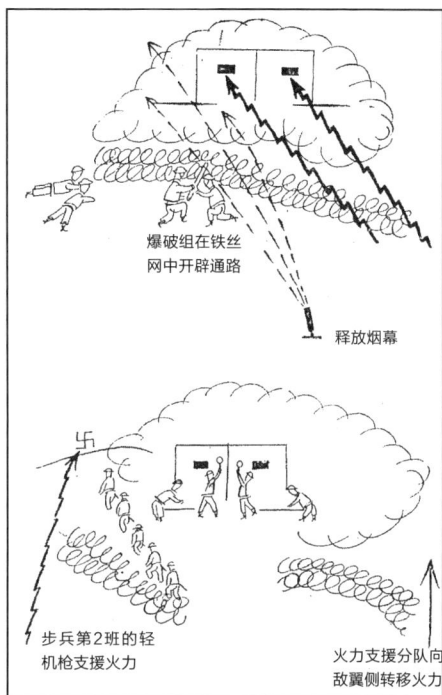

▲ 图例摘自1942年版的《战斗技术与战术训练指导手册》，主要解释了攻击碉堡的技术。在进攻战斗中，步兵排的轻型迫击炮、反坦克步枪和班用轻机枪负责提供火力支援；释放烟幕能够对敌军产生干扰效果，此时爆破组将在敌军的铁丝网等障碍中开辟出一条通路，以便于攻击分队接近碉堡；敌军被烟幕笼罩后，"布伦"机枪组将迅速机动到翼侧，发扬火力压制碉堡，攻击的步兵尽量接近碉堡，以便使用手榴弹。试图从碉堡中逃跑的敌军大都会被支援火力所歼灭。

的路线继续前进，尽量沿隐蔽条件较好的地形机动，从敌翼侧发起攻击。

步兵排在连长的指挥下实施战斗，只有在在连长判断战场形势准确、并命令步兵排投入战斗的情况下，步兵排的进攻战斗才能取得相应的战果。步兵排的进攻战斗每次都会成功吗？这当然要看当时的实际战场环境，可以肯定的说，步兵排进

攻行动不一定会成功，如果不成功，步兵排的进攻行动也具有较大的战术价值，因为步兵排在上级的编成内战斗，其进攻行动已经迫使敌军暴露其防御阵地的准确所在，相当于对敌军防御能力实施了侦察。

步兵排夺占预定目标后，必须巩固阵地，这是十分困难但又是十分重要的事情：一旦步兵排夺占目标，必须立即确保目标得到有效控制，并抗击敌军的反冲击。攻击部队夺占目标后可能耗尽了战斗力，战斗编组出现残缺，在抗击敌军反击过程当中，攻击部队还可能要实施肉搏战，从而出现大量的伤亡，因此作为步兵排长，一旦完成攻击任务、夺占预定目标之后，就必须采取各种措施（包括调整战斗编组），使全排保持持续的战斗力。

接到就地转入防御的命令后，步兵排应立即"掘壕固守"，形成环形防御。主要完成以下工作：挖掘防御工事；重新建立与其他步兵排和连部的通信联系；后撤伤员和俘虏；向上级报告步兵排的具体位置、步兵排的伤亡情况、当面敌军情况和步兵排两翼的情况。如果无线通信效果不好，还应派出通信员向上级报告情况；敌军实施火力实施火力报复时，步兵排应立即进入地下工事隐蔽。

第五节 英军步兵分队防御战术

战斗队形

1937年出版的《步兵训练》对步兵防御战术进行了系统探讨。在理想情况下，

步兵营长将其防御部队成扇形部署，用炮兵火力进行掩护，实际战斗时，往往周密组织协同，以加强步兵指挥员与炮兵指挥员的联系。针对敌可能的进攻行动，步兵营长必须为其下属的各个步兵连指定配置地区，明确隐蔽伪装的措施、在山坡和森林中实施战斗部署的方法和战斗前哨的设置方法。

实际组织防御部署时，往往将步兵营下属的步兵连区分为前方防御连和预备连，同时指定个别战斗单位掩护步兵连之间形成的空白地带。机枪要配置在"固定"防线上，即使是进入暗夜或浓雾等不良天候，机枪仍然发挥着步兵火力骨干的作用，必须为其构筑多个发射阵地；只要机枪发射阵地选择正确，就能充分发挥纵向射击的优势，掩护一大片前方地域，从而减小步兵配置密度。预备连配置在营纵深地区，主要任务是防御纵深地区安全，也可对突入之敌实施反冲击，还可以支援前方连队的作战行动。

工事构筑与伪装

在地域防御战斗中，必须构筑各类工事、实施伪装，首先应构筑机枪射击工事和其他各类武器射击工事。如果给防御者超过48小时的准备时间的话，那么进攻者不但要面对各类武器射击工事，还必须面对基于堑壕的大规模防御体系，此时防御者前方与后方的通信联系将十分稳定；在排与排、连与连之间的空白地带需要快速构设一些武器射击工事，配置战斗小组予以坚守，以弥补各

类战斗单位之间的空白。

　　二战获得的一个显著的经验教训是，防御阵地能够被敌军精确定位，容易被敌军的优势火力所摧毁，因此，在任何战斗行动当中，隐蔽伪装和欺骗都十分重要。两到三人使用的散兵坑是标准的野战工事，该坑侧面垂直，成狭长形状，前面有射击用的胸墙，后有背墙，挖出来的泥土都"运到另一处隐藏"；只要背靠一个合适的位置，散兵坑使用者就能将自己头部轮廓隐藏在阴影当中；在散兵坑的侧壁，要挖一个L形的休息室；伪装是十分重要的行动，如使用树枝和树叶实施伪装，必须根据时间的长短和周边环境来决定树枝树叶的新鲜程度；散兵坑的位置应尽量靠近班长，以便于班长在战斗中实施指挥。

　　散兵坑应至少能够容纳两人肩并肩站立，有V形的三人散兵坑和十字形散兵坑；在理想情况下，散兵坑应用石头覆盖，挖掘排水沟；具体实施挖掘时，应将挖出来的泥土堆在面对敌军方向，为士兵提供遮蔽，也便于士兵构筑后续射击用的胸墙。《步兵训练》指出，散兵坑不应在头顶设置遮蔽物，以便士兵能够实施对空射击，但在实战中，士兵需要停留较长时间时，往往会为散兵坑设置遮蔽物，以抵御雨水和敌军弹片杀伤；遮蔽物所使用的物品千奇百怪，充分体现了士兵们的创造性，可以看到雨披、波纹铁、一层一层的泥土、门板、百叶窗和装满泥土的衣柜等，来自锡福斯的军官阿里斯泰·威克还看见了降落伞的绸面、蚊帐等材料，有的散兵坑内甚至还有照明设施。

　　射击工事构筑好以后，要挖掘"爬行堑壕"，连接各类武器射击工事，深度视防御准备时间的长短而定，这些堑壕往往会逐步加深到91厘米。如果给防御者的防御准备时间超过6天，将会出现一个完整的防御体系，整个防御前沿由两到三条挖满各类武器射击工事的堑壕组成，设置有铁丝网和反坦克地雷，防御前沿的后面挖有

▲ 1944年3月17日，皇家恩尼斯基林燧发枪手团第2营的士兵正在安奇奥的散兵坑内看报。

▲ 英军在北非沙漠中修筑的散兵坑。

用于人员和武器装备机动的交通壕。

尽管1937年版的《步兵战术》条理很清晰，阐述内容十分系统，在吸取以往战术理论的同时，增加了很多新的内容（如侦察行动），但里面阐述的防御体系仍然与第一次世界大战中期在西线上出现的防御体系大同小异。从二战初期战场实践来看，这些战术理论往往以移动速度缓慢的徒步步兵为基础，通过消耗战的方式作战，并非建立在机动速度较快的摩托化步兵或机械化步兵的基础之上，也不是建立在积极主动的作战行动基础之上。

防御战斗任务

从《步兵训练》中可以看出，在防御战斗中，步兵排或者是步兵班充当步兵连战斗模块的作用。战斗中，连长要向排长明确当面敌情；己方防区、友邻单位火力控制区域；支援火力、反冲击计划和反坦克战斗计划。步兵排长受领的任务往往是防御某一块区域，战至最后一人、最后一发子弹；围绕该战斗目的，排长在进行战斗部署、具体计划防御行动之前，必须到敌军可能的进攻路线上实施现地勘察，要站在攻击者的角度思考可能的战斗方向和可以利用的地形，而后决定火力控制范围、反坦克障碍的设置和各类伪装措施。

在预有准备的防御战斗当中，防御准备时间较为充足，如果排长受命在不便于组织防御战斗的地形上组织防御战斗，必须组织全排构筑野战工事，改造地形；反之，如果防御准备时间紧迫，则排长组织全排利用现有地形实施战斗，并做好伪装工作。一般来说，在防御战斗中，步兵排不宜进行远距离打击，而是将敌军放至91米—137米的距离上，组织全排火力实施打击（在该距离上，全排的步枪和轻机枪都能实施射击，从而构成绵密的打击火力）。排长现地勘察完毕，在脑海中形成了防御战斗决心方案之后，即召集士官班长，下达命令，布置防御战斗任务。

步兵班一般在排的编成内实施战斗，作为班长必须知道己方防御地区、友邻单位的防御地区、排部的位置、50.8毫米迫击炮的具体位置、步兵排的战斗任务、己方各类巡逻队进出的路线及时间、关键地形的地理特征等等。组织战斗时，排长一般会给步兵班指定火力打击范围、野战工事构筑类型和障碍物设置类型，作为班长，其职责就是检查全班士兵工事构筑情况、对空及对地伪装情况，分析敌军可能出现的范围，将配置给步兵班的重武器或步兵班的轻机枪配置在正确的地点上，以便这些武器能够有效发扬火力打击敌军。

作为步兵排长，在给各班分配防御地区时，会考虑各类重武器的战斗能力的发挥，但作为班长，不仅要确定重武器的射击位置，而且要为全班每一件武器确定射击位置，以确保射击时士兵的姿势不会过高（过高的射击姿势可能导致较大的伤亡）。在确定射击位置时，应尽量利用河堤、沟渠、树篱等天然地形，理想情况下，如果这些地形能够贯通整个防御前沿，防御者就可以利用这些便于纵向射击的倾斜地形，有效打击进攻的敌军；在选择射击位置时，墙壁和石块也应予以优先考虑，但这类地物容易割裂步兵班的战斗队形；还可以考虑将弹坑作为射击工事，但班长不能将兵力全部配置在弹坑当中，这将增大班长的指挥难度。

第六节 其他战斗行动

巡逻行动

为确保步兵战斗队形安全，通常的措施是实施空中侦察、疏散配置、隐蔽机动和巡逻。巡逻是一种非常管用的措施，可以对战斗队形的翼侧实施警戒，搜集情报，在进攻或撤退行动之后与敌军保持接触，或者是骚扰敌军。根据任务的不同，巡逻可以区分为不同的种类："侦察巡逻"人数较少，只有两名或三名士兵；而"战斗巡逻"人数较多，兵力通常为两个班以上，由一名军官带领，在己方火力掩护下实施巡逻，抓捕俘虏，带回伤员。当然，根据任务的不同，巡逻人员携带的武器装备也有所差异：

根据巡逻任务、战斗环境和任务时间的长短的不同，巡逻人员的着装、装备（包括防毒装备）和武器也有所不同。巡逻行动机动性较强，应该携带尽量轻的武器装备，有时巡逻人员仅仅携带步枪，在口袋里装少量子弹；通常建议巡逻人员不带轻机枪，特别是在森林中或者是在较近的田野中实施巡逻时。步兵营一般配备四到五支"流氓枪"，即汤姆逊冲锋枪，巡逻行动从一战发展到二战，最明显的变化就是为巡逻分队配备这种枪械。在巡逻队的战斗队形当中，往往前方尖兵手持"流氓枪"，或者是巡逻队指挥官配备该枪，或指挥官右侧的单兵配备该枪；在着装方面，要尽量减少衣服的反光，出发前要对武器检测，除了机械性能之外，还要看看武器装备在机动时是否会发出较大声响（特别是在夜间机动时，保持安静对于生存至关重要）。

1944年版的《步兵训练》特别强调巡逻的重要性。步兵分队转入防御状态时，无论是在夜间还是白昼，都必须派出巡逻分队实施巡逻，与敌军保持接触，侦察敌军的战斗能力和具体位置。巡逻分队的主要任务时搜集敌军信息，根据战场态势的发展，灵活执行"侦察"与"战斗"任务。实施侦察巡逻时，应避免与敌军发生战斗，绕过敌军严密设防的位置，从远距离上隐蔽接近敌军，在一定距离上实施长时间的观察；巡逻队归来时，应向上级提交行动报告；向巡逻队部署巡逻任务时，应为其明确行动指导和侦察任务；长距离、大范围的巡逻行动可能会持续好几天，应向其明确具体的行动路线、白昼的隐蔽位置和夜间的具体行动；巡逻队长应向参加巡逻的官兵明确行动的要领，以及自己受伤或阵亡后巡逻队长的接替人选。实施战斗巡逻时，巡逻队长通常先派出一支小巡逻队，侦察预定行动地域的地形条件，而后制定周密的巡逻计划，包括对突发情况的处置；在正式发起巡逻行动之前，还要利用白昼时间进行预先训练，主要内容包括进行通过障碍、协同信/记号的使用以及如何与敌军交战。

巡逻行动队形千差万别，夜间巡逻时，人员密度较小，昼间巡逻时，人员之间的密度较大，要能够向各个方向实施警戒。接近目标时，巡逻队通常从翼侧接近，在接近路线的选择上，通常避开明显的道路和独立明显的物体。回撤时，巡逻队往往分成几组，采取交替掩护的方式实施回撤行动，掩护分队的掩护点必须要有足够的视界和射界，能够对整条回撤路线发扬火力。部队向敌军机动时，会派出一支或更多的"前卫"分队，这些分队携带各类武器。营一级组织机动时，其前卫分队可能是1个排，也可能是1个连。

侦察巡逻一般是由1名军官或1名士官带领2名士兵，在特殊情况下，也可能是一个完整的步兵班；侦察巡逻人员一般沿沟渠、河岸等隐蔽地形机动，慢慢寻找适合的观察点。侦察巡逻队机动的队形包括纵队队形、菱形队形。在纵队队形中，最前面的士兵为前方尖兵，按照指挥员规定的路线，采取跃进的方式实施机动，指挥员在纵队队形的中间的位置实施指挥，最后一名士兵是"逃跑者"，随时准备在遭敌军歼灭性打击的情况下，强行突围回本部报告情况；3人以上的侦察巡逻队一般采取菱形队形机动，这样能够从不同的角度对目标实施观察，确保观察范围覆盖目标。

◄ 1940年10月在北非沙漠中巡逻的英军步兵分队。

夜间机动时，侦察巡逻队一般不采取跃进的方式机动，而是缓慢的、安静的机动，时不时停下来倾听周边情况，选择并核实机动路线，此时单兵之间的距离相对昼间而言较小；夜间成纵队机动时，指挥员与2名士兵一起位于队形前部，这样后面的士兵就能时刻紧跟指挥员前进。沿道路机动时应尽量靠近路的两边走，姿势放低，同时利用阴影机动，减少被敌军发现的概率。意外遭遇敌军时，应当在敌军作出有效反应之前，采取拼刺等方法，快速强行通过，摆脱敌军的纠缠。

战斗巡逻是进攻性较强的巡逻，要投入较强的力量，以便歼灭敌军巡逻队、抓捕俘虏、带回伤员。战斗巡逻的兵力规模一般在20人左右，典型的战斗任务包括：迟滞撤退之敌的机动速度；与敌巡逻队进行战斗；保护友邻单位。战斗巡逻一般在夜间实施，常编为4个行动小组，每个小组由1名士官担任。巡逻队要缓慢安静地向前机动，不时停下来倾听周围的环境，确定机动方向，尽力保持与敌军的接触；巡逻队停下来时，每个战斗人员都将卧倒，且脸部朝外，这样就能够对各个方向实施观察。巡逻队长的指挥手段千差万别，典型的手段有装鸟叫、口哨、打响指，在特殊情况下，也只有巡逻队长用最小的声音实施指挥。作为巡逻队的一种，战斗巡逻队也要指定"逃跑者"，与侦察巡逻队有所不同，战斗巡逻队的"逃跑者"跟随指挥员行动，其任务同样是遇到优势敌军打击时逃回本部，汇报巡逻队和敌军情况。

狙击行动

在相关的训练手册中，较为著名的是1940年版和1941年再版的《狙击手训练》。自第一次世界大战以来，英国官方第一次尝试将狙击手战技术训练水平提升到现代化程度，其中的内容混合了1914年至1918年的经验和最近的战技术发展成果。在正式编制中，步兵营支援连下辖1个狙击班，编有8名狙击手，战时为4个步兵连每连配属2名狙击手，作为步兵连的预备兵力，以弥补步兵连狙击手的伤亡；在8名狙击手当中，其中1名狙击手为经过陆军相关院校培训的士官，主要充当营部情报军官的副手。此时的狙击手并不是现代意义上"经过特殊训练并使用特种装备的士兵"，战场上每一个士兵都可以使用步枪来狙击敌军目标。

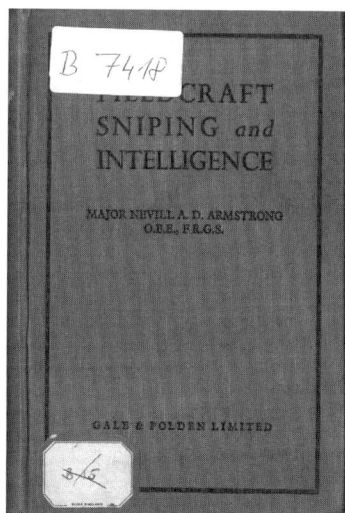

▲ 1940年版《野战狙击和情报》

狙击行动被描述为"猎手使用各种方法发现并确定目标、通过各类诡计对目标实施猎杀的艺术"。狙击手的首要任务是狙杀，一般在进攻部队的翼侧活动，其目标可能是战术级目标，如重武器的操作人员，也可能是战役级目标；敌军攻击防御一方较为明显的目标时，防御一方的狙击手一般从隐蔽位置突然开火，以增强地堡火力、障碍物和各类野战工事的效果，从而击退敌军的进攻。在防御战斗中，狙击手通常配置在防御一方的射击死角，或者是可以控制进攻方接近路的有利地点上；相反，在进攻战斗中，狙击手要对树木、制高点、倒塌的树木、凹陷的道路、大片的草丛等敌方狙击手可能藏匿的位置实施侦察，发现并消灭敌方的狙击手。

对于狙击手来说，最关键的技能就是"无论是白昼亦或是夜间，都能够从隐蔽的位置，发现并确定敌方的高价值目标，通过1次射击，使用1发子弹消灭敌军"。

一名合格的狙击手必须完成下述训练：

1. 双桶望远镜和望远式瞄准具的操作使用；

2. 观察与野外生存；

3. 报告与地图判读；

4. 隐蔽所与射击孔的构建

5. 伪装；

6. 隐蔽机动；

7. 声响判读。

战斗中狙击手通常单独行动，或者是两人一组（狙击手和观察员），其射击距离通常限制在366米以内，超过这个距离精度就会大幅下降，1名熟练的射手在91米距离上实施射击，其射弹散布一般为76.2毫米，在366米距离上则达到了305毫米。

在战场上，狙击手作用如果发挥较好，相对于其他步兵，能够获得更高的战术价值。通过狙击手的狙击行动能够迟滞敌军的机动速度，毁灭敌军的"眼睛"，从而为己方获得战术优势创造有利条件。

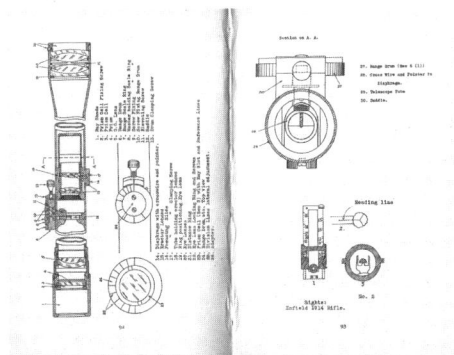

▲《野战狙击和情报》内页关于狙击瞄准镜的说明。

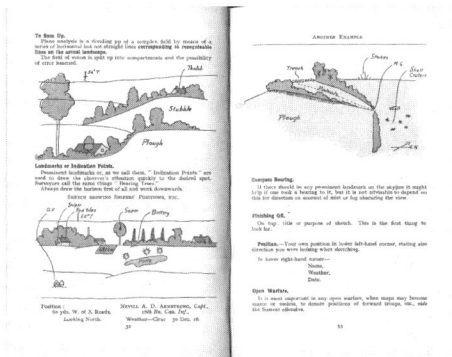

▲《野战狙击和情报》中关于狙击阵地选择的说明。

1940年，前加拿大侦察部队军官内维尔·阿姆斯壮（Nevill Armstrong）少校出版发行了一本非官方、但内容更加丰富的手册《野战狙击和情报》（Fieldcraft Sniping and Intelligence），该书由科特斯洛勋爵（Lord Cottesloe）作序。有趣的是，英国官方出版物中有很多地方与该书雷同，如二者都列举了一战中狙击手的使用方法，以1918年狙击手的战斗图像和伪装后的狙击手图像作对比。阿姆斯壮强调指出：狙击手与侦察兵有千丝万缕的联系，其相似之处可以追溯到早期的巡逻战术和战斗队形。

实战经验和武器装备的发展大大推动了狙击战术的发展。到1942年，狙击手被认为编制在步兵连连部（每连配备2名狙击手）比编制在步兵营支援连要好得多，每个步兵班也通常指定1名步枪手担任狙击手。就伪装服来讲，以前仅供狙击手使用，配备范围有限，现在在步兵中已经广泛普及了，正如本土守卫战斗手册和官方战斗手册中指出那样，这类伪装服材质为粗麻布，由家庭作坊式的工厂裁剪而成，外表涂上了与战斗环境相类似的颜色和图案。伪装服有几种类型，有早期在树篱遍布、林木稀疏的野外使用的伪装服；有缀满补丁适合在岩石地区使用的伪装服；较为现代的伪装服底色为黑褐色，上面绘满长方形条纹，与砖墙的颜色和建筑物身影相一致，适合在现代城市中使用。在1944年诺曼底登陆期间，英军的狙击手数量激增，这部分是对德军狙击手数量增加的一种回应。这段时间英军狙击手的标准配备为"丹尼森"罩衫（伪装服）、面纱和双筒望远镜。

第三章
美军步兵分队战术

冒着敌军的火力打击向前推进。

——乔治·巴顿

第一节 美军步兵武器

机枪

勃朗宁自动步枪（可使用两脚架充当轻机枪，以下简称为BAR）于一战末期投入战场使用，到二战爆发前，服役已经超过20年。尽管该枪并不是一款完美无瑕的枪械，但能提供猛烈的火力，且重量较轻（只有不到10千克），适合单兵携带。BAR被设计用来在行进间发扬火力打击敌军，在进攻过程中，使用者经常将其挂在肩膀上射击，或者采取腰际射击，以提供"移动火力"，但该枪结构复杂，操作难度大，且精度有待进一步提高。因此在战场上，使用者经常架上两脚架，采取卧姿射击，这种姿势能够有效保护自己，又能够确保射击所必须的视界和射界。1937年版的《武器射击基础——自动步枪》（Basic Weapons: Marksmanship – the Automatic Rifle）对该枪的射击技巧和训练技巧进行了归纳总结。

枪手对BAR的使用看法大致有以下几种：该枪性能可靠，不易出故障；对目标射击时，需要"机械技术"来分配火力；必须快速更换弹匣和重新瞄准，才能维持"不间断的火力"。在训练中，射手们经常在不同的距离上，使用不同的姿势实施射击，但在实战中，"士兵们必须知道，BAR的常用射击方式是卧姿，必须要找到可以卧倒的地方实施射击"。其射击技巧中，较为重要的一点就是卧倒以后，必须保持枪身、右肩和身体右侧三者在一条直线上，枪托抵于肩窝，两腿分开（可在地上挖小洞，以安放脚趾）。

除了卧姿射击，还可以采取立姿射击和跪姿射击，1937年版的《基础武器射击——自动步枪》甚至提出了一种"战斗射击"姿势，即枪托夹于右腋下，右臂紧紧夹住步枪，枪背带挂在左肩膀上，用右手实施射击。

该枪弹匣容量有限，仅为20发，射击时射手必须默数弹匣内的子弹数量，耗光后立即更换弹匣，相应的，平时也要组织这方面的训练。为方便携带，美军设计出一种可以挂在腰带上的弹匣，"便于士兵快速射击，快速更换弹匣"。美军认为，由于BAR射击时后坐力较大，即使是操枪动作较为正确的士兵也会产生偏差。实践表明，连发射5发子弹的时，步枪射向基本还保持在目标范围之内，此后就会偏离目标。因此，美军规定，BAR的射击方式一般是点射，一次点射的子弹数量大致为5发，20发弹匣仅仅够射击4次。

到20世纪30年代末，BAR已经是美军步兵排装备的一部分。1940年的战斗手册也指出，美军步兵排下属的步兵班同时装备自动步枪和步枪；BAR被看成是"在战斗紧急时刻，能够突然发扬自动火力，增强步兵火力打击能力"的枪械。美国参战后，BAR成为固定班组武器，通常由班长操作，步兵班还围绕该枪组织了三人自动步枪小组。这种便于操作和机动的武器能够提供较为强大的火力，可以像轻机枪一样打击地面目标，也可以用来对空射击，较轻的重量使得自动步枪手能够维持步枪手的推进速度，并从任何位置上发扬火力。

步兵班的火力核心是一挺方便携带的自动武器，为增强训练的针对性，德军和英军在组织步兵训练时，大都以此为基础展开。这种训战一致的训练原则也深刻地影响了美军的步兵训练。

1940年，美军的步兵班编制由之前的8人扩编到12人，包括3人自动步枪小组、8名配备半自动步枪的士兵（包括班长和副班长）和使用M1903斯普林菲尔德步枪的狙击手。BAR实战表现优异，很多步兵班都同时携带两挺投入战斗，后来配备两挺BAR的步兵班也被看作是一种正式编制。

冲锋枪

与卡宾枪相比，冲锋枪在美军步兵班中的装备并不算广泛。汤姆森冲锋枪在美国街头的黑帮火并中获得盛誉，近距离上的拒止能力也确实不错，但官兵们在使用中发现，该枪重量太大，设计老旧，造价昂贵，在开阔地带效果并不好。1942年年底，M3"黄油枪"投产，该枪以造价低廉著称（其造价不到汤姆森冲锋枪的一半），使用11.43毫米口径子弹，由30发弹夹供弹。由于生产延误，M3冲锋枪直到1944年年底才装备前线部队，尽管该枪表现不算差劲，但并不受基层官兵欢迎。

美军并没有在部队中普及冲锋枪，只有各级指挥部的警卫分队列装一些，每个单位总数不会超过12支。当然，美军在执行一些特殊任务，如巷战、夜间巡逻等行动时会使用冲锋枪，偶尔也会有一些基层军官在战斗中携带冲锋枪作战。

步枪

　　M1伽兰德步枪由春田兵工厂设计师、出生在加拿大的约翰·康休斯·伽兰德（John Cantius Garand）设计，外形与老式后拉式枪机步枪差异不大，重量超过4千克，比德军和英军装备的后拉式枪机步枪还重一点。该枪采用导气式工作原理，枪机回转式闭锁方式，导气管位于枪管下方，击锤打击击针使枪弹击发后，部分火药气体由枪管下方靠近末端处一导气孔进入一个小活塞筒内，推动活塞和机框向后运动。M1式伽兰德步枪使用7.62毫米口径的子弹，其供弹方式比较有特色，装双排8发子弹的钢制漏弹夹由机匣上方压入弹仓，最后一发子弹射击完毕时，枪空仓挂机，弹夹会被退夹器自动弹出弹仓，发出声响可以提醒士兵及时装填子弹。

　　相对于同时代的后拉式枪机步枪，M1伽兰德步枪的射速有了质的提高，可有效压制手动装填子弹的步枪，这使得美军士兵可以同时面对数名其他国家的士兵。除了巴顿将军的公开赞扬以外，美国的其他军事评论家也对该枪赞誉有加，《如何使用美国陆军步枪》（How to Shoot the US Army Rifle）就刊文指出"你的步枪比敌军的好""上一场战争的实践表明，只要在恰当的距离上使用7.62毫米口径步枪命中德国人，他就死定了；在这场战争中亦是如此。适用于日本鬼子和纳粹"。美军1942年版的《步兵连》（Rifle Company, Rifle Regiment）在不同篇章中也对该枪进行了阐述："步兵连主要的单兵武器就是M1伽兰

德步枪，该枪射程较远、容易操作、重量较轻，适合所有的步兵战斗形式，这些特点使得单兵或者是步兵分队能够立即对射程内指定的地面和空中目标发扬精准而猛烈的火力。"

　　伽兰德步枪和勃朗宁自动步枪的搭配给美军步兵班带来了一些困扰——伽兰德步枪的射速大大高于老式的后拉式枪机步枪，而弹匣供弹的BAR射速又低于弹带供弹的机枪，两者显然不能再像英军和德军那样简单地区分为机枪组和步枪组。伽兰德步枪广

▲ 1943年美军发行的《步兵杂志》，其中一期围绕"如何操作美军步枪"这一主题，将美军各类步枪操作要领汇编成册，以供部队参考。该书以通俗易懂的语言，围绕如何操作使用步枪进行了详细描述，并选摘了大量的图例和表格进行说明；同时借鉴了美国《生活》杂志的摄影技巧，详细解释了步兵卧姿、跪姿和坐姿射击，并阐述了冲击时的射击技巧。

泛装备部队后，美军各类步兵杂志开始研究如何最大限度地发挥其效能，这显然需要不少时间。1936年7月，《步兵学校名录》（Infantry School Mailing List）印刷了3000份，但从实际情况来看，这些杂志有很多都保持着"崭新"的状态，并没有被传阅，证明即使是在小规模的职业陆军当中，大部分人也对步兵武器革新不感兴趣。在当时有一种观点认为，伽兰德步枪射速过快，导致弹药供应压力过大；且美国陆军正处于松弛状态，进取心严重不足。然而，也有一些有识之士对伽兰德步枪列装部队表示了明确的支持，如巴顿将军将该枪誉为"有史以来最了不起的作战武器"。

M1伽兰德步枪射速快这一特点就像是天赋异能，但正如好马配好鞍一样，好枪需要配一个好的射手。在《如何使用美国陆军步枪》中提供了一种6阶段的训练科目，重点围绕瞄准、射击姿势、扣扳机、快速射击、瞄准具调整和最后的考试等方面进行详细介绍。

卡宾枪

美军士兵配备的另一种半自动步枪是M1卡宾枪。该枪于1941年装备部队，初衷不是作为步兵战斗武器，而是作为自卫武器，主要配备驾驶员、厨师、班组武器的其他人员。因此，从理论上讲，该枪用

▲ 图片显示的是，在德国阿尔斯多夫的周边战场上，美军士兵经过短暂的堑壕战之后，夺取了一条堑壕，与几百米之外的德军对峙。从图片中可以看出，最右边的是美军的士官，手持M1伽兰德步枪，步枪前端安装了枪用榴弹发射器。

▲ 1945年3月某日傍晚，一支美军巡逻队在阿尔萨斯的小布利特斯多夫村附近行军，准备在天黑后对齐格菲防线某处的德军防御情况实施侦察。这些美军士兵携带着M3冲锋枪和柯尔特M1911式半自动手枪，小分队的指挥员携带M1卡宾枪，为增强夜间隐蔽效果，减少反光，所有士兵都将脸涂黑，没有穿戴钢盔，而是戴着作训帽。

于实战的机会不大。为上述人员配备M1卡宾枪主要基于下述考虑：他们不遂行战斗任务，配备制式步枪不太现实，但手枪安全系数低，且需要经过一定的训练才能掌握。因此，重量为2.27千克的M1卡宾枪就成为一种理想之选。

M1卡宾枪由大卫·马绍尔·威廉姆斯（David Marshall Williams）设计，采取短行程活塞的导气自动原理，重量轻，射速快，结构紧凑，枪管较短，发射温彻斯特7.62毫米口径短步枪子弹，杀伤威力介于手枪弹和步枪弹之间。该枪装备部队后快速普及，远远超出原来的装备初衷，其改进型在士官、侦察兵和空降兵中大量装备；从实战表现来看，有效射程为274米的M1卡宾枪受到广大官兵欢迎，但也存在诸如子

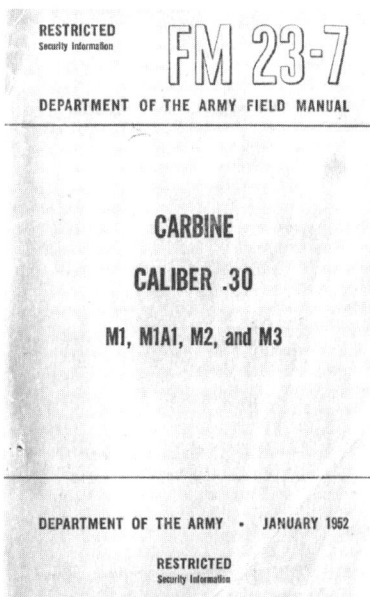

▲ FM 23-7《美军7.62毫米卡宾枪，M1、M1A1、M2与M3》封面。

▲ FM 23-7《美军7.62毫米卡宾枪，M1和M1A1》。

弹杀伤威力小的抱怨。该枪使用7.62毫米口径的"短步枪"子弹，由温彻斯特公司在7.65毫米步枪弹的基础上尺寸略加修改而成，采用直筒形无突缘弹壳，圆弧形弹头，弹头质量7.1克，枪口初速为每秒570米，枪口动能大约相当于11.43毫米ACP手枪弹的2倍，但只有0.30-06步枪弹的1/3。按现在的叫法，M1卡宾枪弹勉强可算得上是"中间威力"步枪弹，但枪口动能太小，且弹头形状欠佳，因此其有效射程只有约200米。

1942年的美军野战条令FM23-7《美军7.62毫米卡宾枪，M1、M1A1、M2与M3》（U.S. CARBINE, Caliber.30 M1,M1A1. M2 and M3）对该枪介绍如下：近战或274米以内的战斗中，M1卡宾枪是一种高效战斗武器。该枪使用15发弹匣供弹，射击方式为半自动射击，有效射程为300米，是一款比手枪或左轮手枪更为有效的近距离自卫武器。携带M1卡宾枪的伞兵在着陆后能立刻展开行动，发扬火力打击274米以内的敌军目标；M1卡宾枪不是班组支援武器，但作为便携式武器，其火力相当可观。出现紧急情况时，集中卡宾枪的火力打击敌军，可增强己方火力密度；也可将卡宾枪与其他武器（如自动步枪）混合使用，以取得更好的战术效果。

在近战中要依靠目测来估计射击距离，精确射击并不重要。在50-91米的近战中，不必担心第1发子弹打偏，射手须牢记于心的是发现目标后立刻开火，军官们要通过严格训练，使这种行动成为射手的自然反应。卡宾枪的射击训练包括各种姿势的射击，如卧姿射击、跪姿射击、坐姿射击和立姿射击；学员们在刚开始射击训练时，要遵循循序渐进的规律，每5秒钟完成一次瞄准射击，而后逐次缩短时间，最后要完成每分钟射击25次甚至更多，从而掌握快速射击的技巧。

手枪

20世纪20年代中期，柯尔特根据一战的经验对M1911进行了一些改进，包括扳机稍微后移、加阔准星、加长击锤以利于操作及简化了握把上的纹路等。改进后的枪于1926年定型为M1911A1，由于只进行了外部修改，因此M1911A1的内部零件仍可与M1911互换。该枪使用11.43毫米口径的子弹，由7发弹匣供弹，1908年通过美军测试，确定为军官的标准配枪。到1917年为止，美军已经装备了超过75000支1911A1型半自动手枪，在第二次世界大战中总计订购了190万支。该枪性能均衡可靠，缺点是有效射程较短；故障率较高；射击时后座力较大，使用者必须经过一定的训练才能精准使用该枪。美军1942年下发的《步兵连战斗手册》也认为，该枪是一种"紧急状态下的自卫武器"，使用范围一般在45.7米以内。和M1伽兰德步枪一样，美军在下发给士兵的战斗手册当中，对1911A1型半自动手枪也进行了详尽的介绍。

手榴弹

手榴弹是最具威力的近战武器，在实战中最经常见到的是Mark II A1型破片杀伤手榴弹。该弹外形酷似菠萝，起源于一战中法军士兵经常使用的一种简易炸弹，使用时士兵拉开拉环，在投出去的瞬间簧压杆脱落，引信激发，4.5秒后手榴弹爆炸。Mark II A1型手榴弹略显陈旧，性能也不完美，但杀伤力要远大于德军装备的木柄手榴弹，正如第36步兵师的迈克尔·斯托平斯基（Michael Stubinski）指出的那样："我头一次缴获德军24型木柄手榴弹，然后扔了出去。它炸起来和我们挂在腰带上的震撼弹一样，与我们的手榴弹不同……我们的手榴弹能将人体炸碎，而24型木柄手榴弹只能把你吓得半死。"

美军步兵武器对步兵战术的影响

一些观察家认为，两次世界大战之间美国陆军及其战术发展深受英军影响。一种观点认为，现实情况可能更甚，到1919年年底，美国陆军也像英国陆军一样，仅仅保留了一支完全由职业军人组成的军队，其规模减小到25万人左右，不过，此举是不是借鉴了英国的做法还值得讨论。正如英国一样，入侵美国本土的可能性变得越来越小，但在本土实施作战的相关预案已经拟制完毕，包括处置国内骚扰和墨西哥边界冲突的作战预案。对外用兵（如组建小规模远征军和海外驻军）主要由海军陆战队出兵。

经济危机和孤立主义思潮的复苏使得美国陆军规模日益减小；虽然考虑到国际局势的发展，美国海军力量没有得到较大压缩，但也降至15万人以下；只有国民警卫队没有缩水。美国陆军参谋长也指出，在规模方面，美国陆军与17世纪的陆军类似，在和平时期，一些作战单位仅仅保持基本架构。在此背景下，提出了"美国要塞"的设想，主要观点就是保留一支小型陆军和海军，将登陆攻击之敌阻止在登陆港口之外，而后陆军实施大规模扩编，直至击败入侵者。事实上，直到20世纪30年代后期，美国才开始跟踪了解世界形势，意识到发展军事力量的重要性。随着欧洲战争的爆发，美国于1941年10月为陆军拨款8亿美元，并确立了扩编陆军100万的编制，1940年4月，军方开始着手组织陆军主要部队实施机动训练。

尽管当时美军的发展处于不利地位，但也隐含一些潜在的优点。小规模军队、较少的海外殖民地和相对较少的装备使得美军得以摆脱一些传统的束缚，可以在武器装备和军事理论的发展上轻装前行。美国地处太平洋和大西洋之间，地理位置十分优越，战略回旋空间大，潜在的对手需要用较长的时间来登陆美国本土，这给美国带来了充足的战略反应时间。美军可以在这段时间内，充分发挥其工业实力雄厚和人口资源丰富的优势，快速制造武器并装备快速扩张的军队，这也是提出"美国要塞"的重要依据。

幸运的是，美军较早地意识到了军事教育和参谋训练的重要性，包括西点军校、华盛顿的陆军军事学院、位于利文沃斯堡的指挥和参谋学院在内，共有31所军校对各军兵种、各专业实施军事教育和训练，特别是位于佐治亚州的本宁堡步兵学校，特别重视步兵战术的研究，创设了半年刊的《步兵学校名录》杂志，该杂志十分注重跟踪"最新的步兵战术"。

在两次世界大战之间，美国还有一份军事文摘——《步兵战斗》（Infantry in Battle），该杂志主要致力于研究第一次世界大战时期的步兵战术，里面所举的例子大都来自一战时期的步兵战斗实践。1934年5月，在乔治·马歇尔的倡导下，该杂志进行了重新修订、汇编，并在1938年和1939年重新出版发行。《步兵战斗》收录了很多军事原则和规律，一些原则看起来似乎是德军战斗手册《分队领导艺术》

（Truppenfuhrung）的翻版，下面是该书收录的一些军事原则和规律：

1. 在战斗过程中，必须学会跳出实际战场，排除个人感情，以局外人的身份冷静观察战场态势，分析那些作出决策所必须考虑的因素，并依此作为行动依据。这种能力不是天赋，也不可能一夜之间形成，需要长年累月的训练；

2. 他必须明白解决各种问题、阐释问题、果断决策、集中精力解决手头问题和弹性思维，这些都是掌握战争艺术不可或缺的要素；

3. 在战场上，只会借鉴别人的做法，而不会根据现实情况活学活用，甚至机械照搬前人在战例中的做法，只会加速自己的灭亡。

《步兵战斗》对于"火力与机动"的阐述比较准确：火力必须与机动相结合，没有机动的火力是无效火力，没有火力掩护的机动将带来一场灾难；有效的火力与准确的机动相结合，将产生巨大的战斗力。对于战斗队形，该书给出了具体的例子，并附有相关讨论和最后结论，如第18章就将大部分篇幅用来探讨"步炮战斗队"，并摘取了1914年法军的战例和1918年美军的战例。

使用战例来解释战斗理论的做法有利有弊，好处是通俗易懂，缺点是这些战例大都是1930年之前的战斗，很少有战例与第二次世界大战所展示出来的战斗理论相关。《步兵学校名录》这一期刊试图解决这个问题，在1941之后，该杂志以前刊登的部分理论也确实影响了美军步兵战术的发展方向，如1936年7月，《步兵学校名录》刊登了一篇较为重要的文章"新型步兵排战术"，该文认为，新式步兵排的步兵将携带M1伽兰德半自动步枪，并详细阐述了步兵学校应当如何围绕新式步兵排研究步兵战术的新发展，该文进一步认为"（步兵排的）编制不应是固定不变的，应成为我们为将特定战术原则付诸实践而设计的最佳机构"。

二战初期美军对步兵战术的革新集中在增强步兵的火力方面，对于步兵的机动性涉及较少。与老式的斯普林菲尔德M1903步枪（射速为每分钟10—15发）相比，M1式伽兰德半自动步枪射速为每分钟20—30发，而BAR虽然火力仅仅是老式营属重机枪的一半，但便携性更好。因此，用伽兰德步枪取代1903步枪，用BAR取代老式的营属重机枪后，步兵的火力和机动性都可以得到极大加强。

训练实践是掌握枪械使用要领的关键，在理想情况下，教练与学生一对一进行教学。人们通常认为教练必须是实践方面的专家，但事实并非如此，也完全没有必要。在实际操作中，常常是士兵之间相互教学，从对方的训练中看到自己的不足，从对方的错误中吸取教训——"我们需要人员来训练新走进训练营的学员，这样才能满足规模不断扩大的军队需求。"尽管是组织新式枪械的训练，但一些传统的训练方法仍然具有强大的生命力，如扣扳机时屏住呼吸、用绳子捆住手臂以固定射击姿势、用蜡烛或者灯光熏黑准星缺口以防止瞄准时产生虚光等等。

无论哪种射击姿势，都强调稳定的重要性，且用手直接托住枪比用力强行固定枪械要稳固的多；卧姿射击是常用的射击姿势，但卧姿射击时必须找到一块平地，训练中常常用沙袋来调整水平（将枪放在沙袋上射击）；参训者进入射击位置时采取低姿匍匐前进的姿势，快速弯腰，两膝弯曲，两肘部贴于地面，用两膝和两肘支

▲ 1942年发行的美军野战条令FM21-45《单兵与小部队隐蔽措施》，列举了一些基础的战术动作，步枪手在奔跑中实施卧倒，快速选择射击位置，或屈伸前进以躲避敌军火力。

撑身体，向射击位置缓慢爬行，到位后快速出枪瞄准；在实际战斗中，士兵们也可能采取"高姿匍匐"或"跃进"的方法接近射击位置。采用"高姿匍匐"方法时，右腿后撤一步，左膝盖尽量弯曲，身体弯曲，采用"跃进"方法时，向射击位置冲刺一段距离，接近射击位置后，左脚向前一大步，身体顺势卧倒出枪；战况急剧变化时，士兵也可能实施"逐次跃进"，即依靠右膝和枪支的撑力，将身体撑起，而后快速向前跃进，到达下一位置后快速卧倒，即"用枪托支撑身体快速倒下"。

其他射击姿势还有坐姿、跪姿、立姿和蹲姿。在山坡上向山坡下射击时，通常采用坐姿射击；在山坡下向山坡上射击时，通常采用跪姿射击；立姿射击具有多种用途，但立姿射击身形暴露，易遭敌军火力打击，实施立姿射击前必须找到良好的遮蔽物；蹲姿射击发扬火力快，适用于在"泥泞地、浅水中、雪地或沼泽地"等地形上使用。

1943年版《如何使用美国陆军步枪》强调，要在平时训练中加大快速射击训练的比重；一些训练被称之为"空发练习"，即不射击实弹，让射手感觉一下他能多快把子弹打完；一些射击训练着重于为不同的目标分配不同的射手，以形成交叉火力。该书中标题为"乔这个混蛋"的这一章以插画的形式指出了很多射击时常犯的错误，包括射击时闭上眼睛；枪身与身体右侧不在一条直线上；使劲抓牢步枪；快速扣动扳机等。解决"乔氏射击误

区"的方法就是将M1伽兰德当作自己的女朋友——"有些脾气必须容忍"。

1940年的训练文化认为，步枪在战场上的运用由具体的战斗任务决定，但也有一些基本规律可循，如必须注意构筑射击掩体（接到班长的命令恢复"隐蔽位置"，并向新的目标实施射击时，构筑胸墙可以带来很多便利）。士兵们在选择射击位置并构筑射击掩体时，必须学会在良好的射击位置与良好的掩蔽条件之间寻求平衡，前者强调良好的视界和射界，后者则强调防护"敌军的直接火力打击"。

"射击固定目标"是步枪手的常用训练方式，但在实际战场上，敌军不会待在原地不动；枪手射击时，枪口的火焰将暴露自己的射击位置。因此，步枪手在射击时，他在步兵班的位置决定了对目标打击的角度的不同，第一发子弹应当瞄准目标某一部位，而后应选择目标左侧或右侧几米远的新目标实施打击；具体射击时，由于在战场上选择目标的难度较大，因此射击速率要比标准的射击速率要低，这也符合战场实际。

第二节 美军步兵分队

美军步兵连
步兵连（1940年）

连部：

指挥群：连长、技术军士长、通讯军士长、号手、传令兵，通信员4名；

行政补给群：补给军士长、炊事军士

长、炊事员和助手、军械技师、文员。

步兵排×3

排部：排长、排军士长、排向导、2名排通信兵、补充兵（至多5名）；

步兵班×3：班长（中士）；副班长（下士）；10名士兵（一等兵/二等兵）；

自动步枪班×1：班长、副班长、6名士兵；

总兵力32-54人，装备3支BAR、48支步枪、3支手枪。

武器排×1

排部：排长、副班长、排军士长、运输下士、2名通信员、2名司机；

摩托化武器1组：3门60毫米迫击炮，180发炮弹，1支BAR；

迫击炮班：中士、通信兵、3名下士、3名助理炮手、9名弹药手、补充人员（至多2名）；

摩托化武器2组：2挺轻机枪，6000发炮弹，1支BAR；

轻机枪班：中士、通信兵、2名下士、2名机枪手、2名机枪手助手、4名弹药手、补充人员（至多2名）。

步兵连（1944年）

连部：2名军官，35名士兵；

步枪排×3：1名军官，41名士兵；

排部：1名军官，5名士兵。

步兵班×3：

班长，军士；

副班长，军士；

步枪手×7（有1人装备狙击步枪）；

BAR小组，3人，装备1支BAR；

12名士官和士兵，装备11支步枪，1支BAR；

武器排×1

排部：1名军官，6名士兵；

迫击炮班：17人；

机枪班：8人。

总兵力为6名军官，193名士官和士兵；装备174支步枪，9支BAR，2挺轻机枪，1挺12.7毫米重机枪，3门60毫米迫击炮，5具"巴祖卡"。

4辆汽车。

美军步兵排
装甲步兵排（1943年9月）

第1辆M3A1装甲运兵车

排长：少尉，装备M1卡宾枪；

排军士，装备M1卡宾枪；

中士，班长，装备M1步枪；

步枪手×7，装备M1步枪；

狙击手，装备M1903狙击步枪；

驾驶员，装备冲锋枪；

车上另有1具"巴祖卡"，1挺7.62毫米机枪。

第2和第3辆M3A1装甲运兵车

班长：中士，装备M1步枪；

副班长：下士，装备M1步枪；

步枪手×9，装备M1步枪；

驾驶员，装备冲锋枪；

车上另有1具"巴祖卡"，1挺7.62毫米机枪。

迫击炮班的M3A1装甲运兵车

班长：中士，装备M1步枪；

副班长：下士，装备M1步枪；

迫击炮手，M2迫击炮，M1卡宾枪；

迫击炮手助手，装备M1卡宾枪；

弹药手×3，装备M1卡宾枪；

驾驶员，装备冲锋枪；

车上另有1具"巴祖卡"，1挺7.62毫米机枪。

机枪班的M3A1装甲运兵车

班长：中士，装备M1步枪；

副班长：下士，装备M1步枪；

机枪手×2，装备轻机枪和M1卡宾枪；

弹药手×2，装备M1卡宾枪；

步枪手×3，装备M1步枪；

驾驶员，装备冲锋枪；

车上另有1具"巴祖卡"，1挺7.62毫米机枪。

美军步兵班

1940年版《步兵编制和战术——步兵营》（Organisation and Tactics of the Infantry: The Rifle Battalion, 1940）指出，武器是战斗力的重要因素，步兵班是各级战斗队形的基础，特别是在巷战中，步兵班是最基本的战斗单位；步兵班通常由班长、副班长和步枪手组成，规模最小的步兵班也有5名步枪手，最大的步兵班有10名步枪手；自动步枪班由班长、副班长、6名步兵手、2—3名自动步枪手组成。3个步兵班加上1个自动步枪班组成一个步兵排。3个步兵排

和1个支援排组成1个步兵连。

在火力与机动相结合的思想指导下，美军的步兵班一般区分为三个战斗小组：

"Able"战斗小组（简称A组）由2名侦察兵组成；

"Baker"战斗小组（简称B组）成员4名，配备1支BAR；

"Charlie"战斗小组（简称C组）由5名士兵组成，是负责机动攻击的战斗小组。

班长一般在A组内，遭受伤亡时全班经常分成2个战斗小组实施战斗，规模较小的那个战斗小组配备BAR；具体行动时有点像英军步兵班的战斗模式，一个小组实施机动，另一个小组实施掩护。正如乔治·巴顿指出的那样，在战况不利的情况下，发扬火力通常是较为有效的方法：

对于那些装备M1步枪的分队来讲，向前推进的正确方法是充分利用火力掩护效果，跟随移动掩护火力向前机动。就实施火力掩护的战斗小组来说，可以实施超越射击，也可以利用前方友军之间2步或3步的间隙实施射击；子弹和跳弹的呼啸声、灰尘、从树上掉下来的树枝等等因素会使敌方陷入恐慌，从而产生手中的武器无用的错觉。

值得一提的是，尽管半自动武器在美国陆军普及较早，但老式的斯普林菲尔德步枪仍然在步兵班中占据一席之地。存在这种状况的主要原因在于，伽兰德步枪并不是全能的，有些任务该枪不能完成，如远距离狙击、发射枪榴弹（仅指早期型号）等。

进攻筑垒地域的12人"突击班"（1944年1月）

班长：步枪、手榴弹、通信装备；

两人"爆破组"：步枪、爆破药、手榴弹；

火焰喷射手：火焰喷射器、手枪/卡宾枪、手榴弹；

火箭筒射手："巴祖卡"、反坦克火箭弹、手榴弹；

火箭筒副射手：步枪、反坦克火箭弹、手榴弹；

铁丝网破坏组：副班长，装备步枪、榴弹发射器、手榴弹、铁丝网剪钳、通信装备；

BAR射手：BAR、手榴弹；

BAR副射手：步枪、榴弹发射器、手榴弹；

步枪手×3（铁丝网破除手）：步枪、铁丝网剪钳、爆破筒、手榴弹。

防御警戒步兵班（1944年1月）

全班分为两组，轮流警戒。

第1组：

中士班长；

BAR射手；

步枪榴弹发射手（由班长指派）；

步枪手×3。

第2组：

下士；

BAR射手；

步枪榴弹发射手（由班长指派）；

步枪手×3。

第三节 美军步兵分队战术理论的发展

　　二战期间，美军下发了一系列战斗手册，其中，上节提到的1940年版的野战条令FM 7-5，也就是《步兵编制和战术——步兵营》对步兵战术论述较为充分。自1920年以来，美军下发的各类战斗条令对步兵战术涉及较少，因此野战条令FM 7-5在美军诸多条令中显得特别突出。该条令下于德军入侵波兰的10个月以后，也就是在德军闪击法国期间。西欧战场发生的这两次战争带来了丰富的实践经验和教训，该野战条令是否吸纳了这些经验教训？是否吸纳了现代战斗训练所得出的结

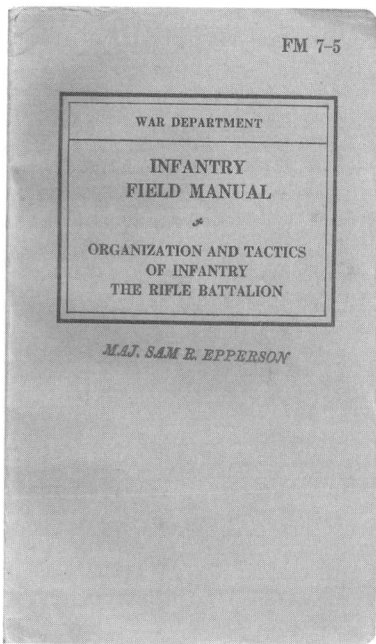

▲ 1940年版《步兵编制和战术——步兵营》。

论？这是一个值得争论的问题，但有一点必须肯定，就是条令中一些符合现代战争的理论是早先已有的研究成果。

从野战条令FM 7-5《步兵野战手册》的内容可以看出，条令吸纳了第一次世界大战欧洲战场的经验，同时也借鉴了两次世界大战期间的德军战术理论。美国陆军部下发该条令期间正值大规模征兵，因此条令贯彻了下述理念："人是决定战争胜负的决定性因素；战斗力因素涉及方方面面，诸如军备、武器装备和技术训练等，其中，战斗精神对战斗力至关重要，丧失战斗勇气的士兵是不能取胜的，士兵的精神状态、道德水准和战斗精神对于战斗力的形成与提升有着巨大影响。"

为进一步探讨真实的战斗，美军1942年出版的各类战斗手册对此进行了深入细致的研究。为尽可能还原真实的战斗场景，《步兵学校》（Infantry School）提供了一系列的图片，向参训的士官展示了最

2. SITUATION:—RATTLING CAN ATTRACTS ATTENTION TO DUMMY BEHIND TREE.

ACTION:—FIRES FROM HIP, THRUSTS WITH BAYONET. WITHDRAWS. LOOKS FOR MORE ENEMY.

▲《训练简报》中包含了大量素描和文字说明，这张图解释了如何应对敌军设置的傀儡。左上角文字为"情况：小铁罐可以将注意力从树后移开"；右下角文字为"行动：进行腰际射击，突刺，后撤，寻找其他敌军。"

近的战斗实践；1943年3月发行的《训练简报》（Training Bulletin GT-20）就围绕接敌时的行军队形列举了大量的示意图；在这些示意图中，使用了大量的素描（包括一些草图）、简单的文字解释和战术编制表来解释不同的战场环境下所确定的步兵排和步兵班的战斗队形；这些图片不仅展示了步兵排成纵队形穿越森林、浓雾、夜暗和烟幕、狭窄的空间、敌炮火封锁区的场景，附录了相关文字解释，还展示了遭敌前沿火力打击行动要领，展示了在战术机动、侦察时"基准班"的行动要领，同时还展示了步兵排以班为单位的纵队队形、前后三角队形。这些《训练简报》发行到了每一个步兵排，排长和排军士都能够阅读这些通俗易懂的理论，并将其中所蕴含的战术理论传递给每一名官兵。

对于诺曼底登陆前美军基层步兵单位战术思想的表述，首推1944年3月出版的《步兵连》（FM 7-10 Rifle Company, Infantry Regiment）。这本300页的手册不仅吸收了以前野战手册的优点，而且在解释小分队战术时采用了以前各类战术手册中的图例，其中，大量图例引自《训练简报》；一些关于步兵的图表、工程方面的图例则选自《单兵与小部队隐蔽措施》（Protective Measures, Individuals and Small Units）和《野战工兵》（Field Engineering）手册。两本手册详细解释了步兵排属武器的操作使用，并指出步枪用榴弹发射器将在部队中普遍列装，理想状态下每班装备3具，除此之外，排通信士官装备1具，轻

▲ 1944年3月出版的《步兵连》。

机枪班的班长和分排长各装备1具，甚至卡车驾驶员也有1具，这些榴弹通常用来反装甲，改良后的Mark II型也可用于反人员；手榴弹是"特别有用"的武器，可以用来攻击敌方的班组武器，在城镇战斗等不适合使用步枪的地方，小分队使用手榴弹攻击敌方显得特别有效。

第四节 美军步兵分队进攻战术

组织准备

尽管受到人员、物资等因素影响，步兵常要转入防御战斗行动，但步兵是战场上"遂行主要任务的战斗兵种"，是取得决定性战果的兵种，而这些战果要采取"攻击行动"才能获得。对于仓促转入防御的敌军或是孤立无援的敌军，单独使用步兵攻击可取得胜利，但对于预有准备实施防御的敌军，步兵的进攻行动必须在其他兵种协同下，在强大火力掩护下实施，才有可能取得成功。

在美军编制体制中，营被看做是一个"完整的战术单位"，步兵营所有武器有效的打击范围一般在几百米，向其赋予战斗任务时，必须考虑到这一因素，为其提供一定的火力支援单位，同时考虑到徒步步兵需要协同战斗，也要配属一些兵种单位。营级规模的进攻战斗准备至少需要1.5小时，包括营长个人的现地勘察、下达战斗命令，各个攻击队完成集中、并将上级的战斗命令传达到各个战斗小组、各个攻击队开始向前机动。

在二战美军的军事术语中，短距离一般为183米，近距离为366米，中距离为550米，长距离为1457米，1457米以上为远距离。步兵营的进攻正面不大于915米，步兵连不大于457米，步兵排在183米以内，步兵班在74.57米以内；当上级指定的攻击正面大于条令要求时，以步兵连为例，通常的做法不是通过增加单兵之间的距离来增大攻击正面，而是拉大排与排之间的距离，这样做的后果是战斗部署的不规则性，为此，必须使用机枪火力来填补翼侧的空白。

在进攻战斗命令中，通常向直接下级明确攻击发起位置、攻击方向、任务地域、攻击目标等要素，对于下两级的行动要领，一般不做明确规定；指挥员只有在"能够准确判定敌军情况时，才对直接下级的战斗行动做出明确而细致的规定"。

在协同攻击行动中，必须为各类支援武器周密制定火力计划：如果有可能，应尽量使用火力摧毁敌军的抵抗线，压制敌军对我威胁较大的各类火力。在进攻战斗中，各类武器的部署应以能够压制敌军火力和抵抗线为目的，各个攻击单位应根据自己的任务，在上级的能力范围内尽可能申请更多的火力支援……在缺乏坦克支援的情况下，步兵团和步兵营的主要火力来源是师级炮兵。这种炮兵火力必须集中使用，才能达到压制任务地域的目的；在组织步炮协同时，步兵应尽量向敌防御前沿接近，此时炮兵火力打击敌防御前沿，步兵开始向敌前沿发起冲击时，炮兵火力开始向纵深延伸。在使用炮兵火力时，步兵指挥员应在战前采取各种方式征求炮兵指挥员的意见。

组织步兵连进攻战斗时，连长的准备工作主要包括下述内容：

1. 查明敌军防御的薄弱点；

2. 为各个攻击排指定攻击发起位置；

3. 依据"空间位置和时间"组织支援火力与攻击排之间的协同；

4. 在选定攻击目标之后，组织轻机枪在步兵排之后跟进，为步兵排提供伴随支援火力；

5. 为炮兵明确打击目标；

6. 组织重机枪在远距离，也就是在1457米左右的位置为步兵提供火力支援；

7. 在弹药保障允许的情况下，60毫米迫击炮尽可能靠前配置，主要打击防御前沿之后366米的区域，为此，必须组织好前

进观察工作，为迫击炮提供情报保障，校正弹着点；

8. 组织轻机枪火力掩护暴露的翼侧，填补步兵连之间的火力空白；

9. 步兵手中的武器仅在接近至攻击发起位置之后才使用，作为连长，在进攻战斗中还必须指定一些武器担负"预备火力"，在全连快速向前推进时弥补全连的"火力空白"或应付突发情况。

在进攻战斗中，连长需要为自己保留一支机动支援力量（例如火箭发射器的分队）来应付意外情况或敌军的反冲击。在昼间战斗中，敌军可能在夜暗的掩护下隐蔽占领一些未被夺占的地域，此时需要动用机动力量实施反击。实际上，美军的一些战斗手册指出，进入夜间后，连长应调整部署，缩短各步兵排之间的距离，使其保持必要的接触，以防止敌军利用战斗部署的间隙实施隐蔽渗透。在昼间进攻行动中，一般会在开始阶段进行火力准备，有时为确保突击行动的突然性，也可不进行火力准备，这种情况下，连长必须根据战斗行动的发展，精心安排伴随火力，以便对预定攻击目标的"即刻打击"，在计划此类火力时，必须精确把握火力打击的时机，打击过早会提前"通知"对手己方进攻行动的开始，打击过晚则不能起到拦阻敌军增援的作用。

战斗实施

对步兵部队防守的地域发起攻击之前，要对敌防御体系实施侦察，以获取敌

军战斗部署、工事构筑、阵地编成、火力配系、障碍物配系等情况，同时避免遭到敌军巡逻队或步兵武器的突然打击。为此，必须指派一支侦察队执行类似任务，侦察队在实施观察时必须小心谨慎，避免露出痕迹；观察点可以选择在树叶茂密的大树上，尽量远离建筑物的房门和窗口；接近选定的观察点时，首先应观察周边情况，匍匐进入，而不是慢悠悠的逛进去；通过小路时应仔细观察，确保小路周边无敌军的观察哨和火力点；遇到开阔地带或者是敌军警戒哨，应尽量绕行。

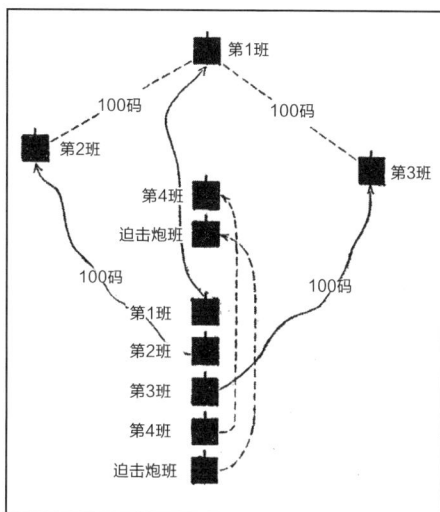

▲ 这张示意图展示了如何从行军队形展开为三角队形。

接敌运动

在进攻战斗中，步兵排的每个班都要派出两名甚至更多的尖兵在距离本队457米远的地方选择观察点；各个观察点应能够相互实施火力支援，且能够进行简易信记号通信，以便直接将获取的情报传回本班，或是通过友邻观察点接力传递情报。与侦察队任务不同，前方尖兵的任务是尽可能详细的搜集情报，如地形情况和敌军的武器装备情况；步兵排派出的尖兵还担负战斗预警和侦测敌军是否设伏的任务。这些前方尖兵直接面对可能遭遇的敌军，遭到敌军火力打击的可能性较大，正如尖兵班班长亨利·阿特金斯（Henri Atkins）指出的那样：担负尖兵任务的士兵需要有自我牺牲精神，但这种精神和所谓的勇敢没有丝毫关系。尖兵实质上就是一个诱饵，诱骗敌军射击，从而暴露其防御位置；选定人员担负尖兵任务时，通常根据

其受训情况采取直接命令的方式。尖兵远离本队攻击线，负责引诱敌军暴露其射击位置，并采取各类简易通信手段，将获取到的情报传回本队；尖兵有幸存的可能，但概率不大。

在进攻战斗中，"接敌行动"从敌中型火炮的有效射程范围之外开始，通常距离敌防御前沿约16公里。昼间接敌时，要抛弃"行军路线"这一概念，采取其他队形，如步兵排采取一路纵队或两路纵队，实施"远距离蛙跳"前进；接敌时，如前方有友邻单位，或是在己方火力掩护下实施接敌，机动队形没有必要过于分散，穿过开阔地带等危险地段时，可采取分组逐次机动的形式通过，通过后再集中全体人员继续接敌。

作为步兵排长，一般要指定一个班作为"基准班"，以此为参照，来控制全排其他班的战斗行动；作为连长，组织接敌时一般指定步兵排先行机动，武器排紧随其后，具体行动时，连长必须注意前期敌炮火重点打击的地段或是独立明显的物体，这些都可能是敌实施标定射击的地点，遇到这种情况，连长必须周密观察战场，判断敌射击规律，而后决定是否绕行或是快速通过。接敌的目标是尽可能接近敌军，以便于简单调整后对敌发起攻击，接敌终点位置应选择在隐蔽地点，尽可能避免敌军火力打击，又能确保己方的轻武器能够发扬火力打击敌方。无论哪一个级别的进攻行动，都必须周密计划，选定相对安全的战前"集结地域"，避开敌军大口径火炮打击范围，以便进攻部队在战前实施周密准备。

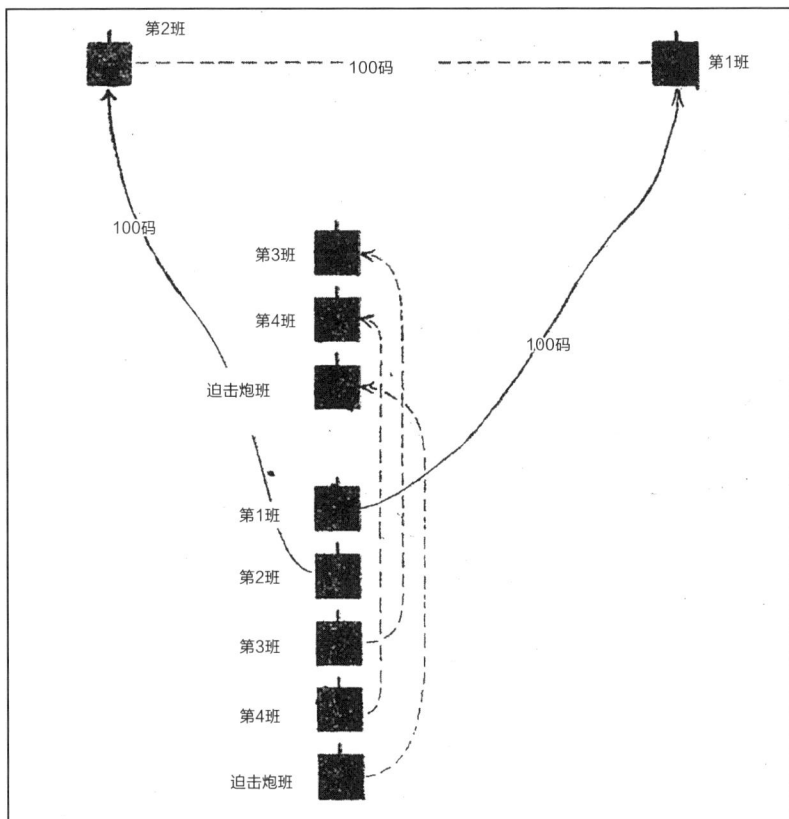

▲ 这张示意图展示了一个步兵排如何从纵队展开为宽三角队形。

在进攻战斗中，步兵连在接敌时必须保持高度警觉，连长必须对出现的各种情况做出及时正确的处置，否则将使整个连队处于危险之中。在接敌过程中，由于情况变化迅速，连长向排长下达的命令也是不完整的，通常包括：敌军和友军的位置；任务；目标；行军方向（包括调整点）；预定展开地区；对敌实施侦察的要求；遭敌攻击时的行动等等。

步兵连在营的编成内充当营的"基准连"实施接敌时，通常要指定1个步兵排担任连的"基准排"，该排要按照连长指定的接敌路线实施接敌。通常情况下，在接敌时连长的指挥位置在行军队形的前部，以便于连长周密观察战场态势，实施"个人侦察"；只要步兵排的接敌方向和任务没有发生大的变化，连长通常不会将个人侦察所获得的情报进行详细的通报的，更

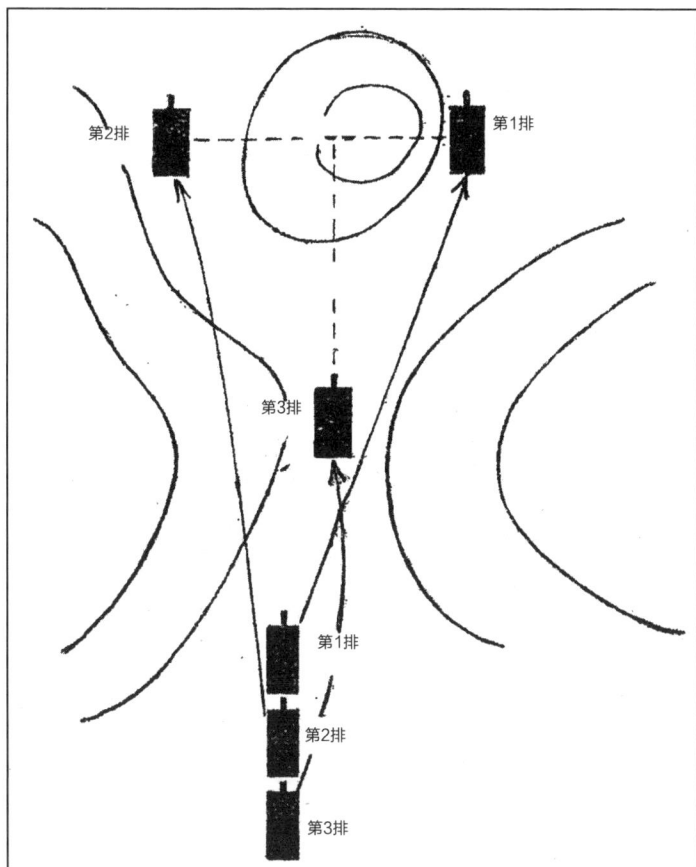

◄ 这张示意图展示了步兵连如何从纵队展开为倒三角阵型。

不会轻易改变原定的行军队形和行军序列。在开阔地带接敌时，排与排之间的距离通常在274米左右，以便利用有利地形实施相互掩护，但在通视条件不好的地形上接敌，特别是在森林地区，排与排之间的距离应大大缩短，以保证相互之间能够保持目视接触。

冲击突破

为便于突破防御者的阵地，步兵排要在距离敌防御前沿足够近的地区选择一处"最后的跳跃点"。步兵排进至该点后，立即向敌防御前沿实施突破，此时上级火力向敌防御纵深转移，步兵排处于无上级火力掩护的状态；尽管看起来是步兵营或

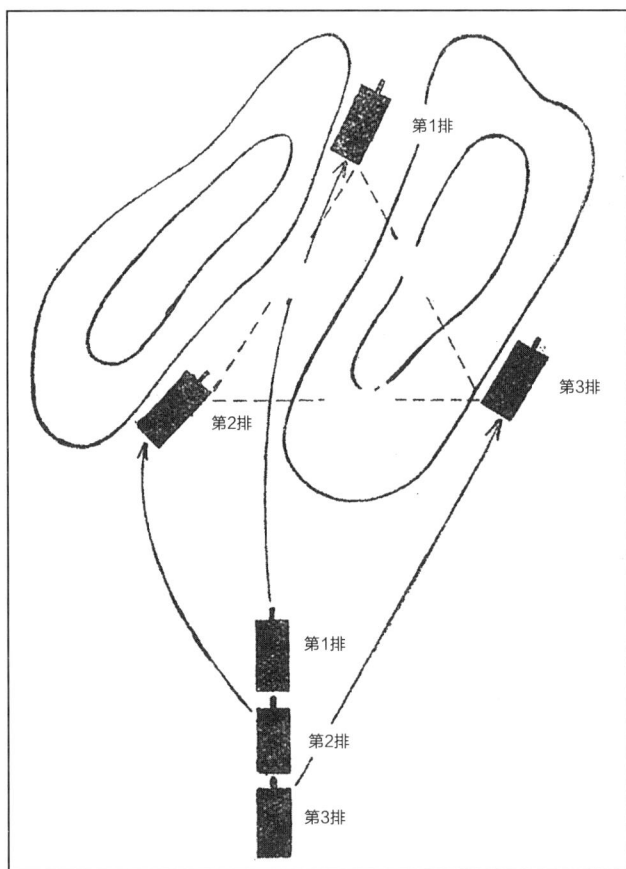

▲ 这张示意图展示了步兵连如何从纵队展开为三角阵型。

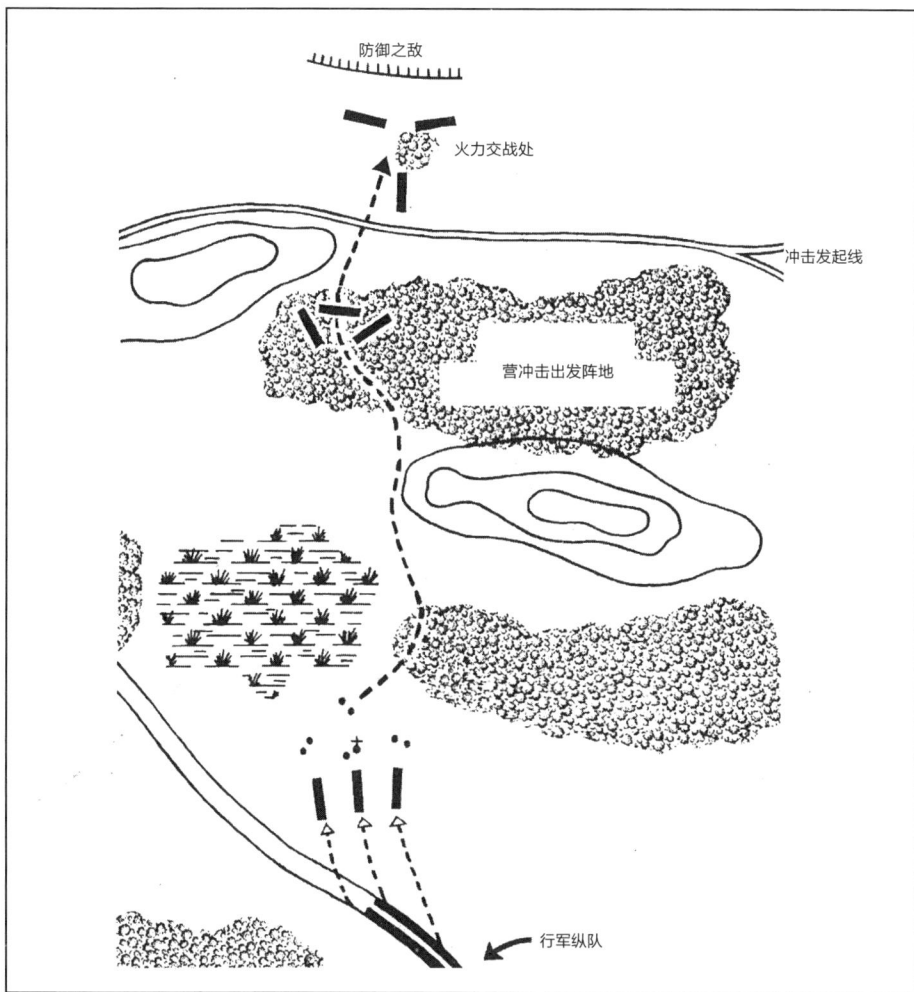

防御之敌

火力交战处

冲击发起线

营冲击出发阵地

行军纵队

▲ 示意图摘自1943年版的《步兵排和步兵班进攻战斗》（The Rifle Platoon and Squad in Offensive Combat），解释了步兵排在营的编成内，从接敌行动开始，至冲击发起前战斗行动：步兵排离开机动道路后，以班为单位，成3路纵队，向营进攻出发阵地机动；离开冲击发起线后，步兵排在上级火力掩护下，与步兵营其他单位协同作战，共同发起对防御之敌的冲击；到达火力交战点后，步兵排成三角队形，2个步兵班在前（成散兵线），1个步兵班在后（进行支援）；防御之敌被己方火力有效压制时，即利用火力掩护效果对敌强行发起攻击。上述示意图主要解释了步兵连的先导排从离开行军纵队起，进至交战点为止的作战行动。

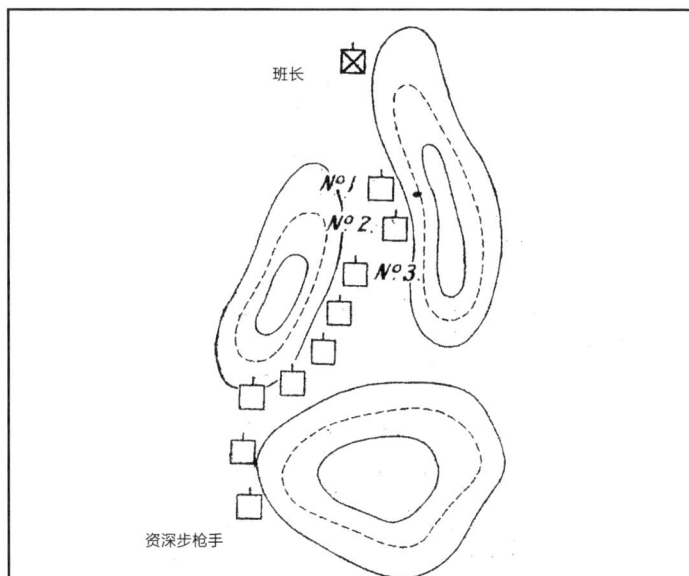

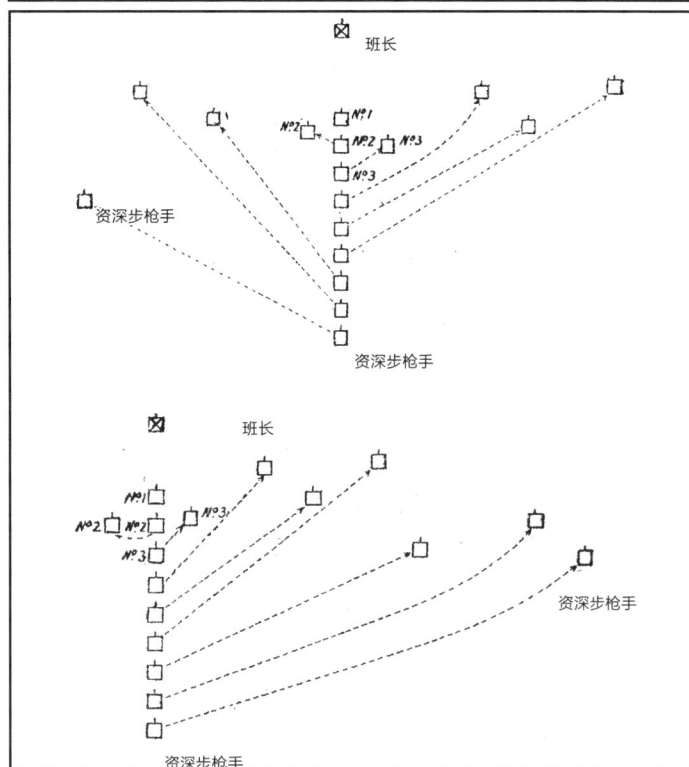

► 这两张示意图展示了如何从单列纵队展开，一般来说，该行动只需5步左右即可完成。

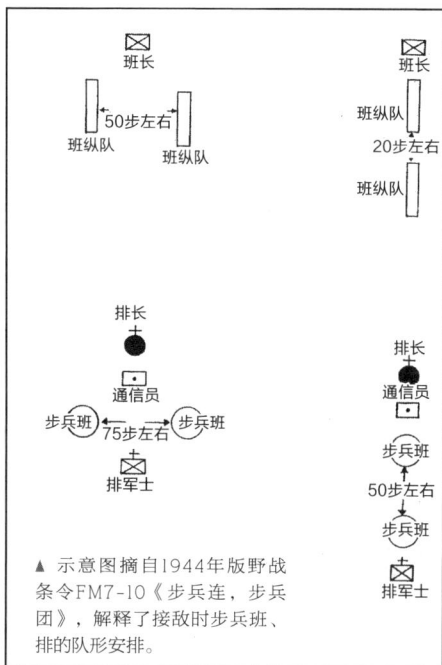

▲ 示意图摘自1944年版野战条令FM7-10《步兵连，步兵团》，解释了接敌时步兵班、排的队形安排。

者是步兵连下令发起的进攻战斗，但实质上，真正的攻击行动是由步兵排的某个步兵班或者是某几个步兵发起的。

发起攻击时，发起攻击的士兵或小分队要与视线内的友军密切协同，以增强攻击力度；此时排长向上级支援火力发出信号，要求支援火力停止支援行动或向敌防御纵深转移，负责攻击的士兵或小分队对防御之敌实施密集火力射击，而后为步枪装上刺刀，利用坦克、巨石、树木、砖墙和土堆作为掩护，快速向敌发起最后的冲击，到达预定目标后，即以猛烈的火力打击发现的任何敌军。

在步兵战斗中的这一关键时刻，到

底发生了什么呢？诺曼底战役中美军第29步兵师的GS.约翰少校描述说，首先是敲掉一挺机枪，杀伤一两名敌军，然后：

攻击者认为敌军防御能力已被削弱，应当集中所有的迫击炮和其他炮兵火力对敌实施打击，之后可以发起一次协调一致的攻击；防御者可能认为敌军占据兵力火力的优势，在遭到敌军火力打击时，应当将防御兵力撤至下一道防线；这就组成了冲击时的战斗场景，一次冲击、一次停顿、一些匍匐前进、四处响起的不连续的枪声、一些炮兵火力、一些迫击炮火力、一些烟幕、更多的匍匐前进、另外一次停顿、死一般的静寂、更为猛烈的交火、更猛烈的集中火力打击、更为集中的冲击；然后，整个战斗过程又重新上演一遍。

在通常情况下，排长将全排划分为若干个攻击梯队，攻击时排长应紧随这些攻击梯队行动，以便及时观察战场和指挥攻击梯队的行动。在攻击行动中，步兵排使用轻武器火力能够压制敌军时，则排长指挥全排通过"火力与机动"，逐步向前推进；排长应当指挥与敌接触的分队占领有利地形，发扬火力，从翼侧或正面压制防御之敌，同时指挥全排其余分队利用地形掩护，逐步向前推进；此时排长应密切观察敌军防御情况，发现并确定敌军防线上的薄弱地点，而后组织上级支援火力压制薄弱地点附近的敌军，同时组织本级支援武器发扬火力，从翼侧或后方打击薄弱地点附近的敌军；敌军防御严密，无明显暴露的翼侧和后方，己方从翼侧与后方发起攻击成功可能性不大时，排长要组建渗透攻击分队，在己方火力掩护下逐步向敌防线实施渗透攻击。此时排长要指挥全排其余分队，并申请上级支援火力，猛烈压制防御之敌，掩护渗透攻击分队的渗透行动，同时指定若干自动步枪手，发扬火力掩护己方的翼侧与后方，防敌从该方向的突然打击。

进攻战斗中，向敌军发起冲击的距离越短越好，士兵必须根据班长的命令不断从一个隐蔽处跃进至另一个隐蔽处。在遮蔽条件较好的地区，士兵可以采取直立行走的方式；匍匐前进的姿势较为隐蔽，适用于短距离爬行，或者在遮蔽条件不好的地区实施机动；但在战场上，士兵们更多的是冲击前进，同时根据地形的不同，视情采取其他运动姿势。全班冲击时，步枪子弹必须上膛，保险必须关闭，此时班长下达"准备冲击"和"跟我冲"的命令。冲击过程中保险不得打开，对此，1941年的《士兵手册》（FM 21-100 Soldier's Handbook）是这样解释的："你可能会不慎走火，打死自己或战友。"

协同攻击

进攻战斗的关键词就是"火力与机动"，只有近距离组织两个单位实施密切协同，才能使步兵"尽可能靠近敌军防御前沿，并完成突破的任务"。《步兵战斗》指出："对于没有利用黑暗、浓雾和烟幕等措施实施隐蔽的暴露之敌，可以通过火力打击粉碎他们的抵抗；要使用己方

火力压制敌军火力，使用火力掩护己方步兵行动，结合其他各类掩护行动，掩护己方步兵推进至有利的攻击发起位置。"一般情况下，用步兵手中武器打击敌方暴露步兵效果较为理想，打击严密防护的敌军效果就会大打折扣。因此，指挥员要将支援武器要靠前配置，以便于观察与射击，掩护步兵行动。

在向前机动时，下级单位应尽量利用断裂的地形条件或者是高低起伏的地形，尽量避免在独立明显的物体周边机动和隐藏（这些物体易遭敌各类武器的标定射击）；对敌严密设防区域，或者说对敌主要防御方向，最好的方式不是正面攻击，而是翼侧攻击或侧后攻击，这就要求将己方的机枪移动到新的位置，以便于从翼侧打击敌军；占领一块地形较为复杂的区域后，可以此为基础，充分发挥复杂地形的隐蔽作用，重新计划火力，发起下一轮攻击。近距离攻击敌军时，最理想的情况就是："步兵利用复杂的地形条件，粉碎敌微弱抵抗后，尽可能接近敌防御前沿，并占领有利的攻击发起位置，而后使用所有武器打击敌军，最后步兵发起冲击，摧毁攻击正面内所有的抵抗位置。"

与敌发生兵力火力的直接接触时，面对敌军的那个分队在火力掩护下实施攻击，其余步兵排和步兵班采取欺骗和伪装措施，继续朝攻击目标翼侧或后方接近，同时要确保己方翼侧安全。通过这种方法，或者是通过"火力与机动"相结合的方法，将敌军包围起来，切断其与外

界的兵力火力联系。步兵排按照预定战斗计划，对一些特殊目标实施攻击时，可采取多种攻击方法：排长可以在派出攻击分队的同时，保留一部分分队作为"机动力量"；也可以派出若干步枪手，在勃朗宁机枪的掩护下，采取匍匐前进的姿势接近敌军阵地，而后突然发起攻击。

"协同一致的攻击"听起来很有气势，实际上远非如此。一名在意大利的自由法国评论员指出，"最后百米的"突击其实是虚幻的、难以捉摸的，很少有人能够看到全貌，也很少有人能用照相机捕捉到这一刻；而且往往紧张兮兮地冲到敌军阵地后，才发现敌军早已逃跑或正试图投降。一位在意大利战场的美军观察员也认为，单兵在冲击时，要不停的奔跑、卧倒、起立，利用周围的地形实施隐蔽，要沿着狭窄的道路或者是陡峭的斜坡实施冲

击，还要不停的对发现的敌军实施射击。因此，单兵在战场上不可能观察到冲击的全貌，他所看到的仅仅是战场的一小部分，是冲击行动的一个小场景。在此情况下，单兵对于战场的感觉是不真实的，战斗小组有可能对看不见的敌军发起攻击。总之，"周密的组织协同"这种说法只有在教材中才会存在。

在实际战斗中，不可能遇到条令条例所规范的那种战斗地形，更常见的是在各种不同的地形条件上实施战斗，在诺曼底登陆战中遇到的篱墙密布的地形就是一个典型例子。正如美军第5步兵师的劳伦斯·尼克尔（Lawrence Nickell）所言，那里的原野被石墙和篱墙分割成了小块："这些石墙建于数百年前，作为诺曼底的石质界标以便于耕种。多年以来上面长满了藤蔓和小树，这些墙通常不薄于3英尺，不低于6英

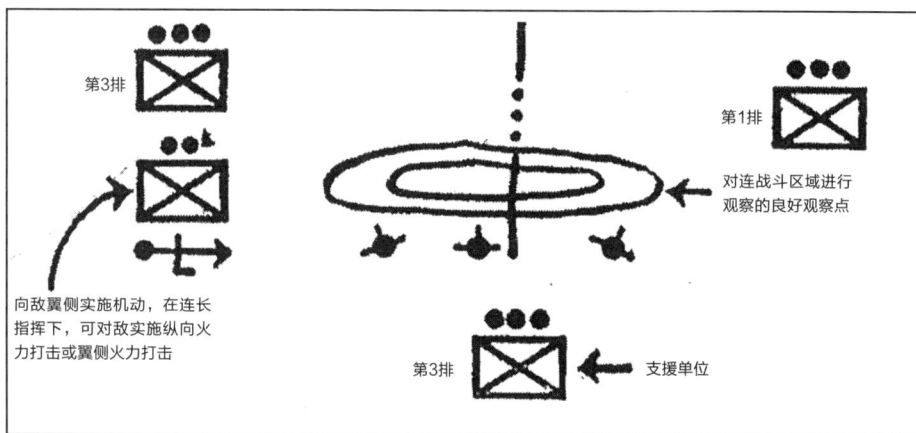

▲ 1944年版的野战条令FM7-10《步兵连，步兵团》中的一幅战术示意图。从图中可以看出，在对敌军防守阵地实施的强行攻击中，机步连后三角战斗队形示意图，前面有2个机步排，后侧有1个机步排（作为支援）。位于后侧的机步排使用较为灵活，如战场环境允许，可向敌翼侧实施机动从而达成包围态势。

尺。德国人在篱墙后面挖掘深深的、可供站立散兵坑，并在篱墙根部打洞，以便为他们严重依赖的机枪提供良好的射界。"

美国第1集团军的作战报告也指出，法国诺曼底地区密布着篱墙和小树林，在这种地形上，要获取较好的战果，就必须更新进攻方法。篱墙将整个诺曼底地区分割成了大量的长方形密闭地区，这种地区有利于德军的防御。在长方形向敌一面的翼侧，德军选择有利位置，构筑火力强大的防御要点，这些防御要点在形成德军防御前沿的同时，也能够相互支援，形成交叉火力。对于步兵来讲，德军这种在这些地区的精心防御极大地增加了进攻行动的难度；步兵的进攻行动一般是在具有较大火力优势的基础之上发起的，但在这种地形上，这种火力优势却得不到充分的发挥，步兵的观察受到严重阻碍，也无法保持预定的攻击方向。这种地形对进攻一方的分割作用明显，步兵不得不像在森林地区一样，分成若干个小组各自为战。

▲ 诺曼底地区独特的网格状地形为进攻方带来了很大不便。

进行战斗编组时，进攻一方必须将自己的兵力区分为若干个由步兵、炮兵和坦克编成的作战分队，并在坦克的前部装上推土机使用的铁铲，或者是装上大型的钢片来推平篱墙，填平德军挖掘的各类散兵坑。为确保攻击行动的顺利进行，在一些地形特殊或篱墙密度较大的地区，指挥员必须缩短攻击分队的进攻正面，甚至以码为单位分配攻击任务；具体发起进攻行动时，步兵连典型的战斗部署是成"箱式"战斗队形，即2个步兵排在前，第3个步兵排和连属武器排在后。

在这种地形上实施小分队级别的战斗十分强调协同，正如美军第90步兵师的作战报告所指出："一个区域、一个班、一辆坦克。"这种攻击小分队接近由篱墙构成的封闭地形后，首先由坦克突入篱墙，此时步兵必须紧跟坦克突入篱墙，消灭德军的反坦克武器；突入篱墙后，坦克占领有利发射位置，在原地以火力掩护步兵沿篱墙攻击前进。这种攻击方法最初由查尔斯·格哈特（Charles H. Gerhardt）少将指挥的第29步兵师所倡导，在库万训练中心试验，并由该师首次投入实战。

1944年版的《步兵编制和战术——步兵营》指出：在更大规模的进攻行动中，步兵营一般配属给坦克实施战斗，但有时为了确保坦克单位的安全，攻击或守住一些目标，也可以打破这种规律，将装甲单位配属步兵单位给实施战斗，由装甲单位引导步兵实施攻击；面对敌军组织的步坦合成攻击时，必须构建由曲射火力和直射火力组成的反坦克火网；上述措施必须根据当时的战场环境灵活以运用。

攻击发展

步兵突入敌军阵地后，应立即组织自动火力压制两翼敌军火力，或打击撤退敌军。最前方的攻击分队应尽可能攻击前进，大胆向敌纵深区域实施攻击，而不是根据两翼己方的攻击情况藏头缩尾地采取攻击行动。

第五节 美军步兵分队防御战术

理论发展

尽管1940年版的《步兵编制和战术——步兵营》用大量的篇幅对营级分队战斗进行了详尽的论述，但美军在编写该手册时，主要还是借鉴别国的战斗理论和战斗实践。作为指导营级规模分队战斗的指导手册，《步兵编制和战术——步兵营》对于班这一级的行动并没有太大的指导性；随着时间的推移，该手册显得有点落伍，所有这些因素限制了该手册的发行范围和规模。为弥补该手册的短板，特别是随着各类新式武器逐步列装部队，美军出版发行了大量战斗手册和指导性文件，其中最重要的就是野战条令FM21-45《单兵与小部队隐蔽措施》（ FM 21-45 Protective Measures, Individuals and Small Units ）。该条令在1941年由陆军部颁布，于1942年3月在美军部队中发行，详尽论述了欺骗与伪装、掩体防护、挖掘散兵坑、构筑堑壕、

设置猎杀陷阱等技巧，阐述了如何确保通信安全、如何确保战斗队形的安全、如何防敌空袭、如何防敌化学武器袭击、如何防敌坦克攻击等内容。相对于美军于1938年出版的《野战技巧基础手册》（ Basic Field Manual ），该条令所阐述内容要丰富的多，系统性更加突出，《野战技巧基础手册》也因此显得更加落伍。

步兵可能参加预有准备的防御战斗或仓促防御战斗，这些战斗可能是主动采取的，也可能是在敌军压力下被迫转入的。在有准备的防御战中，步兵通常的任务是发扬火力打击敌军，将敌军阻止在防御前沿的前方。如敌军接近防御前沿，则发扬火力击退敌军攻击；如敌军已突破己方防御前沿，则采取反冲击行动，将敌军赶出己方阵地。在防御战斗中，攻击者通常在集结完成后才发起攻击，防御者的力量要弱于进攻一方，因此防御者必须充分利用地形构筑工事、设置障碍，利用这些战斗工事与障碍实施战斗。在敞开式防御阵地上，防御者的安全得不到任何保障，"没有经过伪装的防御阵地很容易遭到敌军的火力打击，被摧毁或攻占。"与此相反，经过严密伪装的防御阵地能够有效迷惑敌军，对各类工事实施伪装、制作假目标、在防御前沿派出各类战斗前哨等措施能够有效迷惑敌军，使其判断不清己方防御前沿的具体位置，从而造成攻击能量的浪费。防御战斗应强调以火力打击来杀伤消耗敌军，同时组织攻势行动，以保持防御的稳定性，如组织阵前出击或是反冲击打

击敌军，也可以在防御前沿前派出战斗前哨，先期消耗进攻者的力量。

野战条令FM21-45《单兵与小部队隐蔽措施》明确指出：相比于以往的战争，在现代战争中，单兵和小分队的主动性在战斗中的作用越来越大。在不被敌军看见的情况下巧妙地完成诸如前运一卡车弹药、准备伙食或包抄一挺机枪等任务，对于消灭敌军并取得战斗的胜利具有十分重要的意义。像阐述如何决斗一样，《单兵与小部队隐蔽措施》和美军最新出版的战斗手册用十分通俗易懂的语言，向美军士兵讲解战斗技巧和个体战斗的重要性。这些战斗手册并不使用第三人称，而是使用

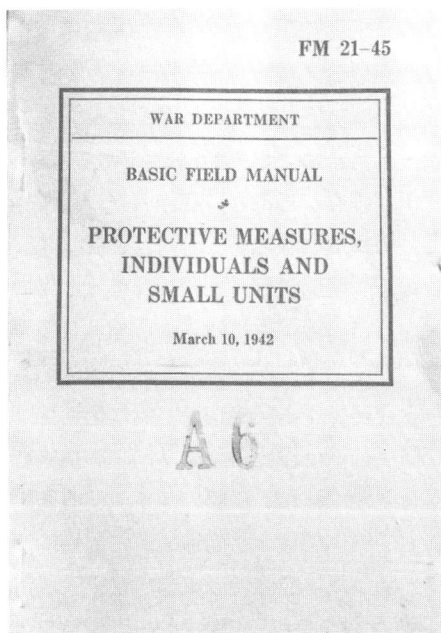

FM 21-45

WAR DEPARTMENT

BASIC FIELD MANUAL

PROTECTIVE MEASURES,
INDIVIDUALS AND
SMALL UNITS

March 10, 1942

A 6

▲ FM21-45《单兵与小部队隐蔽措施》。

第二人称讲述"你如何保护自己，你如何操作使用武器"，就像山姆大叔告诉他的公民什么是责任一样。这些战斗手册也结合各类武器装备和物资器材实施阐述，其语言十分朴素规范，有时也会用到书面语言，以使官兵能够快速学习相应的知识和技能。

防御前沿

防御战斗中，防御前沿【Main Line of Resistance (MLR)】位置通常由上级指定，营长和连长通常依据视野和地形，为基层单位选定"具体位置"。还要派出小规模兵力，在防御前沿前实施观察，设置各类障碍。要挖掘各类交通壕、堑壕，或改造并伪装各类道路，以便于人员和物资快速抵达防御前沿的各类支撑点；要改造那些不利于防御的地形，形成阻断交通的斜坡，设置观察点或配置机枪点；要在防御前沿的突出部配置好机枪火力，以便对攻击者形成翼侧打击火力。平均分配兵力是防御战斗的大忌，要最大限度利用地形，地形有利则配置较少的兵力，地形不利就改造地形，或配置较强兵力，设置防御重点是防御战斗的重要内容。

美军认为，成功的防御在于集中兵力，在组织战斗部署时应极力避平均分配兵力，因此，"线性防御"的概念是不科学的，除非实施以迟滞对方攻击速度为目的的运动防御，否则都应集中力量于主要防御方向。"驻防点"（holding garrisons）由若干小分队组成，配备一定自动武器，

配置在防御前沿或纵深，主要任务是对防御前沿前的攻击之敌，形成侧射火力和交叉火力，填补翼侧的兵力和火力空白；未占领的区域则以火力来控制，或者将其设定为预定的反击区。

在条令中，虽然防御正面是确定的，但也要根据地形条件和战场态势，灵活确定防御前沿的具体位置。对于防御前沿前的接近路线，特别是那些便于进攻一方隐蔽接近的道路，要用火力加以控制；在防御前沿前必须设置障碍物，障碍物密集的地方可以用少量兵力来控制，反之需要部署较多兵力。关键地点绝不能是各部队交界处，否则易造成责任认定不清。

战斗前哨

在防御战斗中，防御兵力通常区分为三部分："警戒"梯队、"作战"梯队和预备队。在德军的作战模式中，"战斗前哨"（Combat outposts）是在主要"作战位置"（battle position）之外实施警戒的主要力量。在规模较大的防区中，可能出现整个步兵营配属火炮和反坦克武器担负"战斗前哨"的情况，此时该营防区宽度在1829米—2286米之间。

1944年6月30日发行的《训练简报》主题为"警戒行动"，这期的《训练简报》是一本论文集，主要是探讨防止敌军突袭的各类措施，内容不仅包括各类警戒哨的示意图，前方警戒和翼侧、后方警戒的示意图，行进时各类警戒的职责，还使用通俗易懂的语言进行了详细解释。本期《训

练简报》还指出：对于指挥员来讲，"敌军的战斗行动达成突然性是不可原谅的事"；为防止出现意外情况，在战斗中平民应当进入避难所，防止其影响警戒哨和各类观察哨实施观察、警戒行动。

在战斗中既要派出渗透分队进入敌方防区，用以配合主攻分队行动，也要提高警惕，采取各项措施，防止敌方的渗透分队渗入己方防区实施破坏，具体的措施包括：设置警戒哨，对开阔地带实施观察；在己方防区派出巡逻队，不定期实施巡逻（这是指挥员通常容易忽视的内容）；进入夜间后，要指定潜伏哨实施观察与潜听，同时也要在己方防区派出巡逻哨实施夜间巡逻。

火力配系

在防御战斗中，火力的作用十分关键，构建严密的火力配系尤为重要。在防御前沿上，机枪发射点和反坦克火力点尤为重要。进攻之敌进至近距离时，起主要作用的是机枪的交叉火力和侧射火力。在防御战斗中，防御地幅的翼侧也要布置火力，指定部分武器担负此类任务；这些武器的发射位置应该在防御前沿后面，使敌军不能够观察和射击的隐蔽位置，战斗中还能够得到防御前沿火力支援；进攻一方从翼侧发起攻击，或者是从其他方向发起攻击时，这些武器就能够从隐蔽位置对敌实施猛烈的火力打击，达成火力打击的突然性。

在整个防御战斗中，防御前沿与翼侧

配置的兵力火力相互支援，互为补充，确保防御的稳定性。对于机枪火力的盲区，则用火炮、迫击炮、自动步枪和步枪的火力予以弥补；机枪对正面或、翼侧实施火力打击时，自动步枪手和步枪手则发扬火力，以增强机枪火力打击效果。进攻一方实施炮兵火力准备时，也要预先计划火力，实施炮火反准备，压制敌军的炮兵火力，打击先期展开之敌。

进攻之敌进至距离防御前沿足够近的距离时，进攻一方的支援火力将停止对防御前沿的打击，此时是防御一方实施火力打击的最好时机。防御者要集中火力，对进攻一方步兵实施猛烈地打击，增强火力打击的突然性；如果这种火力打击组织严密的话，不出意外将击退敌方的攻击。

在防御战斗中，火力配系与障碍物配系相互结合，能够极大增强火力打击效果，如机枪火力与铁丝网的有效结合，就能极大增强防御效果。必须看到，障碍物设置完成后，其位置是固定不变的，容易暴露己方防御前沿的具体位置，因此在设置障碍物时，要强调根据地形不规则设置，甚至可以根据河床的走向来设置，并用植被进行伪装。

工事构筑

有趣的是，1941年下发的野战条令FM21-100《士兵手册》（Soldier's Handbook，1942年3月曾再版）有很多内容与《单兵与小部队隐蔽措施》有相似之处，特别是在伪装与欺骗等内容上。另一方面，这些重复的内容在德军和英军的出版物中也能找到。《单兵与小部队隐蔽措施》指出，"快速挖掘堑壕"是现代战争中士兵必须掌握的技能；从传统意义上讲，步兵必须挖掘散兵坑，这是士兵的本职工作，但挖掘堑壕又是另一码事，所以向步兵灌输挖掘堑壕的理念不那么简单：

在敌火力打击下，必须快速构筑工事，以获得一定的防护；为此，你必须懂得如何使用挖掘工具，了解它的性能，同时还必须掌握如何使用这些工具，挖掘你想要挖掘的工事，特别是挖掘能够提供掩护的堑壕；永久性或半永久性工事需要大量的时间、人力来挖掘，并且需要职业军官在一旁指导和监督；在时间允许的条件下，你必须尽可能进行挖掘，以提高工事的质量。在平时的训练中，你要了解工事的种类、性能，如何挖掘各类工事，这种技能在战时的关键时刻为你提供可靠的防护，甚至能够救你一命。挖掘工事是一件艰苦的工作，需要投入大量的时间来进行训练，这样你才能快速而正确的掌握挖掘技能，所以，尽量在战争爆发前，在敌军对你实施攻击前，学会挖掘工事的技能。

一些新兵确实是由于缺乏训练而未能掌握快速构筑工事的技能，不过也有一些懒惰的美国大兵在敌军的炮兵火力准备后，利用弹坑快速构筑散兵坑，这些士兵也会从工兵那里偷一些TNT炸药，以省却锹镐之劳。总的来说，防御体系可以随着时间增长而逐步完善，假如有足够的时间准备，那么不仅要构筑射击工事、挖掘堑壕、修建地堡，还要完善通信、储存物资弹药，并采取措施以适应战区的天气条件。在修建各类工事时，首先要修建的是射击工事和掩蔽工事，然后才是堑壕等交通工事。

《单兵与小部队隐蔽措施》将常见的野战工事大致区分为卧姿射击掩体、散兵坑、炮弹坑、狭长掩壕、交通壕和步兵班各类武器射击掩体。卧姿射击掩体是士兵在敌军火力打击下快速构筑的射击掩体，在方便士兵掩护的同时，能够发扬火力打击敌军，这类工事早在第一次世界大战中就出现了。挖掘卧姿射击掩体时最好用制式工具，但在敌军火力打击下，士兵常常找不到制式工具，此时也可以使用诸如"刺刀、钢盔、棍子"等简易工具。具体实施挖掘时，士兵在地面卧倒，在身体右侧快速挖掘一个地洞，而后滚入地洞，将身子隐蔽起来，紧靠地洞的右侧，向身体左侧挖掘，扩大地洞的范围，将头隐蔽在扩大的范围内，挖掘时肩膀和臀部尽量下沉，以避免敌军火力打击。

挖掘出的泥土尽量向地洞的前方（朝向敌方）抛洒，以增大遮蔽度；最后尽力扩大地洞范围，将脚收入地洞。"一般情况下，你能在10分钟内完成卧姿射击掩体的构筑，为自己提供较好的防护，在1小时内完成散兵坑的构筑。通常情况下，构筑完成的卧姿射击掩体能够防止敌军轻武器的直射弹道杀伤，能够部分防止敌军曲射火炮和航空炸弹弹片的杀伤；应尽一切努力，增加散兵坑前部的胸墙厚度，以防止敌军的火力打击。"

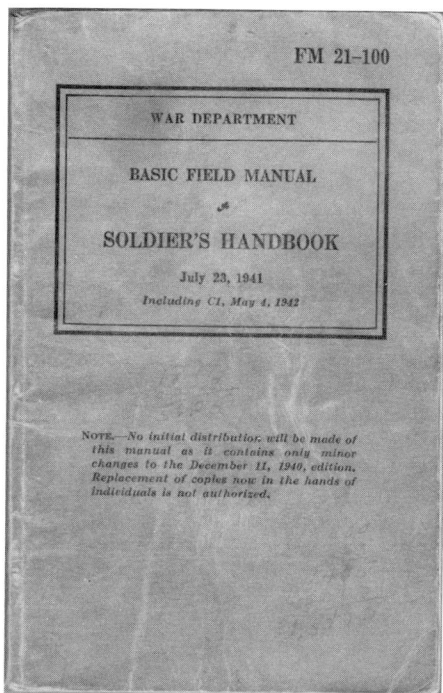

▲ 1941年版FM21-100《士兵手册》。

士兵在战斗状态下，通常要构筑散兵坑，这类工事不仅能够防止敌军轻武器的直射弹道杀伤，也能够防止敌军曲射火炮和航空炸弹弹片的杀伤。构筑散兵坑时，可以采取卧姿，但在没有敌火威胁的情况下，最佳的姿势是立姿。士兵在构筑散兵坑时，根据时间的长短和敌情威胁程度，首先构筑蹲姿散兵坑，而后逐步修饰完善，逐步形成跪姿散兵坑和立姿散兵坑。用制式工具进行挖掘，士兵可以在1小时内完成立姿散兵坑的构筑，但使用步兵配备的挖掘工具，在受到干扰的情况下，士兵一般需要1.5小时左右；在土质较为坚硬的土地上构筑时，必须将散兵坑的底部扩大，以使士兵能够平躺，并提供较好的防护甚至抵抗坦克的碾压；对散兵坑进行修整的最后一步就是在坑底挖掘蓄水池，当散兵坑较为潮湿时，汇集雨水，方便士兵将水从蓄水池中舀出。

弹坑是野战条件下挖掘工事的理想地点，可以省却士兵的很多挖掘工作，而且利用弹坑来实施掩护，敌军也不容易分辨清楚哪些弹坑被利用，哪些尚未利用，从而增加欺骗性。如何利用弹坑来构筑工事以获得最佳效果呢？一般来说，在弹坑内部向敌一侧，"士兵构筑2-3英尺的正斜面可获得良好的射击位置，也能够有效防止纵射火力或炮弹的弹片杀伤。"也可以借鉴改造弹坑的思路，对路边的壕沟、河堤等自然地形进行快速改造，以形成合适的战斗工事。

随着训练实践和战斗实践的发展，人们发现构筑两人用的战斗工事是较为合适的选择，具体构筑时，可以一人休息（同时充当观察员），一人挖掘，也可以两人同时挖掘以加快构筑速度。两人使用的散兵坑构筑完成后，可以一人休息，另一人实施警戒。正如1944年版的《步兵反坦克连手册》（FM 7-35 Infantry Field Manual, Antitank Company, Rifle Regiment）指出，从防护性能上讲，两人使用的散兵坑的防护性要差一些，但从心理上讲，这种工事可以增强士兵之间的战斗友谊。

散兵坑构筑完以后，如果时间允许，应构筑连接各类散兵坑的交通壕，将作战

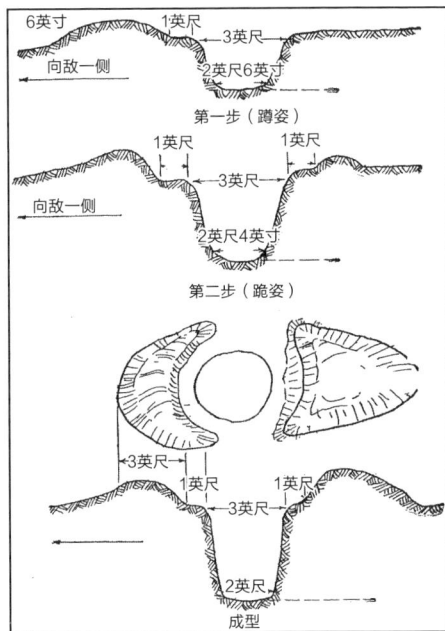

▲ 1942年版的野战条令FM21-45《单兵和小分队防护》，对各类散兵坑的描述十分详尽。图例展示了士兵不断完善散兵坑的过程：
1. 起初构筑蹲姿散兵坑，确保能够随时投入战斗；
2. 随着时间的推移，进一步构筑胸墙被背墙，挖深散兵坑；
3. 逐步将蹲姿散兵坑改善成为跪姿和立姿的散兵坑。

单位连接成为一个整体；士兵可以采取爬行、匍匐前进等姿势，利用约610毫米深的交通壕在阵地内机动。这类狭长的交通壕仅供士兵机动使用，防护性较差，并非理想的战斗工事。

狭长掩壕能够防护各类地面火力和航空火力的杀伤，在坚硬的地面，或是经过砖石加固的松软地面上挖掘的狭长掩壕能禁得住坦克的碾压，是炮组、车组和反坦克单位理想的掩体。假如狭长掩壕与防御前沿平行，且挖出的泥土不堆成护墙，而

是四处抛散，那么敌军从地面上观察是很难发现的，挖出来的草皮也应留下来以备伪装使用。

从一战到二战，步兵班各类武器的射击掩体并没有发生很大变化，从外形上来看，狭长掩壕一般呈V形或十字形，每侧长183厘米，宽度较小，能够容纳一人即可，深度能保证士兵完全没入地面以下。掩体不能容纳两人以上，更多人需要掩蔽时必须另挖掩体。《单兵与小部队隐蔽措施》对其论述较为具体，详细的列举了各类战斗条件下步兵班武器射击掩体构筑方法，并用更大的篇幅解释了其战斗运用情况。在理想情况下，班长在确定各类武器射击位置时，要确保各类武器能够相互支援，并给每个单兵规定主要射击区域和次要射击区域。主要射击区域一般位于步兵班防御正面前方，次要射击区域一般位于与左右邻的交界处，不论是主要还是次

要射击区域，距离防御前沿的最大距离均为200-366米。在给单兵规定射击区域的同时，班长还要给单兵指定武器的预备发射位置，以便在战斗中，士兵能够根据敌情发展灵活选择射击位置，发扬火力，掩护翼侧和后方。"班长在指定全班各类武器射击位置，并为其规定主要和次要射击区域之后，士兵应根据班长指定的位置，展开挖掘散兵坑的工作，并随着时间的推移，不断的修整完善散兵坑。散兵坑之间的距离一般为4.57米左右，也可以将散兵坑两两配置在一起；如果防御准备时间较长，或者防御时间较长，也可利用战斗间隙挖掘交通壕，将散兵坑连接起来。如果士兵在夜间进入防御，挖掘好散兵坑以后，可以将其底部拓宽以便于休息，或者是将其与交通壕连接起来，利用交通壕休息……如果你的步兵班配备有自动武器，如自动步枪、机枪或者是冲锋枪，你应该

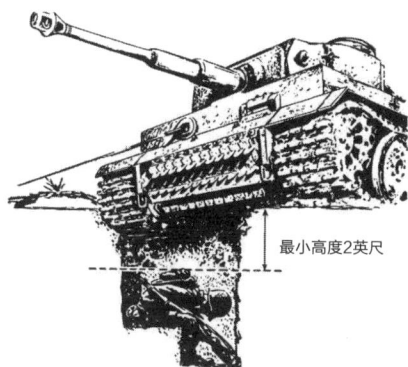

最小高度2英尺

▲ 1941年版FM21-100《士兵手册》。

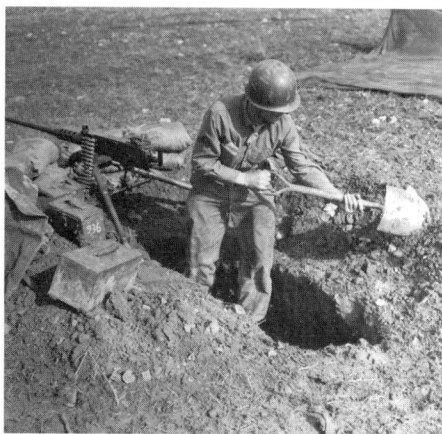

▲ 一名M2重机枪的机枪手正在挖掘散兵坑。

将其配置在班战斗队形的中央位置，并且靠前配置，这样这些自动武器能够发扬火力，对全班的防御正面实施打击，还可以掩护与友邻的结合部，同时还必须为这些自动武器指定预备发射位置，以达成同样的效果；根据战斗情况的发展，还必须指定一个射击位置（可以称为"第二射击位置"）以便其发扬火力，打击从后方出现的敌军。"

第六节 美军步兵分队的其他战斗行动

战术机动

1941年版《士兵手册》对战术机动进行了详尽描述，如发现敌军威胁时应立即卧倒，并利用篱笆、墙壁或起伏的地面实施隐蔽，谨慎地向前推进。该手册还详细描述了行军的防卫行动和防卫行动训练组织："防卫"包括在前卫，后卫和侧卫，行军时，指挥员要向行军本队周边区域，派出前方防卫分队、后方防卫分队、侧方防卫分队；派出的前卫分队和后卫分队沿道路两侧机动，以便于"分队长实施指挥，同时避免敌军大范围火力杀伤，也可向道路两侧或前方发扬火力"。

预期遭遇敌军时，指挥员派出前卫或后卫，主要为本队提供战斗预警，其活动范围一般在本队火力有效控制范围内；向行军本队左翼和右翼方向派出侧卫是战场上较为常见的防卫行动，战斗队形的翼侧暴露时必须派出侧卫，沿指定路线机动，

进行战术欺骗或防卫翼侧安全，在指定距离内，也可派出侧卫；通过危险地带或预期与敌军交火时应当派出前卫，例如，穿越河流时，必须派1名战士先行，其他人就地隐蔽，准备随时打击暴露之敌。

侦察巡逻队发动奇袭时，先派出尖兵探明敌军大致方位，而后组织其他人员占领有利位置，从两翼接近敌军警戒哨或战斗前哨，从其翼侧发起攻击，驱逐或消灭敌军；对于毫无警戒的敌军，侦察班长应当快速在行进间解决战斗。组织夜间防卫时，需要周密制定计划，且计划要十分细致，突出可操作性，特别是制定周密简易的信记号。

袭击行动

相对于以往的袭击行动，二战中的袭击行动更注重细节。袭击行动可以在昼间、也可能在夜间实施，达成的战斗目的可能是歼灭敌军，也可能是牵制敌

▲ 1945年美军在宾瓦尔德森林中构筑的一处多人散兵坑，设施较为完善，除了防雨布顶棚外，还架设了有线野战电话。

军行动。营长一般根据行动的突然性和支援武器的情况给步兵连规定任务、时间和目标；执行袭击行动的步兵连连长必须充分考虑细节情况，主要包括：分队的训练水平、武器装备和所要达成的袭击效果；根据侦察情报确定战斗程序；进行战斗部署，为每个小分队制定合格的指挥员；科学的使用火力支援排等等。考虑到在袭击行动中，重武器经常不能靠前配置，它们用来掩护翼侧，或在撤退过程中提供火力支援，或者是用来加强火力支援的强度，或者对重武器实施减员操作，节省出来的人员用来携带缴获的物资，也可用来看守抓捕的俘虏。

渗透行动

在一些早期的战斗手册中，对渗透行动进行了简要讲解。1944年版的《步兵连》则对渗透行动进行了详细讲解：面对敌军防守的地域，或面对敌军严密观察的地域，不存在所谓的"能够秘密渗透而不被敌军发现"的渗透方法和技术。渗透行动要求将渗透分队编成若干个战斗小分队或战斗小组，在特殊情况下甚至以单兵为单位实施行动，这要求增强这些战斗小分队或战斗小组独立战斗的能力；上级也要组织其他战斗行动，分散敌军的注意力，以掩护渗透分队的渗透行动。在战斗时机的选择上，渗透行动一般在"能见度不良"的条件下实施，如夜暗、浓雾、大雨气象和起伏不平的地形等。

渗透分队的规模以多大为宜呢？这要根据任务的不同而灵活确定：如果要搜集情报，则2-3人组成的巡逻队即可，但要对敌军后方的重要目标实施攻击，就需要指定一个步兵连来执行任务。无论是哪种情况，渗透分队均远离本队主力，处于孤立无援的境地，因此安全是第一位的。为保障己方渗透分队成功执行任务，采取一些"声东击西"的措施是十分必要的，如发扬火力或制造其他噪声，遮盖渗透分队行动时发出的声音，也可释放烟幕实施掩护，或使用其他分队实施佯攻等。

渗透行动主要包括秘密渗透进入敌军后方，对目标发起突袭，安全回撤至己方区域三类。实施渗透行动应达成下述战斗目的：渗透进入敌军后方地域，主要攻击敌军后方目标、单独的指挥所，破坏敌军通信设施，打击各类后勤装备保障单位，与正面攻击分队协同，合力夺取战斗胜利。在理想情况下，如果大部队在昼间发起攻击，渗透分队就要在夜晚，起码应在黎明前半小时完成渗入敌军后方的行动。发起渗透行动之前，渗透分队与保障分队之间应进行周密的准备，如给渗透分队指定安全的集结地域，周密制定协同计划，以保障渗透分队穿越友军防线，穿越友军警戒哨的观察范围、友军之间的结合部，还应包括通过友军防线实施回撤的行动。

具体实施渗透行动时，应在己方防区内规定若干个调整点，用以规范渗透分队行动路线，如有可能，应当借用己方侦察巡逻队在敌方防区内的机动路线，在出发

▲ 1944年版FM7-10《步兵连》。

之前，应对上述两个区域的机动路线进一步进行侦察，确定其安全程度。具体实施机动时，通常采取疏开的纵队队形，指挥员位于纵队队形的前部，重武器一般依靠人力携带，位于纵队队形的中央位置；机动速度应当根据战场环境，即能见度、地形条件和敌军的活动情况而定；不应追求速度而违反安全和隐蔽的机动要求。在遇到敌军的巡逻队、敌军换防等情况时，应当停下来待其通过后再继续渗透，力图避免在到达目的地之前与敌军交火，遇到绕不过去或避不开的敌军警戒哨等情况时，应力求使用匕首、小斧子、皮革包裹的短棍等武器解决问题；在整个渗透过程当中，如无特殊情况出现，应当保持无线电静默，也不使用发烟罐等简易通信器材。

渗透行动通常由连、排一级规模的步兵分队实施，但在一些大型的进攻或防御战斗中，可以派出更小规模的战斗小组来实施。当进攻行动受挫时，可派出若干支渗透小组对敌发起攻击，使敌军产生在另外一个方向或几个方向遭到我军攻击的错觉，从而难以判断我军主攻方向，也可派出若干支渗透战斗小组进入敌军防区制造混乱，破坏敌军通信设施和后勤装备保障设施，分散敌军注意力，消耗敌军精力。这种执行渗透行动的战斗小组可以由2-3名单兵组成，也可以达到一个班的规模。

巡逻行动

1944年2月，美军下发了野战条令FM 21-75《侦察、巡逻和狙击》（Scouting, Patrolling, and Sniping），该条令的一些内容和观点在同年6月6日美军进行的登陆作战行动中得到了检验。《侦察、巡逻和狙击》所体现出的一些观点与早期英军的一些战斗条令相似。英军认为，密切情报搜集、隐蔽机动、巡逻和狙击之间的协同对于取得战斗行动的胜利十分关键。在早期的英军战斗条令中，相对于隐蔽伪装行动，更加强调单兵和单个分队的欺骗行动、潜伏行动、观察行动和射击行动。当然，隐蔽伪装行动源于欺骗行动，只不过前者可以达到减少敌火杀伤效果，而后者仅仅是防止敌军观察。

美军的巡逻队形一般成菱形，但根据巡逻队人数的规模（8人、9人、12人甚至更多），巡逻队形也可以像"水一样进行变形"，有许多不同的表现形式。需要

"充分利用地形，实施隐蔽伪装和欺骗时"，巡逻队一般成纵队队形，指挥员位于队形最前侧，单兵之间的距离保持在可视范围内；巡逻队前进时，其菱形队形可以进行多样的变化，以适应战场的需要，确保当遭到敌军火力打击时，能够将伤亡减小到最低程度。

菱形的4个顶点分别部署4个战斗小组，这些战斗小组或成菱形队形，或成三角队形等，以确保菱形内部的士兵能够与巡逻队指挥员保持目视接触，随时接受其命令；需要对91米以外的伪装之敌实施观察时，位于菱形先头或两翼的战斗小组就会向菱形内部收缩，或向菱形外部散开；在植被较为茂密的地形、浓雾或者是夜间机动时，菱形巡逻队单兵之间的距离将会缩短；在开阔地带、良好气候条件下或昼间机动时，单兵之间的距离将会适当增加；菱形队形中两翼顶点的战斗小组距离巡逻队行军轴线通常不到91米。

巡逻队一般划分为侦察巡逻队和战斗巡逻队。在英军的战斗条令中，侦察巡逻队规模较小，只要能完成侦察任务即可，通常保持在两到三人的规模。侦察行动时间较长、需要编配通信员等情况时，也可适当增加人员。侦察巡逻队一般不与敌发生交火，仅仅在需要确保自身安全、或执行特殊任务时才与敌发生交火。侦察巡逻队执行查明敌雷场分布范围，获取友军及敌军通信情况，向指挥部、友邻单位快速传递信息等任务时，就要增配无线电通信员、地雷专家或工兵。战斗巡逻队应具

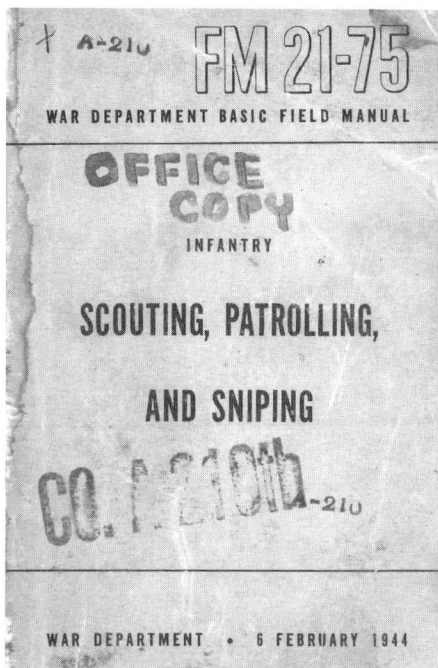

▲ 野战条令FM21-75《侦察、巡逻和狙击》。

备实施进攻行动和防御行动的能力，执行包括防守阵地，在夜间实施巡逻，保护观察哨和警戒哨，确保翼侧安全，保卫供给线等防御性任务；抓捕俘虏、夺取重要器材、破袭重要目标、渗透、与敌战斗巡逻队进行斗争等进攻性任务；甚至是清剿敌军可能存在的狙击手。

狙击行动

美军的狙击手通常被认为是"步兵专家，优秀的侦察兵"，其职责主要是"狙杀敌军暴露的重要人员"。美军认为，使用狙击手的主要目的是通过狙杀敌军指挥

员、暴露的敌军人员等，制造混乱，软化敌军的战斗意志，降低其抵抗能力。狙击手可能单个活动，也可能双人一起执行战斗任务，还可能是一个战斗小组。狙击手通常在己方防区或友军防区内实施机动，行动时要为每个狙击手指定固定活动的区域；他们也经常渗入近敌军防区，狙杀单独活动的指挥人员、后勤保障人员和通信保障人员。

狙击手要求非常严格，强调首发命中，多次射击可能暴露自己的射击位置，并给目标逃脱的机会；狙击手要精通不同距离上的射击技术，行动时必须隐蔽机动，在目标没有察觉的情况下接近目标，到达合适的距离后，必须首发狙杀目标；由两人组成的狙击小组都配备有野战观察器材，操作狙击枪的战斗人员还配备有光学瞄准器材；行动时通常会选择一个固定的观察地点，选择并确定好射击角度和方向，1人充当观察员，使用野战观察器材实施不间断的观察，确定目标情况，并观察射击效果，1人操作狙击步枪实施射击；持续的观察很容易使人产生疲劳，因此在实际行动中，两人狙击小组通常每隔15-20分钟就会交换角色。

狙击手通常会选择一个固定的"观察-狙击点"。在选择狙击位置时，通常选择便于隐蔽、有良好的视界和射界的地点。具体构筑狙击位置时，要对其前后进行良好的伪装，尽量避免敌军容易从翼侧接近的位置；不能选择山脊线或者是独立明显的地物附近，也不能选择在与周边环境不

▲ FM7-5《步兵组织与战术：步兵营》中对于巡逻行动中观察位置选择的说明。

相融合的地点；要考虑到尘土掉入狙击步枪枪口的可能性，考虑到射击时枪口火光暴露的可能性，考虑到步枪及瞄准镜反光的可能性，所有这些都有可能暴露狙击手的具体位置，影响狙击步枪射击的精确性；要选择预备狙击位置，便于快速变换狙击阵地。

单独行动的狙击手通常携带狙击步枪，在乡村地带也可选择卡宾枪。如果是在敌后行动，通常还要携带手枪或冲锋枪。英军的狙击教官克利福德·肖尔（Clifford Shore）认为"M1卡宾枪手感好，便于携带，是最为理想的狙击步枪"，他

认为理想的狙击小组是两人狙击小组，一人携带安装了瞄准镜的M1卡宾枪，一人携带半自动步枪。

尽管在实战中只需要一两个狙击手，但美军的步兵排会有"若干个"士兵接受了狙击手训练。理想的狙击手候选人应具备以下特征：野外射击感觉较好，精通伪装、定向越野、隐蔽机动，身手敏捷，格斗技术好，能够长时间离开本队单独行动。与大多数人观念中的狙击手不同，美军狙击手通常不远离本队活动，也不像人们认为的那样要在各种距离上实施射击。一般情况下，美军的狙击手在366米的距离上射击，如果距离太远，狙击手一般通过调整瞄准点来达到狙击目的，也可以机动到符合距离条件的射击位置。通常来说，目标距离366米，且位置固定不变时，则狙击手瞄准目标的中心位置射击；距离小于366米时，瞄准目标的下部边沿；距离大于366米时，将瞄准点相应地抬高；距离457米时，瞄准目标的头部；距离550米时，瞄准点应选择在预定命中部位上方550毫米处，距离更远时，命中目标的几率就微乎其微了。

战斗指挥

1942年中期，美军步兵战斗手册得到全面更新。当年6月，战争部出版发行了野战条令FM 7-10《步兵连》（FM 7-10 Rifle Company, Rifle Regiment），9月，又重新修订下发了《步兵编制和战术——步兵营》。相对于1941年12月的版本，新版

《步兵连》强调指出，步兵连一般在步兵营编成内战斗，通常充当步兵营第一梯队或者是预备队的角色。在此背景下，步兵连战斗行动受营战斗行动的制约性较大，步兵连长单独做出决策的机会较小；步兵连独立战斗时，直接受赋予其战斗任务的指挥员指挥，仅向他报备相关情况，此时步兵连长通常独立做出决策，确定战斗区域，组织战斗协同。在这种情况下，应当赋予低级指挥员更大的指挥权限，以增强其战斗主动性。

连长负责行政管理、执行纪律，组织后勤补给和全连的训练，并在战斗过程中控制全连的行动，这毫无疑问是事实，这是连长的基本职责。《步兵连》指出，在此基础上，更为重要的是连长应当负责全连的战术运用：预测战斗发展和敌情发展；为可能执行的战斗任务制定战斗计划；监控下属的战术运用；根据上级的命令，灵活控制本级的战斗进程。这要求连长在下达清晰的战斗命令之前，必须对战斗形势做出准确判断；根据上级赋予的战斗任务，制定详细的战斗计划，而后向下级单位下达战斗命令，为其规定具体的战斗任务。

连长下达命令的方式通常是在战斗前，将下属指挥员集中起来口头下达，也可以使用书面文书下达，如果可能，也可结合地图下达；选择哪种方式要根据当时的情况而定，目的就是要确保每一名下属指挥员能够领会连长的战斗意图。

有条件的话，连长要在可俯瞰战场的

地方下达命令，以便于向部下指出重要的地形特征。但在进攻战斗中，敌方防区一般无法进入也不能通视，且前线很容易遭到敌军火力打击。如果时间紧迫，或者是下属指挥员不能及时集中起来（与敌军发生直接交火的分队指挥员不可能脱离指挥岗位，到连长所在地接受命令），连长也可以分头下达战斗命令。

一旦投入战斗，连长就必须完成下述指挥工作：

1. 了解敌军具体位置，掌握敌情动态发展；

2. 时刻关注自己的前方和翼侧，采取措施确保周边安全；

3. 了解步兵排对于上级火力的需求；

4. 确保各下属分队能够相互支援，并协调一致的实施战斗；

5. 核实自己的命令是否得到执行；

6. 组织好全连的后勤（特别是弹药）保障；

7. 在战斗中及时向营长报告战况。

为完成上述指挥任务，连长通常会组建一个指挥组，成员包括副连长、军士长、通信士官、号手和通信员。

副连长通常为中尉，主要职责是：

1. 分析全连面临的战斗形势；

2. 连长阵亡或受伤时，接替连长实施指挥；

3. 完成连长赋予的其他任务；

4. 在战斗中负责连指挥观察所的运作，或者直接指挥一个步兵排；

5. 负责组织步兵连和步兵营之间的通信联络；

6. 向营长报告连指挥观察所位置的变更情况。

军士长通常协助连长完成战斗指挥任

▲ 二战期间美国战争部发行了大量军事手册，图中右上角处即为文中提到的FM7-10《步兵连》。

▲ SCR-300背负式电台，重14.5千克，通信距离约5英里，主要用于连对营之间的通信；由两人操作，其中1人背负电台，1人手持话机工作，也可单兵操作。

务，在战斗中可能负责行政管理和后勤补给，特殊情况下也会负责指挥1个步兵排实施战斗，或者是在副连长伤亡时接替他掌控连指挥观察所的运作。

通信士官主要负责全连的通信，也负责准备好连长使用的各类地图。尽管这个岗位不十分起眼，但在实践中确十分重要，其装备也十分先进，以确保连长与上级、与下属之间、与友邻单位之间能够保持不间断的通信联络。通信士官通常携带传统的SCR-300型无线电通信电台，1941年，SCR-536型无线电通信电台装备到美军步兵排一级，该电台重2.27千克，通常情况下其电池寿命为1天；操作SCR-536型无线电通信电台时，使用者通常将其置于耳旁，按住通话开关通话，松开通话开关接收信息，其通信距离不到1.6公里，主要用于排对连通信，在大部分地形上，这种通信距离能够保障连长实时指挥步兵排。具体组织战场通信时，指挥员之间一般都是用明话实施通信，以确保通信的及时性和有效性，只有在战术要求较高时，才使用暗语通信，以确保通信的保密性。

在战场情况急剧变化或快速移动时，通信一般更注重及时性和有效性，其重要程度要大于通信的保密性，因此使用明语通话。通信电台装备到排一级，这在当时是一项通信领域的革新，在西西里战役中，德军缴获了美军上述步兵电台，对美军这种便利的通信保障条件印象十分深刻。也正是因为无线电通信电台装备到了排一级，所以1942年版的《步兵连》指出，只要情况允许，排长就应该向连指挥观察所报告战斗情况。

▲ SCR-536手持无线电收发机，不装电池时仅重1.75千克，在陆地使用时通信距离约1.6公里，在海上使用时有效距离约为4.83公里里，是美军排一级的主要通讯设备，1941年7月投产。

▲ 这名美军第90步兵师的士兵同时携带着SCR-536手持无线电收发机和SCR-300背负式电台。

第四章
城镇居民地攻防战术

在街垒战斗中，在逐屋逐房的战斗中，攻击者的盟友是周密的攻击计划、灵活性、突然性、暗夜、勇猛和速度。

——安德鲁·G.埃利奥特，《本土守卫军》

第一节 德军城镇居民地攻防战术

发展概况

1939年，世界各国军队对城镇居民地战斗都有着正确的认识。一些灾难性的经历和战例——从镇压巴黎公社运动到近期的西班牙内战——都证明了这样一个事实，即城镇居民地战斗旷日持久，会大量吞噬官兵的生命，打击军队的士气。各国的教材也指出，对城镇居民地的炮击和轰炸意味着文明被摧毁，只要有可能，军队应力避城镇居民地作战。在1939年和1940年的"闪电战"中，德军的装甲矛头往往绕过一些乡村居民地和城市；被迫发起城镇居民地战斗时，德军强调，只有使用火力将目标摧毁以后，步兵才进入城镇居民地，发起令人头痛的逐屋逐房清剿战，这

在华沙和加来的攻防战中体现特别明显。虽然步兵最终都要进入城镇居民地实施战斗，但在欧洲战场上，一般不会在作战早期阶段这样做。

德军的城镇居民地作战理论在苏德战争开始后的1941年后期至1943年得到了快速的更新和发展，可以说，其城镇居民地作战理论已经接近完美。在巴巴罗萨行动和发生在东线战场上的其他进攻作战中，德军充分运用了闪电战的精髓，装甲兵、炮兵和空军密切协同，快速通过开阔地带，穿透苏军的防御。被打得晕头转向、伤亡惨重的苏联军队撤退稍有不及就会陷入包围圈。快速向苏军后方突进德军装甲集群常常在苏军尚未察觉的情况下，在行进间快速夺占那些战略战役目标。对于城市，德军尽可能实施包围，实施炮击并释

放烟幕，分散苏军的注意力，而后从苏军"意想不到"的方向发起攻击。

对城镇发起进攻时，假如苏军抵抗激烈，步兵连及其配属力量就受领夺占某一方向上一排房屋的任务，步兵营的任务也限制在一条街道的范围内；配属给步兵的工兵携带炸药和火焰喷射器，扫平攻击路线上的各类障碍。德军的战斗手册认为，装甲兵应尽量避免巷战，装甲师被迫在街垒地域实施战斗时，往往将装甲步兵、坦克和工兵编组为攻击分队实施战斗。

突入苏联境内数月后，面对苏联广阔的地理空间和占据绝对优势的兵力，德军的这种城镇居民地进攻模式遭遇到越来越大的挑战，其进攻行动变得愈发艰难。随着气候日益恶劣，在城镇居民地作战中，德军预备队的消耗程度与日俱增，这对其整个战争行动产生了巨大的影响。另一方面，德军领导层（特别是希特勒）认为，

一些城市、特别是那些以苏联领导人名字命名的城市具有重大战略意义，是苏军各类武器、物资和器材的补给中心，夺占这些城市能够有效打击苏联军民的抵抗意志。随着苏联冬季的日益临近，德军也需要夺占这些城市，以满足御寒的需要。在这些压力下，东线的城镇居民地作战变得越来越普遍，德国军队被迫进攻或防御那些苏联标志性的城市，在此期间蒙受了巨大伤亡。

德军城镇居民地进攻战术

德军认为，实施城镇居民地进攻战斗时，首先要通过快速机动将其包围，切断其水电供应，阻止其机动增援力量进入城镇。而后突入城镇居民地，将其分割成若干个区域，以压缩防御者的机动空间，便于进攻者实施进攻。具体实施进攻时，攻击部队沿几条平行的路线突入城市，占

◀ 1942年10月突入斯大林格勒城区的德军步兵，该城发生的血腥巷战最终成为东线战场的转折点。

领较高的建筑物，在此过程中必须进行精确计算以防止误伤，所占领的建筑物必须具有一定的高度，以便于观察敌军防守区域。对于步兵分队而言，突入城镇居民地时，必须沿街道两侧向前推进，也可以派出部分人员沿屋顶、沿房间逐步向前推进；沿街道一侧行进的分队能够支援另一侧行进的分队战斗，机枪占据有利射击位置，支援两侧分队向前推进。

对于可能存在又看不见的敌军，必须向其座位、大腿或腹股沟的位置实施射击（对头部高度的敌军实施射击可能击中站立的敌军，但命中不了其他姿势的敌军）。对于敌军顽强防守的单个建筑物（可能是敌军的防御要点），则编组排级规模的"突击队"在排长指挥下实施攻击；由于常见的步兵武器在狭窄的空间内战斗效能受到限制，因此要根据任务和环境的不同，视情况将工兵配属到突击队中，同时为步兵配备一些特殊的武器，如炸药、闪光弹、手榴弹、发烟武器和铁丝网剪钳等。

盟军眼中的德军城镇居民地防御战术

战斗部署

德军认为，实施城镇居民地防御战斗时，应当在城镇居民地周边选择防御支撑点，配置部分兵力实施防守，同时将主要兵力配置在城区，机动反冲击兵力配置在一些战术价值不高的地区。防守建筑物时应当成环形部署，将建筑物屋顶的修饰物清除，配置狙击手，设置观察点；为便于射击，建筑物的窗口必须保持开放状态；在便于控制周边地区的地点，在墙壁上凿洞以形成射孔，空出窗口等其他便于射击的区域迷惑攻击者；爆炸物能在密闭房间内产生较大的杀伤效果，为减少这类杀伤效果，往往在房间内设置多个掩体，同时卸下房间窗户的玻璃；防守标志性明显的建筑时，只在建筑物内部配置少量兵力，大部兵力配置在建筑物外围，在避免敌火力杀伤的同时，可以达成行动的突然性，同时也可以充分发扬火力，寻求较好的战机。对于突入己方阵地的进攻之敌，要使用预备队或机动打击分队，向进攻之敌的翼侧发起反冲击，将其分割成在若干个小区域，而后实施围歼。

1943年12月，加拿大军队夺取了意大利城市奥托纳（Ortona），通过此役，盟军进一步了解了德军城镇居民地防御战斗的组织准备和战斗实施情况，并将这次作战中德军的防御作为经典范例列入盟军城镇居民地战斗教科书中，正如加拿大军队的一位记者在美军《情报简报》中指出的那样："德军对城市地形进行了细致的勘察，掌握了城市的每一条接近路线、街道和小巷的分布情况，分析出了街道与街道之间、建筑与建筑之间、房屋与房屋之间的最佳路线；在这种详细的地形分析的基础上，德军组织了防御战斗部署，精准选择了各类武器的射击位置。在进攻战斗中，盟军体会最深的就是德军那种顽强的战斗意志和坚强的防御行动。"

1944年后期，除了在阿登战役和其他一些有限的反击行动之外，大部分德军步兵都被投入到防御作战之中，在盟军的狂轰滥炸之下，这些德军步兵在城镇的瓦砾之中精心选择防御位置。在小型村镇，德军的战地指挥官会将不同的防御战斗队形灵活地组合在一起，以形成相互支援的防御体系。在更大一点的城镇和城市，德军力求形成"同心圆"式的环形防御体系，以便在进攻者的压力下，能够逐步向"圆心"方向实施逐次抵抗。支援武器和坦克被安放在固定的射击掩体内部，支援整个防御战斗，班组武器和单兵武器配置在距离接近路和十字路口不远处，打击接近这些路口和道路的敌军。组建巡逻队实施巡逻，但其路线并不按照环形路线行进，有机会时巡逻队也可对敌军实施伏击。

▲ 从卡西诺火车站拍摄的卡西诺镇废墟，德军在此进行的居民地防御战十分具有代表性。

美军的部分战斗手册完整地摘录了德军的一些防御战斗技巧，例如：

1. 无论是空房间还是派兵防守的房间，都要设置猎杀陷阱；

2. 堵死建筑物的出入口，尽量降低室内的能见度；

3. 在墙壁上打洞，以便于人员机动时使用；

4. 为防止敌人发现，应尽量从室内中央位置对外射击，并不断变换射击位置；

5. 房屋倒塌后，应尽量改造瓦砾堆、地下室，以形成防御的加强点。

火力配系

在防御时，德军选择并形成了"火力歼击区"，各类武器以此为依据设定了射击诸元，对于那些不能用火力完全覆盖的区域和接近路线，德军会炸毁附近的建筑物，形成堵塞性的障碍，并使用火力进行掩护，其机枪的配置位置十分科学，既能有效发扬火力，又能相互掩护。

德军的"火力歼击区"在十字路口体现尤为明显。具体组织时，德军往往将街角建筑物炸毁，形成由碎石堆构成的路障（这类路障的高度通常在1.6米左右），并配置至少4挺机枪，围绕路障实施交叉掩护，构成一个典型的"火力歼击区"。4挺机枪的具体配置为：1挺机枪配置在路障后方或路障顶端，发扬火力对南北走向的街道实施封锁；1挺机枪配置在更后方的建筑物顶端，在街道的另一侧较高的位置占据有利地形，发扬火力封锁路障的接近

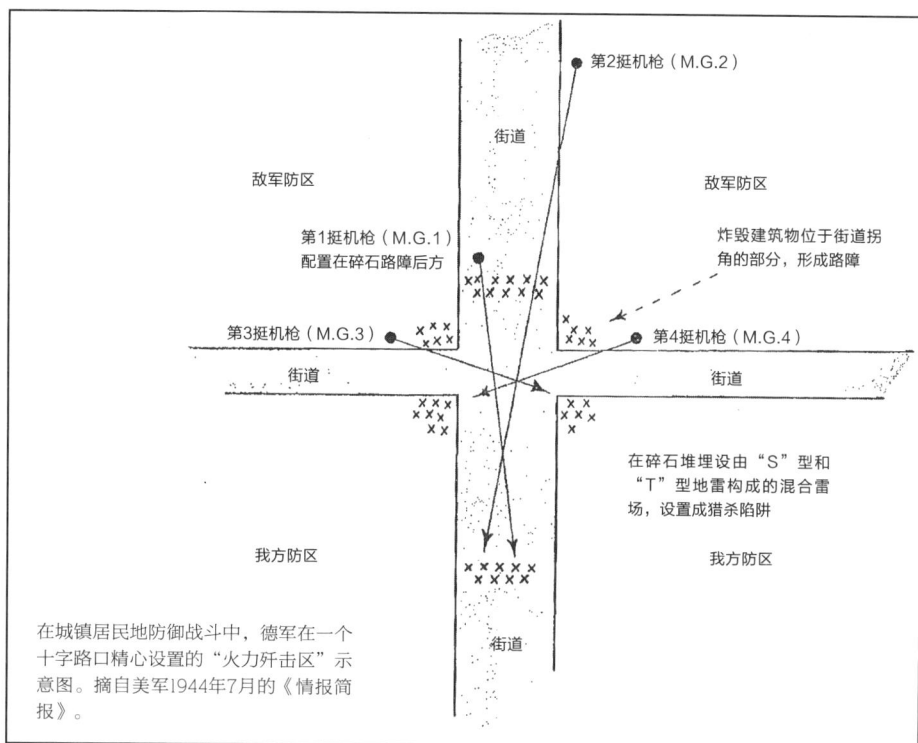

在城镇居民地防御战斗中，德军在一个十字路口精心设置的"火力歼击区"示意图。摘自美军1944年7月的《情报简报》。

(Diagram labels: 第2挺机枪（M.G.2）；街道；敌军防区；第1挺机枪（M.G.1）配置在碎石路障后方；敌军防区；炸毁建筑物位于街道拐角的部分，形成路障；第3挺机枪（M.G.3）；第4挺机枪（M.G.4）；街道；街道；我方防区；在碎石堆埋设由"S"型和"T"型地雷构成的混合雷场，设置成猎杀陷阱；我方防区；街道）

路线；另外两挺机枪分别配置在路障两侧的拐角（十字路口两侧的拐角），以斜射火力构成交叉火网，封锁十字路口，同时掩护其他德军实施战斗，这两挺机枪的配置位置以不会误伤友军为前提。为进一步提升防御效果，在碎石堆也布设了猎杀陷阱，埋设由反坦克的T地雷和反步兵的S地雷组成的混合雷场。

在德军的城镇居民地防御战斗中，其他武器也会被纳入到这种以自动武器为基干构成的防御体系中。少量火焰喷射器主要围绕路障实施配置，可以配置在碎石堆

后面，与地面平齐，主要任务是掩护十字路口的战斗；所有的反坦克炮都经过了精心伪装，配置在可以对敌车辆实施纵向射击的位置上，其两翼和后方均由机枪火力或狙击火力掩护，这样就形成了一个以反坦克炮为基点的环形防御；配置迫击炮时并没有配置前方观察哨校正射击诸元，而是针对加拿大军队必须通过或必须夺占的地点，预先计划火力，确定射击诸元。

加拿大军队对于德军的城镇居民地防御战斗深有感触：德军被击退后就着手实施对建筑物的爆破计划，在特定的战斗

环境中，德军会在指定的建筑物内安放炸药。一些建筑物被我军占领后，德军会引爆这些炸药，炸毁建筑物。德军不会对所有被我军夺取的目标都发起坚决的反冲击；只有我军夺取某一建筑物，并使用坦克或反坦克枪攻击邻近的建筑物时，德军才会组织强有力的反冲击，以夺回该栋建筑物。德军的战斗意志非常顽强，几乎无人投降；我军只能逐个将其击破，你将某一目标的德军歼灭而又未能将其占领时，德军几乎是立刻就会将该目标重新占领。德军的防御十分顽强，我军的进攻战斗打得十分艰苦；我军夺占某一目标并巩固其建筑物和地面防御之前，那里的敌军常常已经换了四批人。

凭借对城镇居民地地形的了解，德军被加拿大军队击退时也能够利用连续的"狙击区"杀伤他们。面对德军的防御，加军队只有"实施坚决的进攻"。在意大利城市奥托纳进攻战斗中，皇家埃德蒙顿团（Loyal Edmonton Regiment）担任第一

▲ 皇家埃德蒙顿团团徽，该团在第二次世界大战期间隶属于加拿大第1步兵师第2步兵旅。

梯队，主要任务是夺占几条主要街道，为后续的装甲兵力投入战斗创造有利条件。到圣诞节前夕，该团在前线的3个连各自只剩下60人了。在节礼日当天（即圣诞节次日），皇家埃德蒙顿团夺占了大教堂广场，发现德军在很多建筑物中安放了炸药，其中一栋建筑物的爆炸使得该团损失了整整一个排的兵力。到夺占该城为止，加拿大第1步兵师的伤亡超过了2300人。

1944年年初，美国第5集团军在安奇奥近距离、细致地观察了敌军的房屋防御措施。两栋房屋被美军炮火炸成瓦砾以后，德军迅速派出两个步兵排的兵力将其占领，将其改造为"难以克服的支撑点"，掩护着卡拉诺（Carano）公路上的一座桥梁；规模较大的步兵排配置在桥梁后侧的房子内，其防御阵地的三面均设置了铁丝网和反步兵地雷，根据审讯俘虏所获得情报，其周边地区起码有5座机枪发射阵地，另还有一些预备发射阵地。

第1挺机枪配置在被击毁房间的台子上，前方是一堵挖有射孔的墙壁，通过墙壁外侧牛棚的拱道向周边射击。这样配置机枪隐蔽效果良好，除了正前方的敌军，其他方向的敌军都不能通过机枪发射时的枪口闪光来确定其具体位置。即使是在正前方，也只能确定机枪的大致位置，而不能精确定位。机枪射手周边配置了一些携带轻武器和手榴弹的士兵。由于是在被击毁的房间内，前有一面墙遮挡，机枪射手变换发射阵地或转移到预备发射阵地时不会暴露行踪。第1挺机枪的配置位置使其

能够有效掩护正前方某一区域，也能够打击来自道路上的敌军，达成对支撑点翼侧实施掩护的目的。在这挺机枪所在的房间内，门口左手边部署了3名配备毛瑟步枪和反坦克手榴弹的步兵。

第2挺机枪在同一个房间内，可以通过一扇面向河流的窗子开火。有趣的是，我军夺占建筑物南侧，并向建筑物窗口附近的第2挺机枪投掷手榴弹时，该机枪射手利用一面墙形成跳弹，打击准备投弹的士兵。第3挺机枪配置在隔壁房间的拐角（该拐角的墙壁没有被炸塌，仍然矗立着），主要负责以俯射的方式打击从地面接近的敌军，也可以转移火力打击河面上或南部区域的敌军。拐角直立的墙壁为这挺机枪提供了南侧和西侧的防护。在战斗中，第3挺机枪最终被步枪发射的榴弹摧毁。

第4挺机枪配置在户外的炉子内，这是德军巧妙利用周边地形地物配置火力的典型例证。这挺机枪被安放在炉子放置柴火的地方，炉子的四周能够有效防护来自两翼和后部的轻武器火力，也能够防止敌炮弹的弹片杀伤；战斗中，这挺机枪主要采取俯射的火力打击敌军，这个两人机枪组最终被手榴弹和步枪发射的枪榴弹摧毁。

这个交叉火力网的第5个射击位置在被炸毁建筑物残存的二楼，由一名配备冲锋手枪的德军士兵把守。这名德军士兵构筑了若干个合适的发射位置，主要发扬火力在近距离上打击攻击的敌军，伪装得十分良好；进攻部队向建筑物的南侧墙壁实施攻击时，该名德军士兵立刻发扬火力予以

抗击。在战斗中，他被攻击分队投掷的手榴弹消灭了。

战斗结束后，在房子外侧约45.7米的地方，发现了德军设置的蛇腹形铁丝网（已被炸坏），在西侧、南侧和东侧，发现了⋯⋯

第2栋房子离第1栋房子不远，是一个通信中心和指挥观察所。德军在房屋主体与货棚之间挖了一个小掩体，掩体顶端有一根大横梁，内部被掏空，安放了一部野战电话和信号弹等器材和弹药。

房子外侧的炉子内配置了1挺配有三脚架的MG 34机枪，发扬火力掩护道路，对房子成掎角之势，相互之间可进行火力支援。

距炉子约91米处有一个机枪射击掩体，部署在该掩体内的机枪手或步枪手，能够采取纵向射击的方式，打击在桥上、河床上出现的敌军，也能够发扬火力掩护房子的翼侧和后方地域，机枪掩体与炉子之间设置了蛇腹形铁丝网。

炉子的北侧不远处挖有一个散兵坑，1名步枪手配置在此，为两个机枪组提供防护；房子的其他方向也设置有蛇腹形铁丝网，用以迟滞敌军的攻击行动。

上述步枪、机枪除了基本发射阵地外，在其附近还构筑有预备发射阵地。在河流西岸配置了一件重型武器，能够打击渡河的敌军，并与房内的友军互支援。对进攻一方来说非常幸运的是，虽然桥上已经布设了炸药，但这两挺离桥最近的机枪被炮火摧毁了。

第二节 英军城镇居民地攻防战术

发展概况

在意大利战役期间，英国陆军下发了《城镇居民地战斗》（Fighting in Built Up Areas，简称FIBUA），这是一本重要但争议较大的街垒战斗手册，该手册在战争期间得到多次修订。1945年4月，经过多次修订的手册再次发行，里面增补了大量的注释。该手册内有大量的各类图表，且追求语言叙述的完美，同时借鉴了其他书籍的内容。在该手册中可以找到《战斗学校》关于训练的理论痕迹，也可以找到《城镇居民地战斗指导手册》的身影，还可以找到《我们将在街道上战斗》的内容，1944年出版发行的《步兵训练》中关于德军城镇居民地战斗理论也出现在了该手册中。该手册的第50页指出，城镇居民地战斗的重要性无需用更多的篇幅来论证，城镇居民地战斗不是一种特殊的战斗技巧，而是每一名士兵都必须掌握的战斗技能。

城镇居民地这种地形比较适合组织防御行动，相对于进攻者而言，防御者占据地利，可以充分利用地形条件，设置各类猎杀陷阱，并且集中兵力来应对攻击者采取的各类攻击行动；虽然城镇居民地也有较为开阔的地形，但总体来说城镇居民地战斗是典型的近战。相对于其他战斗样式而言，城镇居民地战斗的损耗更高，这对攻防双方都提出了巨大挑战。该手册指出：相对于其他在开阔地带实施的战斗，城镇居民地这种地形条件限制了攻防双方

的兵力、作战车辆和重武器的机动；在城镇居民地战斗中，主要的战斗行动是无数步兵小分队之间的对抗，这些对抗行动在某一狭小的空间内发生，攻防双方都可能得不到上级的支援，这种战斗行动带有一定的独立性；在这类战斗中，攻防双方都力图夺取有利的控制点，以发挥火力的以点制面作用，在争夺某一有利地形时，攻防双方都必须不断投入支援力量，以确保对该点的控制权；城镇居民地战斗对于防御者较为有利，特别是在夜间，可以为防御者提供较大的优势；在这种密闭的空间内，胜利取决于战斗意志、战术灵活性和个体的观察能力。

《城镇居民地战斗》认为，对地形的分析利用是十分重要的。经过攻防双方的炮击和轰炸，城镇居民地化为瓦砾碎石，火力配系可能是密闭的，也可能不密闭。一般而言，城镇居民地一般包括三种典型的地形，分别是郊区，单独的住房，周边环绕着花园和树木的建筑群，城市和乡村之间并没有明显的划分界限；狭小而密闭的建筑物、一个个的房间和大型建筑物是攻防双方实施战斗的主要场所。在一些战斗中，建筑物的高度、快速攀爬建筑物、烟幕和灰尘、各类隐蔽伪装措施等等因素"持续消耗着人力"。

《城镇居民地战斗》指出：在城镇居民地战斗中，由于地形条件的限制，攻防双方实施隐蔽伪装的难度较大，无法掩盖己方的机动企图，因此，单兵机动时一般采取直线机动，单兵在遮蔽物后实施观

察和射击时，也必须考虑到这一点；基于上述考虑，战斗小组在战斗中一般分散部署，机动时要利用战场上的有利地形，从一个遮蔽物机动至另一个遮蔽物，实施这种机动时，还必须周密观察周边敌情和地形，采取交替掩护的方式进行……由于在城镇居民地战斗中，攻防双方犬牙交错，双方都可以向前方和后方实施射击，也由于子弹飞行时的呼啸声、子弹击中建筑物的反弹声遍布在狭小的空间内，要确定对方的射击位置是一件非常困难的事情，要分辨出己方的射击声和敌方子弹的打击声也同样困难。因此，在战斗中常常出现误判狙击手位置的情况，听起来是敌军从隔壁的房间或相邻的建筑物实施射击的声音，实际上可能发生在战场上的任何地方。在建筑物内部实施搜索时，上述现象经常会发生，并拖延战斗的进程。

即使是最小的战斗行动，组织压制火力和掩护火力也是必要的。在近战中，精准的第一枪很有用。单兵甚至可以通过设置障碍陷阱来阻止敌军的小规模战斗行动。唯一的应对方法就是压制敌军火力，要么抢先开火，要么"火力比对方更强，开火方向比敌军更多"。前一种方法固然比较经济，不过第二种方法也可以通过观察和"有组织的系统"进行。

英军城镇居民地进攻战术

在城镇居民地战斗这一方面，英军的研究重点与德军不同，作战理论也有一定差异。英军认为，城镇居民地战斗是步兵分队指挥员的舞台，火力打击等行动完成以后，城镇居民地战斗主要表现为分队级别的清剿与反清剿战斗。

步兵分队突入城镇居民地时，由于分队攻击轴线右侧建筑物内的敌军，在对进攻之敌实施火力打击时，会暴露自己的具体位置，因此分队突入城镇居民地最好沿街道的右侧实施机动。战斗队形必须依据具体的战斗环境而定，通常采取的战斗队形是2名尖兵在班队形的前方，寻找并确定敌军的防御支撑点和防御前沿，2名士兵在班队形的尾部，主要职责是发现并制止来自后方的攻击；遭到敌军火力打击时，全班全部进入建筑物或后院、花园实施隐蔽。向前推进时，轻机枪占领有利位置（占领有楼梯的房顶），发扬火力支援全班战斗。清剿建筑物时使用迫击炮和手榴弹打击敌军，同时要密切组织步炮协同，发挥整体战斗力。

在攻击方法方面，《我们将在街道上战斗》认为，进攻任务有夺占某一区域、穿透某一区域和通过某一区域之分，所以接敌的方法也有所不同。需要穿透或通过某一区域时，往往采取隐蔽渗透的方法实施，相对于强行攻击，这种方法较为有效，且付出的代价也较小。

无论是执行哪种任务，城镇居民地攻防战斗的典型特征就是敌我犬牙交错，战斗行动较为混乱，战斗协同难度大；常常会出现与战友失去联系、得不到友军火力支援等情况，忽略攻击某一区域这一情况也会在战场上出现，并给己方带来很大危险；为避免或者说是减小上述情况带来的危险，往往制定较为粗略的战斗计划，给参战分队赋予有限的目标和任务。在城镇居民地攻防战斗中，初级指挥员一般根据上级命令攻击、防守或撤出某一目标，因此"初级指挥员的主动性对于战斗的成败影响较大"。在城镇居民地战斗中，进攻者经常会受到防御者的火力打击，这种火力来自意想不到的方向，时机也往往出乎意料；面对这种情况，速度是攻击者"取胜的关键"，必须在防御者做出有效反应之前就迅速采取行动，对防御者施加强大的压力。

《城镇居民地战斗》中的进攻战斗部分有三个关键词——进攻出发阵地、行动路线和粉碎敌支撑点。进攻出发阵地是发起攻击的起始点，要有较宽的正面，能够以此为基础，同时发起多路攻击，以迷惑敌军，使其判断不准我主要攻击方向；要充分发挥炮兵火力、空中支援火力和燃烧弹的战斗效能，掩护步兵夺取进攻出发阵地，在此过程当中，如遇到敌防御支撑点，应尽量使用火力予以摧毁，也可使用兵力火力孤立该支撑点，其余兵力继续发展攻击。行动方法包括四种：

1. 正面牵制、两翼或一翼攻击；

2. 在狭窄区域对目标实施向心攻击；

3. 从正面发起有组织的正面强击；

4. 在狭窄的正面发起攻击，分割敌防御体系，而后从多个方向攻击目标。

在给步兵分队规定攻击任务时，常用的方法就是选择几个"调整点"，规定步兵分队的攻击方向和纵深。在确定攻击目标、攻击正面和行动路线之后，步兵分队通常会采取渗透的方式发起攻击，假如渗透行动被敌发现，则转入强行攻击。

前卫

在城镇居民地进攻战斗当中，攻击分队要派出前卫，尽管这种单位不能确保攻击分队主力的安全，但能够完成很多高价值的工作，如确立观察点、使用火力掩护攻击分队即将通过的三岔路口、询问本地居民以获取相关情报等等。进攻分队到达城市外围后，应派出1~2名侦察人员沿街道一侧，采取短促的"蛙跳"跃进方式，利用柱子、小巷、门柱等作为掩护，对敌防御情况实施侦察。

实施侦察时当然需要侦查员探出头来观察周边情况，如果有可能，应当为他们配备潜望镜，使其侦察行动更加隐蔽安全。完成侦察任务后，这些人员也可占领有利地形，构筑隐蔽的射击位置，掩护后续战斗小组的跟进。

为确保这些侦察行动顺利进行，指挥员应派出观察员，跟踪掌握侦察行动的进展，同时为侦察人员配备通信器材，以便及时掌握侦察人员获取的情报。在进攻准备过程中，指挥员要根据地图、航空照片和询问当地居民所获得的情报，确定迫击炮等掩护武器的具体配置位置，进攻分队突入城市后，指挥员可根据计划配置迫击炮，也可根据战斗态势的发展灵活确定迫击炮的位置。

突入市区

街道是理想的伏击地点，对攻击一方而言，如何沿街道向前攻击是一个令人头痛的问题，这对指挥员的判断能力提出了较高要求。为达成攻击的突然性，指挥员需要利用兵力上的优势，沿主要街道攻击前进，并快速变换各战斗分队和战斗小组的攻击位置，对战斗行动实施精准的控制。如果有坦克加入战斗，则坦克往往沿街道攻击前进，在其两翼配置"主动性较强的步兵战斗小组"和机枪小组，用以保护坦克的翼侧，同时在街道的入口或步坦战斗小组的前方计划掩护火力。步兵紧靠建筑物，利用遮蔽物的掩护，从一个位置向下一个位置跃进。烟雾在城镇居民地战斗中作用明显，能够模糊攻防双方的视界和射界，这种情况对于攻击者更为有利，可以为攻击者提供良好的隐蔽条件，但需要发射大量的烟幕弹，才能形成良好的遮障效果。

就攻击行动的隐蔽性而言，穿过墙壁比粉碎墙壁效果更好，沿着墙向前攻击可

▲ 图片显示的是1945年3月，英国第2皇家诺福克郡步兵团的士兵正在德国的凯尔文海姆城市中战斗。图片中英军的1个战斗小组正在通过没有任何遮蔽物的十字路口，在1人快速通过的同时，其他人或发扬火力掩护同伴，或利用墙壁隐蔽自己。

以提供更好的掩护；迫击炮和反坦克枪通常用来为步兵提供随伴火力，掩护步兵分队向前攻击，应该用绳索对其进行拖拽，到位后配置在房屋后等地点。攻击行动受阻时，攻击者将被迫进入建筑物的房间内部，在墙壁上打洞，利用洞口向前机动；在这种情况下，一旦攻击者接近敌军，就会发生短兵相接的战斗，此时，攻击分队可能会配属1门野战炮，在第一排房屋立足后就会用其在附近的墙壁上开洞，装备手榴弹和火焰喷射器的突击队随后跟进。可以派人爬上屋顶，趴在房梁背敌一侧，发扬火力打击敌军。隧道和下水道也是攻击者可供利用的理想通道，特别是敌军在这

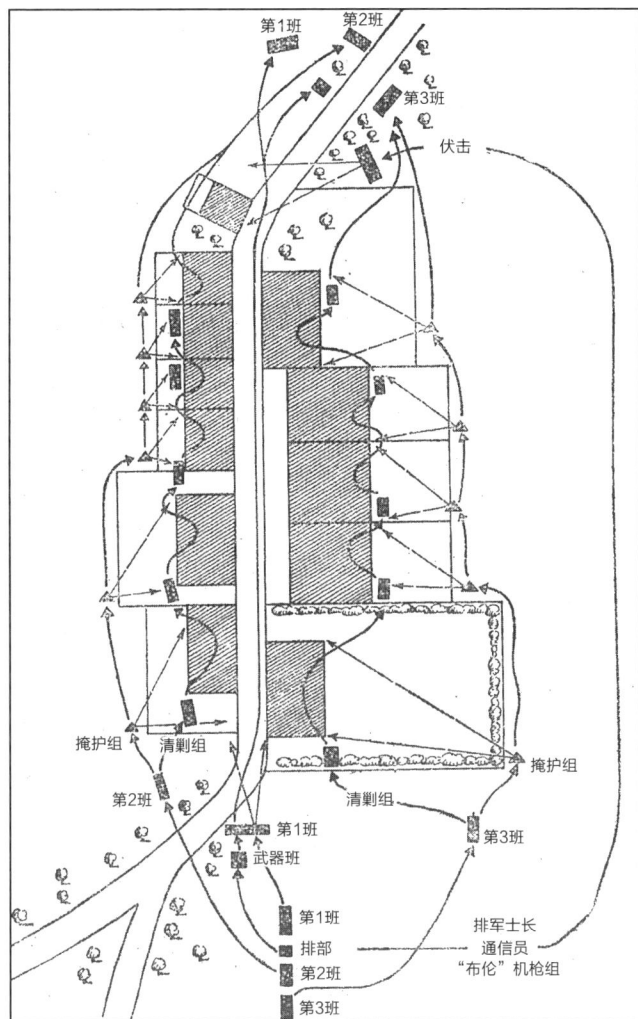

◄ 英军1944年版《步兵训练》中的示意图展示了如何清剿一个村镇。步兵排被区分为若干个清剿组和掩护组，使用"布伦"机枪组掩护开阔地带，压制"歼击区"内的德军火力；各个小分队沿着房子背对街道的一侧攻击前进，在夺占房屋的同时清剿残敌；针对向村尾逃窜的敌军，攻击分队迅速绕到村尾，采取伏击的方式歼灭敌军。

些地方防御较为薄弱时，沿这些通道实施攻击是较好的选择，但必须防止敌军在此类密闭的通道中释放毒气或洪水。

攻击分队突入城市后，一般沿街道的一侧，利用阴影的掩护向前机动。此时，攻击分队应当集中兵力实施"单向攻击"，而不是"四面开花"，行动时应沿街道一侧或房屋的后院实施机动；"单向攻击"并不是沿一条直线行动，实际中沿曲线机动的概率更大，即便如此，攻击分队也不得不爬过防御者设置的街垒障碍，这降低了攻击分队的机动速度，迫使其暴露在防御者的火力面前。实施"单向攻击"时，尽管攻击分队向一个方向机动，但这并不意味着所有的攻击分队都在同一条街道或同一栋建筑物内部，在条件有利的情况下，攻击分队可以同时沿着多条道路向前攻击，这些在多条道路上的攻击分队之间必须紧密协同。攻击分队行动时，"支援火力"负责压制敌军，阻止敌军增援兵力，切断敌军的机动。

"掩护火力"对于推进而言至关重要，若要穿越开阔地带推进就更加不可或缺。攻击分队必须明白，如果防御者发现自己进入掩护阵地，或其位置过于明显，就很易遭到防御者的火力打击。"掩护火力"的射击高度多高为宜呢？这取决于多种因素：射击位置较低，则发射出去的子弹贴地飞行，容易产生跳弹杀伤可视范围内的目标，不过，攻击分队在敌军火力部署位置和己方掩护人员之间攻击前进时，射击位置应当要高一些，使掩护武器发射

的子弹从攻击分队头顶飞过。

攻击分队在实施攻击时，即便途中没有遇到敌军，在扫荡结束之前也不能断定该目标已经没有敌军。攻击建筑物等目标时，机枪应配置在可以封锁建筑物后部的位置，步兵班则进入建筑物，以2人为1组，清剿建筑物内的防御者。由于防御者的单个士兵在某一房间实施防御时，容易产生"与友军失去联系，没有必要实施顽强抵抗"的心理，因而主动投降或逃跑，因此步兵班也没有必要逐个房间清剿。

室内清剿

在城镇居民地战斗中，尽管航空炸弹和燃烧弹均能大量杀伤防御者，与其他武器相配合则效果更佳，但出动步兵实施攻击仍然是必不可少的。进攻战斗中，攻击分队应当充分利用屋顶和下水道实施机动，以达成攻击的突然性；防御者的支撑点力求环形防御，攻击分队在攻击这类目标时，应力求从后部，沿街道的一侧接近支撑点，选准支撑点的一侧实施攻击，以避免遭到防御者多方向的火力打击。战斗实践证明，在开阔地带停留是"城镇居民地作战中最不要命的行为。"攻击分队应根据地形条件的不同，尽量缩短接敌路线，尽可能快的接近目标；在实际操作过程当中，暴露在敌火力打击下的情况不可避免，此时，攻击分队应组织"最强的火力实施掩护，确保攻击分队安全度过这最危险的一刻"。

突入建筑物内部时，在使用铁撬棍和

斧子未能达成目的的情况下，使用炸药无疑是最理想的选择。实施爆破时，首先应派几名士兵携带炸药接近建筑物，在选定的位置挖掘一个洞口，快速安放炸药后立刻实施爆破，此时攻击分队在附近有利位置实施隐蔽；炸药爆炸后，防守敌军的注意力可能被爆炸的冲击波和碎石所吸引，攻击分队应充分利用爆炸效果，从炸开的洞口和其他可以进入的缺口（如屋顶的天窗）快速突入建筑物内部实施近战。

就室内战斗来讲，冲锋枪和手榴弹毫无疑问是最好的选择，手枪也是一种较好的选项，但要求士兵接受过系统的训练；轻机枪是支援步兵战斗的理想武器，尽管装上刺刀的步枪"能够有效震撼敌军战斗意志，在近距离的格斗中产生巨大杀伤力"，但仍被认为是野战条件下使用的武器，在城镇居民地战斗当中作用并不十分明显；虽然50.8毫米口径的迫击炮杀伤威力不大，但发射烟幕弹时能够提供有效的掩护。反坦克枪在狭小空间内显得较为笨重，但使用普通弹药时也能够穿透墙壁等物体，杀伤躲避的目标。

参加城镇居民地战斗的攻击分队应尽可能地携带轻型武器和器材，甚至可以抛弃声响较大、略显笨重的陆军作战靴，指挥员在挑选武器参加城镇居民地战斗时，应当根据"火力较好，便于携带"的原则来确定；在条件许可的情况下，指挥员应为担负攻击任务的步兵连配置潜望镜和高度较小、便于携带的梯子。如果有可能，指挥员或士官长应当从整体的角度出发，

▲ 攻击阁楼和攻击房间的示意图，摘自韦德（GA Wade）上校的《巷战》（House to House Fighting）。

为每个单兵赋予相应的战斗任务，最好的攻击方法是在屋顶开一个洞，由上而下实施攻击。在由下而上的攻击行动中，投掷出去的手榴弹可能会顺着屋顶滑下来，甚至杀伤己方人员，由上而下实施攻击则不存在这种可能。在不得已实施由下而上的攻击时，士兵们必须十分小心谨慎，特别是在对天花板实施射击时，要防止跳弹的误伤。突入室内后，攻击分队要十分注意大厅、楼梯和楼梯间，防御者很可能在此埋设地雷、设置猎杀陷阱。情况许可时，应当投掷手榴弹，将这些可能存在的猎杀

陷阱破除。

室内清剿是一门"打洞"的艺术，步兵班在执行该任务时一般区分为2个战斗小组：清剿组由5人组成，班长带队，1名士兵负责向室内投掷手榴弹，1名士兵充当观察员，2名士兵担任突击手，负责破门而入；掩护组包括机枪手和全班剩余的步枪手，由副班长实施指挥。战斗时，掩护组负责为清剿组接近建筑物提供火力掩护，同时发扬火力压制建筑物内的敌军火力，清剿组则在掩护组的火力掩护下开始向建筑物接近：

1. 班长和投弹手占领一个合适的中间位置，掩护2名突击手向突入位置接近；

2. 根据地形的遮蔽条件和己方火力掩护程度，2名突击手采取合适的跃进速度，向预定突入位置接近。根据敌军防御情况，2名士兵可以灵活选择合适的突入位置，可以是房门、窗口和其他缝隙，或者使用炸药在墙上炸开一个洞口。在突入之前，通常会向室内投掷手榴弹，或使用冲锋枪对室内实施扫射，而后利用手榴弹爆炸效果，在室内守敌反应过来之前就快速突入室内；

3. 进入室内后，2名突击手迅速在室内背靠墙壁，用火力控制室内的其余空间和其他房门；

4. 突击手突入室内后要发信号，接到信号以后，班长和投弹手迅速突入室内；

5. 突入房间的4名士兵，离开房间的顺序是班长、投弹手、第一突击手、第二突击手；

6. 观察员在突入位置待机，接收排长传来的信号并传递给班长，将班长传递的信息通过简易信号向上级报告或传递给掩护组，必要时也可采取徒步机动的方式向上级报告，同时在突入位置警戒；

7. 第二突击手在室内距离突入位置不远处警戒，控制楼梯入口，其余人员沿楼梯尽可能的快速向楼顶机动。这是较为理想的情况，假如敌军重点防御楼梯或楼梯间，则上述情况很可能不会出现；

8. 突击手进入室内之后，根据班长的命令，掩护组将在后跟入室内。而后在副班长指挥下，与第二突击手共同战斗，控制房间的其余部分，封锁敌可能进入室内的各个通道，对该楼层的各个房间实施逐房清剿。掩护组也可根据班长的命令，并不进入室内，而是在室外提供火力掩护；

9. 室内清剿时，如果条件允许，应由上而下逐层逐房间实施清剿。具体行动时，第一突击手强行打开每一个房间的房门，并在门口警戒，防止敌从另外一个方向接近，或从楼梯口出现。投弹手根据班长的命令向房间内投弹，并协助班长战斗。班长带领投弹手快速突入房间内，并将背部紧靠房间墙壁实施战斗。如果由上而下实施清剿条件不具备，则应采取由下而上的搜剿方式，以第一层楼房为基础，逐层、逐房间实施搜剿，其具体的行动方法与上述行动方法大致相似，主要是突出火力与机动相结合；

10. 完成清剿行动后，班长应采取口头报告或使用简易信记号向上级报告。

上述战斗行动是较为普遍的战斗程序，班长可以在突入房间之前灵活选择突入房间的地点，可以是房门，也可以是从搜索完毕的房间的墙壁上炸开一个洞口，向隔壁的房间搜索，还可以从楼顶上打开一个洞口，从下一楼层的房间实施搜索；进入房间时，班长首先进入，投弹手紧随班长之后进入。采取由上而下的搜剿方式带来的好处是显而易见的，可以将室内防御之敌逐出建筑物，在建筑物之外的掩护组配合下，在街道上歼灭暴露的敌军；这种搜剿方式的弊端也较为突出，防御者可以在楼梯、楼梯间和楼梯口设置各类猎杀陷阱，并采取各类手段实施反冲击。对于单兵而言，在搜剿某一房间内的敌军时，一般不能站在房门的正面，也不能站在房门的背面，更不能站在房间的中间位置实施战斗，这样敌军很容易发现己方的具体位置，并发扬火力穿透房门或楼层地板，杀伤搜剿的士兵。

步兵排在城镇居民地战斗中，通常担负夺占一条街或几排房屋的任务，此时排长应当指定一个步兵班担负火力掩护的任务，另外两个班使用各种方法攻击街道两边的建筑；在此过程当中，排长应指定本排一半以上的重武器实施火力掩护，用以压制防御者的火力。

以上城镇居民地战斗中使用的技术和战术成为1941年英军训练和各类战斗手册的主要内容，比如，在莱昂里尔·威格拉姆的《战斗学校》中，关于乡村居民地战斗和房屋清剿的内容与后续出版的《筑垒地

域战斗》十分类似：攻击村镇时，首先使用部分兵力将其包围起来，用轻机枪控制街道；攻击分队被区分为"清剿组"和"掩护组"，二者协同对房屋发起攻击，"掩护组"占领有利射击位置，封锁房门、窗户和其他可以进出建筑物的地点，"清剿组"接近并突入室内；具体实施攻击时，"清剿组"人员在冲锋枪火力掩护下接近房屋后，贴在房门两侧的墙壁上，而后踢开房门，并向室内投弹，利用手榴弹爆炸效果快速突入室内，房门右侧士兵紧靠墙壁，尽可能控制房间态势，剩余人员逐层楼房、逐个房间实施清剿，最好还是由高处向地下室或地窖实施清剿。

英军城镇居民地防御战术

防御要点与支撑点

1940年夏天的危机使英国人意识到，在不久的将来可能会面临德军的入侵，无论是正规军还是辅助军队，都必须在英国本土城市和乡村与敌军战斗，正如丘吉尔在其著名的演讲当中指出："我们将要防守每一个乡村、每一个城镇、每一个城市。"面对这些可能发生的战斗，英国人迅速起用了那些在西班牙内战当中有类似战斗经验的老兵，一些人被充实到现役部队担任军官，但大部分人在辅助军队中担任军官，用以训练英国本土民众适应城镇居民地战斗。

在约翰·布罗菲撰写的《本土守卫军》（该书于1940年9月发行）中，着重突出

了城镇居民地防御战斗的突然性，以及猎杀坦克、观察、情况上报和防御设施等内容；约翰·兰登在其撰写的《本土守卫军训练手册》中指出：城镇居民地作战是"战争中最激动人心的形式"，系统地将城镇居民地防御区分为"内部防御"和"外部防御"；设置路障的主要目的是迟滞敌军攻击行动，在设置路障时必须为己方机动预留通道；路障设置计划要与战斗部署相结合，各类战斗人员利用路障进行部署，如精心设计的反坦克路障位置，经过伪装的步兵射击位置，手榴弹投手的位置和火焰喷射器的位置，将上述4类位置紧密结合起来，可取得较好的战斗效果。

这些经过严密组织的城镇居民地防御通常在更高级别的作战中被认为是"防御要点"，它与中世纪的城堡有所不同，后者是应对敌军冷兵器攻击而修建的，具有明显的针对性，而"防御要点"主要应对敌军可能的机械化部队攻击，强调独立防御，尽量实施环形防御，同时实施周密的隐蔽伪装，应对敌军可能的地面和空中火力打击。在一些大型的城镇居民地中，要选择并形成若干个具有独立战斗能力的"防御要点"，以确保即使友军要点被敌军夺占，也能够独立坚持战斗。城镇居民地防御战斗处于危机时刻，防御者应毫无迟疑，果断定下决心，炸毁相应建筑物，

步兵排阵地
连指挥观察所
路障
A	配置在建筑物之间的第二梯队排
B	配置在建筑物之间的步兵排和连指挥观察所
C&D.	配置在建筑物之间的步兵排

图片显示的是防守一个城镇的步兵连战斗部署，摘自1943年出版的《本土守卫军》。从图片中可以看出，用铁丝网和其他障碍将街道封锁起来，几个火力点能够形成交叉火网，从不同方向对街道两侧和十字路口实施火力封锁，同时火力点之间不能进行直射，从而将火力误伤减少到最低限度。

制造一些防弹掩体，打碎玻璃形成射击掩体，敲碎石膏板以防止其在战斗中掉落，清除易燃物品以消除火灾隐患，在墙上凿出射孔以形成射击掩体。

在英国国内，一部分人认为在城镇居民地战斗中使用毒气、让平民卷入战斗的做法违反了"文明战争"的倡议，不过，英国人还是在城镇居民地战斗中强调采取各种手段，设置各类诡计装置，如猎杀陷阱、假堑壕、烟幕、噪声和灯光。

在城镇居民地防御战斗中，英军认为，要建立能够自我保障的、能承受坦克炮轰击的"支撑点"，以限制攻击者的机动自由，为反冲击行动创造有利条件，作为反冲击的基本依托。这些支撑点的具体部署位置应在战前进行周密计划，以便降低敌军攻击速度，制止敌军逐次攻击各个建筑的行动，在迟滞敌军攻击的同时，打乱敌军的战斗协同。城镇中心位置的支撑点一般配备有观察哨、内外都部署机枪。在城镇居民地周边地区，一般不部署较多兵力，取而代之的是设置各类猎杀陷阱，以迟滞、消耗进攻之敌。防御单座建筑物时，要在门口设置路障，在紧急情况下，防御者依托这些障碍、房间和屋顶实施射击，可形成多角度的抗击火力；假如防御准备时间较为充分的话，还可以在墙壁上凿出射击孔，在室内用沙袋堆置射击掩体，在建筑物之间、房间与房间之间的墙壁上打洞，以形成兵力机动的通道。

城镇居民地防御当中的各类工程作业一般分为专业工兵作业事项和突击排作业事项，前者主要负责结构性和技术性的工程，如加固建筑物、爆破、修建安全的供水设施和设置各类猎杀陷阱等事项，后者主要负责打破玻璃以便于射击、构筑机枪射击位置、挖掘堑壕、清扫射界内的各类杂物和设置铁丝网等事项。就防御设施而言，1939年出版的《野战工程作业》（Field Engineering）列举了更为详细的工程事项，包括挖掘并支撑地窖，安装钢轨，在窗户上堆建防止弹片杀伤的碎石袋，在木板或波纹铁皮之间塞入碎石袋等。

在敦刻尔克大撤退之后，S.J.卡斯伯特上尉撰写了一本关于城市作战的书籍《我们将在街道上战斗》。该书涵盖的范围极其广阔，在作战层次上，既有战略理论，

▲ SJ·卡斯伯特上尉撰写的《我们将在街道上战斗》目录，该书共有7章，另有4篇附录。

也有战术理论；在作战地形上，重点涵盖了濒海城市和港口城市这类敌军可能的登陆地点。该书认为，在城市这种特殊的地形上，道路、铁路和运河纵横交错，既有成排的房屋，又有商业区，两者之间存在大量的交通设施，是典型的筑垒地域。该书还指出："城市是闪击战的天敌"，在这种地形上，既有宽阔的城市地幅，又有较高的建筑，攻防双方要围绕制高点展开争夺，这就提供了"第三维战斗空间"。在城市这种典型的筑垒地域上战斗，攻防双方的观察受限，战斗协同受割裂地形影响较大，敌我双方犬牙交错，距离较近。

该书还强调，在城市防御战斗中，对于指挥员而言，处处布防则处处无防，要集中兵力于主要防御方向上；要夺取防御的主动权，就必须编组机动打击力量，同时要在固定防御与机动打击之间，寻求最佳的平衡；用伞兵来实施城市防御是毫无意义的，浪费了伞兵的高机动性；如果防御战斗资源多，特别是具有较多的防御兵力，指挥员就可以实施强有力的防御，阻止敌军的进攻、大量杀伤消耗敌军，之后使用机动打击力量，对敌发起攻击，由防御行动转入进攻行动。

战斗部署

占领建筑物实施防御时，必须符合以下战术要求：建筑物必须坚固，防守兵力和机动兵力有可供依托的防护条件；能够以火力掩护路障，并发扬火力打击接近路上的敌军；能够在建筑物之间形成相互

支援的态势。基于上述目的，选择建筑物时，首选钢筋混凝土材质的建筑，其次选择石头建筑物，再次选择砖墙材质的建筑物，木质建筑物防护力较弱，一旦遭到敌军火力打击，对于防御者而言就是一个"死亡陷阱"；尽管有些建筑物能够提供良好的防护条件，位置较为隐蔽，攻击者不容易发现，但在选择建筑物时，更要考虑到是否能够形成严密的火力配系，是否能够发扬火力打击接近路的敌军；在建筑物外的花园边缘配置部分兵力尤为重要，该位置隐蔽条件较好，敌军难以察觉，即使是空中侦察也不容易发现，同时建筑物被敌军炮火摧毁时，倒塌的建筑物也不容易杀伤这部分兵力，在这里配置机枪效果更佳，能够发扬火力打击敌军，也能够快速转移到预备发射阵地；需要将建筑物作为支撑点时，必须围绕建筑物形成环形防御态势，要尽可能在四周配置观察哨、地域控制火力，选择并形成良好的出口和入口，要能够与周边建筑物形成兵力、火力上的联系，也要储备充足的水源、食物、弹药等战斗物资和器材，进行长时间的防御战斗时还要改造并形成厨房、野战厕所、衣帽间等生活场所。

在《我们将在街道上战斗》中，卡斯伯特认为：

1. 在城镇居民地防御战斗中，即使是地形条件限制了机枪火力的发挥，也要在战前制定的战斗计划中将机枪特别是轻机枪作为战斗部署的基干；

2. 防守单个建筑物时，应成环形部

署，用机枪火力来封锁接近建筑物的道路，用步枪火力等来形成环形防御；

3. 尽管防御战斗部署分散在不同位置，兵力机动十分困难，但城镇居民地防御战斗具有"内线作战"的优势，可以快速转移火力；

4. 城镇居民地中有许多"低矮的转角"，可以设置倒打火力，待敌军通过后再发扬火力打击敌军；

5. 一般情况下，市郊的房子较小，不能容纳一个班的兵力实施防守，但可以配置少量兵力，起到前卫的作用，迫使敌军过早展开成战斗队形；

6. 前卫的兵力一般不少于2人，以防止士兵产生孤立无援的错觉，一般也不多于5人，以适应市郊房子的大小；

7. 确定机枪发射阵地时必须小心谨慎，既要考虑到充分利用房屋的坚固性来构成发射掩体，又要考虑到机枪火力的控制范围；

8. 街道拐角的房子可以提供3个射击方向，但第4个方向就是射击死角，也是敌军容易接近并发起攻击的方向，此时必须在邻近的建筑周密规划火力，掩护其射击死角，确保建筑物之间能够相互支援。

在城镇居民地防御战斗中，要在建筑物外侧选择1-2个甚至更多的防御战斗位置，并配置少量兵力进行防守，迟滞敌军接近建筑物的速度，为防守建筑物创造有利条件。为达到该目的，在夜间防御战斗中还需要派出巡逻队。在建筑物的外侧、房顶等位置要配置各类兵力，既可以掩护

路障，又可以打击接近路上的敌军；在防护条件好的地点，特别是那些可以抗击敌航空炸弹打击的地点，可以构筑各类武器的预备发射阵地和假发射阵地。

在建筑物内部，机枪等自动火力最好配置在建筑物的第一层（地面一层），步枪和榴弹发射器可以配置在较高的楼层；窗口等其他孔洞易遭到攻击者的打击，步枪、机枪的使用窗口等孔洞时不能紧靠窗口，应将具体的射击位置选择在窗口后方不远处，也应采取措施，将窗口和其他射孔尽量缩小，以削弱敌军火力的打击效果；在理想条件下，应当将各类武器的射孔构筑成锥形，开口朝外，方便配置在房间内的武器实施瞄准和射击，同时要对射孔进行伪装；在地面高度的墙壁上挖掘狭长的射孔非常重要，既可以减少敌军火力打击效果，又可以发扬火力打击攻击的敌军，同时，应当在这些地面高度的火力点前方挖掘小型堑壕，使敌军投出的手榴弹滚入堑壕内爆炸，减少敌火打击效果；要在建筑物内部的墙壁上凿出射孔，当敌军突入室内后，这些射孔能够有效震慑敌军；还可以在室内用沙袋和泥土填充的家具，堆置各类战斗掩体，各类被褥也可以用来防止各类弹片的杀伤。

战斗保障

防御准备时间较为充裕的话，就必须尽可能"采取所有能够想到的措施"来提高防御准备水平，其中重点考虑的要素是火力配系、掩体加固和伪装欺骗。在火

力配系方面，可以在建筑物的地下室选择发射点，由下而上对敌实施打击，或在墙壁上凿出射孔；确定机枪发射位置时，应当在其附近配置步枪火力，从其他角度掩护机枪阵地。在掩体加固方面，不能选择玻璃、窗帘和其他易碎物品，可以使用沙袋、碎石、横梁和其他装满泥土的家具；使用铁丝编成的网格封锁窗口，以防止敌军将手榴弹投入房间，聪明的防御者会在这种栅格网中留下一道缝隙，其大小能够确保将手榴弹从房间丢出去；更为重要的是，要选择能够交替掩护实施撤退的路线，这也是防御者在防御准备时经常会忽略的内容。

在半孤立的房子或建筑在斜坡上的房子内部，可使用碗柜加固较为薄弱的墙壁，或在横倒在室内以形成射击掩体。敌军对室内射击时，防御者可以迅速从房间一侧的墙壁，利用室内掩体的掩护，快速机动至房间的另一侧墙壁，同时也可以增大敌军进行室内搜索的难度。为便于在房间与房间之间快速机动，通常在墙壁上凿开一个洞，并使用大型物品将其遮盖起来，或在其附近设置猎杀陷阱，以增大敌军室内搜索难度。

在防御战斗准备中，当火力配系和掩体加固完成之后，必须精心组织伪装欺骗，以消除防御者组织隐蔽伪装所留下来的痕迹。掩体加固时使用的沙子和碎石常常会有多余，必须及时予以清除；在一些地方设置窗帘网格，方便防御者向外观察，同时降低敌军向内观察的效果。对

于一些不便于伪装的地点，则在其附近设置假目标，这些措施包括设置假的射孔，路障之外再设置路障；用铁丝编成网格遮盖一些特别的窗户；打碎附近房屋中的窗户等。通过这些欺骗措施，使进攻之敌真假难辨，判断不准防御者的真实位置，从而分散敌军的火力；在建筑物外侧，避开独立明显的物体，在一些不显眼的地方，如碎石堆、壕沟、树木和灌木丛等，配置一些兵力和火力。需要高超的技巧实施欺骗和伪装，达到分散敌军注意力的目的。在街道上的战斗中，"正确的设置铁丝网"，必须强调铁丝网与火力相结合，这是十分有用的"死亡陷阱"，铁丝网能够有效迟滞敌军行动，为火力打击创造有利条件，但必须注意，铁丝网并不能有效防止敌军的投弹行动；在夜间防御战斗中，将装入石子的罐头盒挂在铁丝网上，可形成有效的预警设施。

在城镇居民地战斗中，对于单兵或战斗小组而言，许多战斗技巧无论是在进攻行动还是在防御行动中都很有用，例如：

1. 在战斗中，鼓励士兵通过墙壁上的射孔或狭长的孔洞对敌军实施精确地单发射击，如果敌军是集群目标或者强行突破房门、墙壁上的大洞和天花板上的洞口时，应采取点射以压制敌军，此外上级组织集中射击时，也应实施连续射击。射击时，射手要保持良好的心理状态，理想情况是射手要基于杀伤或击毙敌军而射击，其次才是为击退敌军而发扬火力；

2. 经常变换射击位置能够有效迷惑敌

军，变换位置时应采取匍匐前进的姿势，或尽量降低自己的机动姿势，以减少敌火杀伤。变换射击位置时应避开敌军的观察与射击；

3. 在街道拐角处的地面高度设置火力点是较为理想的选择，士兵在射击时，只需要暴露头部的一部分，而不是暴露整个胸部以上的位置，减少敌火杀伤的威胁，同时街道拐角位置不是十分起眼，敌军很容易忽视这类地点；

4. 要预想、计划紧急情况的应对措施，判读建筑物，标记接近路线、火力点和其他特征，还要从敌人的角度想象布防情况；

5. 在战斗中，下达命令时不能发出含糊不清的长篇大论，这会使下属或友邻产生误判，也很容易被战斗产生的噪音干扰，正确的做法是下达短促、有力的命令，或鼓舞士气，或迷惑敌军；

6. 坚固的桌子等家具十分有用，能够提供良好的防护条件，且使用方便，顺手可拿，如果在桌子等家具上面覆盖一层被褥，则防护效果更佳。

第三节 美军城镇居民地攻防战术

发展概况

1940年，美国陆军并没有做好应对城镇居民地作战的准备，欧洲战场的战斗实践犹如一声巨响，唤醒了正在沉睡的美军。必须看到，美国海军陆战队训练及其建军文化并不是与装备现代化、训练有素

的敌军实施作战，其主要任务是派出远征军，应对第三世界国家的动乱。不过，关于城镇居民地作战的理论却大多出现在海军陆战队中。美军在第一次世界大战中与英法联军的协同作战时积累了丰富的城镇居民地作战经验和理论，令人失望的是，一战后这种近战训练并未在美国本土大规模展开，更谈不上经验的积累和作战理论的发展。

为改变这种情况，很多有识之士进行了艰苦的努力，但直到法国沦陷的几个月后，对城镇居民地作战的研究才开始占据美军作战理论研究的主流，其前沿理论研究的代表人物是保罗·W·汤姆森（Paul W Thompson）上尉，他在《步兵杂志》上发表了一系列文章，强调取得城镇居民地战斗胜利的关键是各个战斗小组之间周密的协同；上尉认为在城镇居民地战斗中，工兵扮演着十分重要的角色，但美军不论是工兵作战装备，还是接受过系统训练的人员，都十分缺乏，这对城镇居民地战斗产生了严重的影响。这些有识之士的努力终于产生了良好的效果，1940年至1941年，美军工兵学校成立了一系列的委员会，研究城镇居民地战斗中工兵的使用问题，同时派出了很多观察员到其他国家进行学习取经；即便如此，在1942年年初，美军的实战经验仍然十分匮乏。

尽管美军的城镇居民地战斗理论起步较晚，发展较慢，但在1942年和1943年的战斗实践中发展较为迅速，既吸取了英军的部分理论和战斗实践，也借鉴了意大

利战场的经验，一些实用性较强的理论被《训练通报》（Training Circulars）、《情报通报》（Intelligence Bulletins）等杂志选用。从1944年1月底开始，从美军下发的画报、简报和通报当中，可以看出美军的城镇居民地战斗理论已趋成熟，内容逐步系列化，覆盖范围较广，紧贴战场实际。

野战条令《攻击筑垒地域和城镇居民地战斗》（FM 31-50 Attack on a Fortified Position and Combat in Towns）包括"城镇居民地战斗"和"攻击筑垒地域之敌"两个部分，该条令关于战斗小组在筑垒地域和城镇居民地战斗行动的技术和战术就借鉴了二战爆发之初德军的相关理论；令人惊讶的是，该条令也大范围的吸纳了英军《筑垒地域战斗》内的大量内容，有些内容甚至原版摘录，如城镇居民地地形种类、敌军城镇居民地防御战斗时的火力配系等内容。

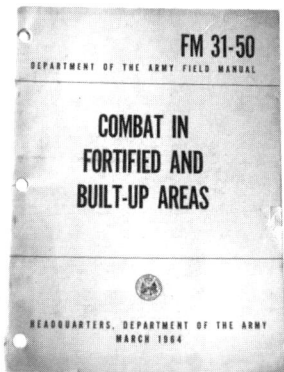

▲ 野战条令FM 31-50 《攻击筑垒地域和城镇居民地战斗》。

该条令指出，进攻一方努力"孤立并穿透"城镇居民地这种筑垒地域，而防御者应当占领关键的战术地点，制止攻击者的此类行动，并迫使攻击者陷入逐房逐屋的近距离争夺战之中；现在的情况很明显，德军被迫转入战略防御，盟军实施战略进攻，对于盟军的攻击分队而言，较坏的情况就是德军将城镇的每个地区都建成筑垒地域，成为"坚不可摧的反坦克岛屿"。"城镇居民地战斗"对于一些战斗方法进行了详细描述：在燃烧弹的攻击下，易燃建筑是不利于防守的，对于攻击一方而言，最可靠、最快速、花费代价最小的攻击方法是烧毁建筑物，对于防御一方而言，必须将潜伏在己方防区的敌方"第5纵队"和潜伏的特务找出来，并无情的将其粉碎。

美军城镇居民地进攻战术

美军的城镇居民地进攻战斗有两个关键行动，一个是"在筑垒地域内夺占一个阵地作为进攻出发阵地"，目的是利用阵地的隐蔽和防护作用，减少敌军火力打击效果，阻止敌军有效观察；夺占阵地时，应当在外围部署支援火力实施支援；只要隐蔽条件允许，或欺骗措施到位，就应当尽可能的将各类弹药物资（如手榴弹）向前方输送。另一个是"攻击前进"，为确保这类行动顺利实施，在组织战斗时，必须突出以下几点：

1. 尽量将步兵单位的指挥权下放；

2. 在关键时刻或关键地点，集中对步

兵单位的控制权，并要求下级单位定期或夺占某一目标后报告战况；

3. 组织对夺占地域的清剿行动。夺占敌防御较为顽强的地域后，指挥员必须立即组织清剿行动，而后向前推进；夺占敌防御较为薄弱的地域后，指挥员可以指挥分队快速向前推进，将已夺占地域交给后续的支援分队和预备队实施清剿；

4. 要采取措施，确保攻击分队与炮兵分队之间、友邻单位之间、前方与后方之间的密切联系，确保协同制胜。

任务与加强

在赋予战斗任务时，要给攻击分队规定较窄的进攻正面，给步兵营较强的配属，如重武器、反坦克炮、加农炮等，在此基础上，步兵营的攻击任务应确定为夺占城镇居民地的1-4个街区；在通常情况下，步兵营攻击时，一般成三角队形，2个步兵连在前，1个步兵连在后，前方的两个步兵连一般负责夺占某个街区。有趣的是，"城镇居民地战斗"认为，应当根据城镇居民地地形的具体分布来确定攻击方向；美军得出这种结论是因为美国的城镇居民地建设规律性较强，各类建筑物分布错落有致，而在西欧国家，城市建设都有数百年的历史，有中世纪以来就形成各类蜿蜒曲折的街道，这些街道较为狭窄，仅容一辆马车或独轮车通行，这还是一种乐观的估计。

在西欧国家的城市中作战时，步兵被迫以班为单位实施战斗；由于空间狭小，

大部队机动受限，要科学地确定预备队的规模，应对敌军可能发起的反冲击，同时由于先头的攻击分队一般不会清剿残敌，所以预备队还要担负在已夺占地域清剿残敌的任务；在战斗进展较为顺利、战场环境有利时，预备队也可偏离预定的主要进攻方向，用来攻击翼侧目标，扩张战果。步兵分队如果配属有坦克的话，一般将坦克分队当作预备队使用，以应付可能出现的突发情况；对于敌严密防守的建筑物，坦克也可充当"伴随火炮"的作用，用来攻击建筑物或敌军防守的街垒路障；不管是哪种使用方式，坦克周边都必须有步兵协同战斗，以确保其安全；假如在坦克上安装射程较远的火焰喷射器，用来粉碎敌军抵抗的效果更佳，可以将他们从"藏身之处"驱赶出来。

在城镇居民地进攻战斗中的地面战场上，步兵排和步兵班扮演着重要的角色。攻击敌顽强扼守的筑垒地域时，步兵排一般负责攻击某个街区或一排房屋，赋予其更大的任务显得不太现实；具体实施战斗时，要给步兵排配属一些火焰喷射器和炸药。在逐街区的进攻战斗中，作为步兵排长，必须具有较强的进取精神和战斗主动性；战斗一旦发起，排长必须时刻和步兵班长保持密切的联系，周密观察战场形势发展，给予步兵班长所需的各类支援，如火力支援；排长发现烟幕或实施火力支援有利于全排继续向前推进，尤其是需要穿越公园和其他开阔地形时，排长应立即着手释放烟幕和组织火力支援；步兵排沿街

道两边攻击前进时，排长应当指定排军士长，负责敌军抵抗较弱一边的指挥。

步兵班夺占第一栋建筑并对其实施清剿后，应当将配属的机枪配置在建筑内部的有利位置上，用来打击街道和接近路上的敌军。迫击炮的使用有多种方法，60毫米迫击炮杀伤威力较小，粉碎不了建筑物，但可以用来打击房顶上的敌军狙击手，打击躲在路障后面的敌军，因此60毫米迫击炮也被看做是一种"应急武器"；81毫米迫击炮杀伤威力相对较大，可以粉碎"轻型结构"的建筑，或穿透多数建筑物的房顶，因而可作为压制火力使用。

不论环境与地形如何，步兵班长都必须保持较强的主动性和正确的判断。步兵班的"行动地区"通常是街道的一侧（尖兵班机动时通常避开街道）。步兵班不得不分成2组或更多战斗小组沿街道两侧实施机动时，一侧的士兵发扬火力，掩护另一侧的士兵向前机动。步兵应当配备轻型装备，以适应逐房逐屋争夺战；钢盔、步枪、刺刀、手榴弹是步兵的必备之物；在战斗中，也可以看到步兵使用一些特殊武器和装备，如、冲锋枪、手枪、匕首、抛绳器、攀爬钩、减震橡皮等；胶底鞋走路时声音小，步兵穿这类鞋子行动时隐蔽性强，没有胶底鞋时，可用袜子或粗帆布将鞋子包括起来，也能达到类似的效果；每个步兵班或战斗小分队也要有一些重量较大的工具或装备，如铁质的撬棍、斧头等等，用来破门而入，或在房顶、墙壁上凿出洞口。

战斗编组

攻击敌方顽强扼守的坚固阵地时，步兵班的典型战斗编组包括：1个2人组成的携带炸药的爆破小组，1个BAR小组，1名喷火手，1个巴祖卡火箭筒组，若干名携带手榴弹的步枪手和卡宾枪手。

在城镇居民地进攻战斗中，要对突发事件进行预先计划是十分困难的，因此，分散指挥与战斗小组协同战斗就显得十分关键，各个级别的突击队在战斗中一般区分为"掩护分队"和"攻击搜索分队"。按照这一思路，步兵班在战斗中可以区分为2个或3个战斗小组，"掩护组"实施火力掩护，为"攻击搜索组"创造有利条件。"标准战斗程序"指出：攻击搜索组由班长带领4-6名士兵组成，"掩护组"由副班长带领步兵班剩余人员组成，这也是英军步兵班在战斗实践中的通行划分。

攻击建筑物

在确保能够完成任务的基础上，应尽量缩小攻击攻击搜索组的规模，以便在近战中作战人员不会相互妨碍。执行攻击搜索组行动时，1-2人破门而入，其余人员立刻突入室内，逐房逐层实施战斗，同时预留1-2人在室内以应对突发情况。进入楼梯、突入室内的方法有很多种，例如：

1. 垂直攻击，也就是通过使用抓钩器、梯子、抛绳器或搭人梯手段，首先攀爬到屋顶或建筑物的上层窗户，由上而下实施攻击；

2. 在墙壁上打洞，从洞口突入室内；

▲ 通过穿墙发动进攻的示意图。

3. 从窗口突入室内；

4. 进入地下室，在楼房第一层的地板上打开一个洞口，由下向上实施攻击。

在以上方法中，由上而下实施攻击是最为理想的方法。清剿完建筑物的顶层之后，在向下攻击之前，通常要扔手榴弹，而后1名士兵在其他人的掩护下，向下一层实施攻击。向下机动的方法通常是在楼层地板上打开一个洞口，首先向下扔出手榴弹，而后直接跳下一楼层。在楼层地板打洞时，如果炸药用光，也将2-3枚手榴弹捆在一起，上面覆盖遮蔽物，使爆炸的能量直接作用在地板上，从而迅速打开洞口；假如上述方法不奏效，也可破坏下一楼层天花板上的石膏板，制造灰尘，迷惑敌军的观察射击，给敌军的观察行动制造障碍，而后再沿楼梯向下攻击。

与由上而下攻击相反，如果条件不允许，攻击分队就要从房屋的最底层开始，在火力掩护下实施由下而上的攻击，并扫清任何接近楼梯的障碍。攻击房间时，如果房间内有敌军防守，贸然突入是最后的选择，较为理想的选择是首先向房间内投掷手榴弹，也可以从墙壁上的洞孔向房间内投弹；在墙壁上凿开洞孔时，必须防范敌军的火力打击，或注意敌军从其他方向投掷过来的手榴弹；当通过房门或窗户向室内投弹时，必须首先观察房门或窗户有无用绳网或铁丝网遮盖（窗户上的铁丝网会将投掷过去的手榴弹弹走）；具体实施攻击时，2名士兵接近建筑物（通常采取匍匐前进的姿势接近），1人向室内投弹，另1人在手榴弹爆炸瞬间，利用爆炸效果突入室内。必须承认，1枚手榴弹不足以杀伤室内的所有敌军：防守一方同样懂得这些攻击技巧，一些防御者会在室内构筑工事和射击掩体，躲避手榴弹弹片的杀伤；对于这种情况，攻击者必须向室内再次投掷手榴弹，进入室内后，搜索组必须谨慎行动，及时发现防御者设置的各类猎杀陷阱，并对室内其他门、窗户和墙壁上的空洞进行检查，防止敌军对己方进行同样的打击。

一旦夺取敌军防御的阵地，进攻一方就必须以班为单位对阵地进行清剿，及时消灭残存敌军，以摒除"后方地域可能出现的敌军抵抗点"。在战斗中，如果攻击者不得不越过墙壁等障碍，则以单兵为单位，逐个翻越墙顶或屋顶，跳下墙壁后，如遭到敌军火力打击，攻击者不应后退寻求隐蔽，应该向前机动，寻找有利的隐蔽位置；机枪等自动武器快速向前占领有利阵地，迅速发扬火力，控制街道和开阔地带；只要情况允许，应以部分兵力实施正面牵制，以主要兵力迂回到目标侧后发起攻击；攻击者必须在十字路口尽量隐蔽自己，以应对来自左前方或右前方敌军的火力打击；在近战中，使用支援火力打击敌军是十分重要的，同时攻击者应尽量散开，而不是前后排成一串，这样才能更有效地避免更多伤亡。

战斗实践

攻入法国本土之后，德国人依托法国城镇实施的坚固阵地防御给盟军留下了深刻印象。在布雷斯特，德国人改造房屋和城市墓地，形成了众多的碉堡，并以此为基础构建了能够相互掩护、以机枪火力为主的火力配系。盟军花了整整十天才拿下这种以碉堡为骨干、以机枪火力为支撑的坚固阵地防御体系。美国第8军军长特罗伊·米德尔顿（Troy H. Middleton）少将按部就班地行事，先以第2、第8、第29步兵师及第79装甲师之一部，共5万兵力包围该城，然后在对其实施炮火准备的同时夺占城市周边的若干关键地形。在向城市中心区攻击中，特罗伊的步兵携带炸药，在坦克的随伴支援下，逐步攻击前进。最后，第2步兵师23步兵团下属的第2步兵营攻到了公墓前面，并使用火力将各类建筑摧毁，逐房逐屋的攻击德国守军。

▲ 负责进攻布雷斯特的美国第8军军长米德尔顿，他是参加过第一次世界大战的老兵，1942年1月再次入伍，任第45师少将师长，翌年7月率部参加西西里战役；1944年3月赴英国担任第8军军长，同年6月12日登陆诺曼底，8月率部肃清布列塔尼并包围布勒斯特。

1944年10月中旬，在夺取德国亚琛的作战中，集中体现了美军城镇居民地战术的特色，即能够在任何一个地点实施步坦协同攻击。亚琛是美军夺取的第一个德国城市，该城正面防御力量为皮特·科特（Peter Körte）少将的德军第81步兵军第246国民掷弹兵师。美军第1步兵师第26步兵团以德里尔·丹尼尔（Derrill M Daniel）上校指挥的第3步兵营作为主攻营突入该城，在瓦砾和建筑物残骸构成的迷宫当中缓慢攻击前进；与此同时与进攻北面丘陵的科利（Corley）上校所部保持联系。美军夺占该城的战术谈不上有特别之处，首先由战术

▲ 一名第246国民掷弹兵师的士兵正在用双筒望远镜观察敌情，他装备着一支StG 44突击步枪。

▲ 第246国民掷弹兵师师徽。

空军投掷了约160吨炸弹，而后由轻型火炮和迫击炮提供徐进弹幕，掩护步兵攻击前进，逐个街区、逐条街道清剿敌军，军属和师属大口径火炮则向德军纵深区域发射了约10000发炮弹，以切断德军防御体系的前后联系。

即便如此，美军夺占该城也不轻松，突入该城后，丹尼尔指挥的第3步兵营便陷入了一种固定模式：他不得不将进攻部队以排为单位，编组成若干突击队，同时为每个攻击排配属1辆坦克或坦克歼击车；这种编组能够确保步兵突入建筑物之前能得到火力掩护。在步兵突入建筑物之后，坦克火力或反坦克火力便转移至附近的建筑物，压制敌军火力。为加强突击队的火力，丹尼尔还为其增配了轻机枪和重机枪，结合炮兵火力，可以迫使防御者进入

地下室等封闭空间内隐蔽，这样突击的步兵就可更加便利的接近封闭空间，并向其内部实施投弹，而后突入室内实施清剿。敌军顽强抵抗时，可使用炸药或火焰喷射器实施攻击。美军认为，一栋建筑就是德军的一个防御支撑点，因此在攻击建筑物时，美军士兵并不是被动等待敌军出现，而是十分强调战斗当中的主动性，主动搜索发现敌军，及时予以歼灭。

在城镇居民地战斗中，美军会规定调整点作为友邻分队协同的依据，这些点位往往选择在十字路口和明显的建筑物上，在点位与友邻分队汇合后，各分队再继续向前推进。美军步兵连战术强调，步兵排在街道上攻击前进时，一定要为其提供一个稳固并且安全的后方区域："德军往往在我们已经夺占的区域内，在建筑物的地

▲ 第26步兵团团徽。

▲ 亚琛城防司令格哈德·维尔克上校。

窨或阁楼之类的地方预留几个火力点，当我军经过后，从背后对我军实施攻击，经过一段痛苦的战斗之后，我们才意识到这点。因此，在城镇军民地战斗中，相对于彻底夺占并清剿一个区域，攻击速度显得并不那么重要。"

在一些特殊情况下，步兵也要救援坦克，在10月13日的战斗中，支援阿尔文·怀斯（Alvin R. Wise）中士所在班的两辆坦克被击中起火，怀斯冒着猛烈地敌军火力救出了受伤的车组乘员，当他得知其中一辆坦克尚有挽救的余地时，又冒着敌军火力返回坦克，扑灭大火，并连同两名二等兵设法将坦克撤离战场，最终凭借这一功绩获得了1944年第35号杰出服役十字勋章。

亚琛市中心的建筑物多为石质，坦克主炮对这类目标的炮击效果并不理想，因此美军往往使用155毫米自行榴弹炮伴随步兵实施攻击，并使用推土机清理步兵的攻击道路；第26步兵团第3步兵营营长丹尼尔上校对这一做法的评价是"蔚为壮观，令人满意"，亚琛城防司令格哈德·维尔克（Gerhard Wilck）上校则认为这是一种"野蛮"的战术。不管怎么样，虽然接到的命令是死守到底，但在美军的强大攻势下，德军最后有3000多人投降，亚琛大教堂也大体完好。

◄ 图片摘自1944年版的野战条令FM31-50《攻击筑垒地域和城镇居民地战斗》，解释了如何防守建筑物。这张插图证明了一个道理："如果不能完全隐蔽起来，那么就将其伪装起来"。从这张插图的C射孔可以看出，选择射击位置时，应当遵循"出其不意"的原则。利用窗户和其他大型开口实施射击时，应将武器配置在窗户的后方，距离窗户有一定的距离，同时将武器前方的地面弄湿，以防止灰尘遮蔽射手的视线，同时这种做法可以尽量减小枪口火光暴露射击位置的可能性，枪口周边的物体，应尽量降低其反射光线的能力，以降低射击时枪口火光被反射的程度，从而减小敌军通过反光发现射击位置的可能性。狙击手射击时，应经常变换射击位置，以避免被敌军发现并定位。

美军城镇居民地防御战术

战斗指导

在实施防御准备时，步兵班长和士兵应遵循如下战斗指导：

1. 防御措施应以防敌实施突破和向纵深发展为基本依据；

2. 应为每个士兵或重武器，指定基本发射阵地、预备发射阵地和补充发射位置，并对这些阵地进行加固和伪装。在发射阵地（位置）构筑射孔时，既要选择在高处位置挖掘，以便于士兵采取跪姿或立姿实施射击；又要在低处位置挖掘，便于士兵采取卧姿实施射击，不使用较低位置的射孔时应用沙袋将其封死。在选择射孔位置时，假如情况允许，应考虑在不同射击阵地之间能够形成交叉火网。也要挖掘假的射孔，设置假的、暴露的头像，以吸引敌军的火力；

3. 士兵在选择射击位置时，应尽量选择在敌意想不到的地方。利用窗口、墙壁上的孔洞等进行射击时，射击位置应选择在窗口后方的一定距离上，在射击位置与窗口之间洒水，以避免射击时溅起的尘土妨碍视界和射界，同时也可以防止枪口火光暴露己方射击位置，枪口周边可能反光的物体也要移除。狙击手在战斗中，应尽量不停地变换射击位置，以防敌军发现并定位；

4. 在室内防御时，应打碎窗户上的

玻璃,以防止战斗时玻璃碎片杀伤己方人员,打碎后的玻璃可使用沙袋代替。对于窗口、烟囱等通透位置,使用绳网或铁丝网将其封闭,防止敌军将手榴弹投掷入室内。对于其他透亮、己方也不用作射击的孔洞,应用窗帘等物品遮盖,以减小室内光线,增大敌军观察的难度;

5. 应派出前卫,防止敌军偷袭;派出观察员和值班武器,为敌军的可能火力打击提供预警。在敌可能接近的路线上设置猎杀陷阱和铁丝网,并绑上装有装有石头的罐头盒,敌军触发猎杀陷阱或碰撞铁丝网时,罐头会发出声响,为防御者提供及时的报警。在地面一层的房间外墙上增设泥土或砖石材质的遮蔽物,可有效降低敌军火力打击效果。始终留有一定数量的消防设备备用。去除任何反光、发光的物体,以降低敌军发现的概率;

6. 在建筑物的阁楼或较高的楼层上,设置一个或多个观察哨,用沙袋加固哨位,并进行良好的伪装。这些观察哨位通常也可用来作为狙击手的射击位置,以防止敌军从屋顶实施渗透;

7. 进入建筑物之前,特别是进入敌军曾经占领的建筑物之前,应小心谨慎,发现并排除敌军设置的各类猎杀陷阱;

8. 预留一个建筑物的出入口,以方便己方兵力增援和撤退。在一些隐蔽的位置,如楼梯下、重量较大的家具后面等处的墙壁上凿出供人员机动的孔洞,同时应当注意对这些孔洞进行伪装,以减小被敌军发现并利用的概率;

9. 在开阔地带设置路障。己方要利用房门时,应在其后方设置沙袋构成的掩体,防止敌军子弹的杀伤,并将房门的开口大小限制在仅供人员机动的程度,防止敌军通过房门对室内进行有效的观察。在一些情况下,可以封死房门,以增加室内的安全性;

10. 要使用沙袋等物品,对楼顶平台或高层楼房的地板进行加厚,使其能够承受敌军炮火打击,增大敌军在楼顶平台或者地板上打洞的难度;

11. 敌军攻击建筑物,并在房间的墙壁上凿出洞口时,尽量与敌军保持一个房间的间隔,以防止敌军对墙壁实施爆破时,破片杀伤己方人员。敌军对墙壁的爆破行动结束后,应立即占领有利的射击位置,在防止敌军通过墙壁上的孔洞向室内投弹的同时,发扬火力,阻止敌军顺着孔洞突入室内;

12. 在室内快速接近窗口,向在街道上机动的敌军投掷手榴弹,而后迅速脱离窗口位置。将建筑物外墙上的各类管道移除,防止敌军顺着管道爬上屋顶;

13. 敌军获得了通过邻近房间的通道时,应利用墙壁上的射孔或房门对其进行火力打击。敌军在楼上房间时,应利用天花板的薄弱部位向上射击;敌军在楼下房间时,应利用地板的薄弱部位向下射击。一般来说,7.62毫米口径的子弹可以击穿大部分内墙和地板;

14. 在墙壁上、地板上凿出用来观察的孔洞,并用沙袋将其遮盖;

15. 己方抵挡不住敌军的攻击时，除非在地下室有安全的撤离通道，否则应向较高的楼层撤退（与由下而上的投弹相比，由上而下的投掷手榴弹更为便利），同时在较高的楼层上设置好撤退用的通道；

16. 在靠近十字路口的房间内防守时，如果不能撤退，就要在十字路口设置路障，并进行死守。

战斗部署

1944年出版的野战条令FM31-50《攻击筑垒地域和城镇居民地战斗》指出：在城镇居民地防御战斗中，一些防御的参数与地形紧密相关，如防御正面的宽度应根据地形条件的不同来确定。假如敌军希望夺占城镇而不是将城镇摧毁，那么有目的的实施战斗部署、环形防御、相互支援等措施就能够使敌军付出更高昂的代价，从而增加防御行动的有效性。

选定防御前沿时，可以选择在城镇居民地内部或外部，但应避免沿一条清晰的线路实施布防，以增大敌军判断的难度；城镇居民地外部的近边缘既是进攻一方火力准备的初始打击点，又是防御一方火力打击的重点；在通常情况下，一般将防御前沿位置确定在市郊地区，便于控制接近城市的道路；便于实施周密的观察并使用火力打击敌军；更便于机动兵力，对开进中的敌军实施翼侧打击。

在战斗部署上，防御者通常将防御部队区分为若干支防御分队，为其配属一定的支援武器，配置在独立的战术位置（一栋或更多的建筑物，一条或几条街区），应根据防御分队控制能力来具体确定防御范围。通过确定战斗部署和火力配系，整个防区应形成纵深、梯次的防御态势，构成能够相互支援、防止敌军正面和翼侧攻击的防御体系。

在城镇居民地防御战斗中，步兵分队通常担负"警戒"分队、防御分队和预备队的角色，以一个三三制的步兵团为例，通常使用2个步兵营作为防御分队，1个步兵营作为预备队，其翼侧防卫等分队通常由预备队派出。在防御准备时间较长和物资器材条件允许的情况下，防御一方通常还需要构筑工事，设置障碍，如构筑碉堡、地堡等工事，设置街垒路障、铁丝网、埋设地雷等。在构筑工事、设置障碍时，应当考虑到便于友军机动、限制敌军机动等因素。

赋予下级分队任务时，团一级通常给"防御前沿"上的第一梯队营分配4-8个街区宽的防御正面，3-6个街区长的防御纵深。在营防区内，通常在前方配置2个步兵连，在后方配置1个步兵连，重武器配属给步兵连作为火力骨干。步兵排在上级确定的防区内行动时，通常会得到班组武器的配属；步兵班在上级指定的防御点位上行动时，班长通常要为每名士兵指定战斗位置，确定其火力打击范围。需要进行长时间的防御战斗时，在保持一定的战斗警惕性和防御能力的前提之下，班长通常将全班区分为2组，轮流休息。

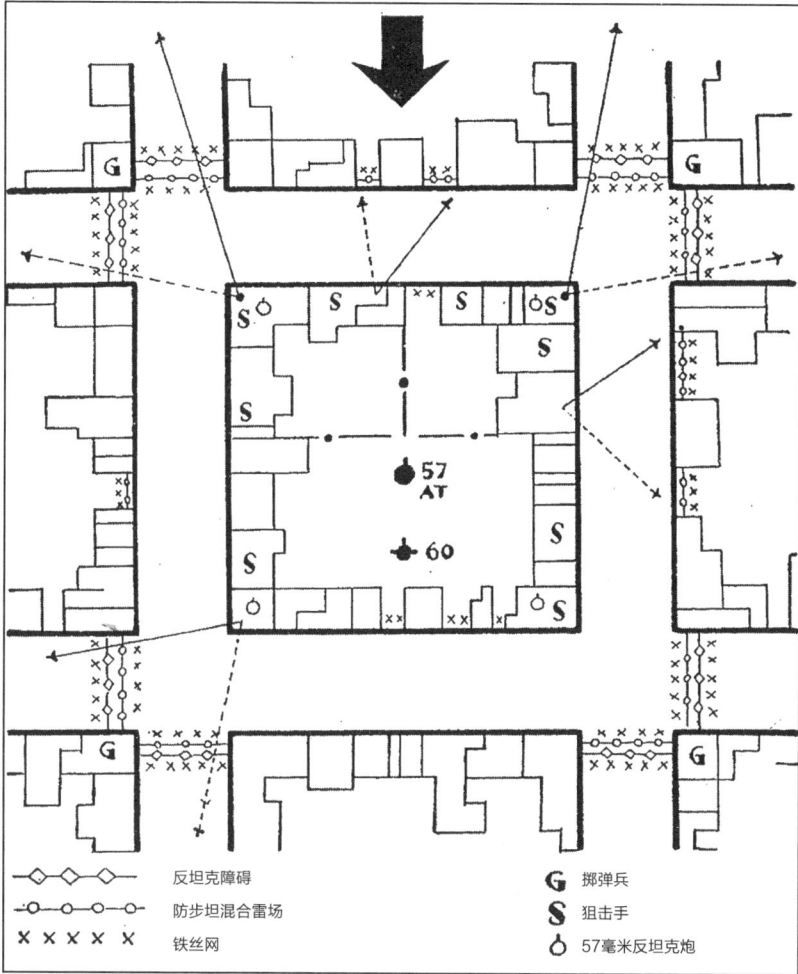

图中标注文字：

- G（左上）
- G（右上）
- S O
- S
- S
- O S
- S
- S
- 57 AT
- 60
- S
- O S
- G（左下）
- G（右下）

图例：

符号	说明
◇◇◇◇	反坦克障碍
○○○○	防步坦混合雷场
××××	铁丝网
G	掷弹兵
S	狙击手
○	57毫米反坦克炮

▲ 图片摘自1944年版的美军野战条令FM31-50《攻击筑垒地域和城镇居民地战斗》，显示的是美军步兵排在进行城镇居民地防御战斗时的防御体系。从图上可以看出，该步兵排配属了1个机枪班、1个60毫米迫击炮班和1个57毫米反坦克炮兵班。

第四节 其他国家城镇居民地攻防战斗实践

苏军的战斗实践

在战争的初始阶段，苏联军队城镇居民地作战水平是较为初级的，强调设置路障和发起集群反击是这一时期的特色；到1942年年底，苏联红军在战斗中开始运用一些较为复杂、高级的战术。尽管没有人愿意承认，但苏联军队城镇居民地作战的很多技术和战术，都是在与德军战斗过程当中借鉴甚至是复制过来的，同时也加入了一些自己的理解。

在"街垒战斗学院"，也就是斯大林格勒战役中，崔可夫的第62集团军在城市作战中编组了大量的"强击队"，从一栋建筑到另一栋建筑，从一个街区到另一个街区，经过艰苦的战斗，从德军手中夺回了失去的阵地，并结合了被称为"老鼠战"（Rattenkrieg）的小战术，该战术在由下水道和地下室构成的战斗环境中行之有效。苏联红军的进攻通常在夜间发起，"强击队"一般下辖各具特色的三个战斗单位，分别是攻击组、支援组和预备组：

攻击组由六到八名强壮的士兵组成，配备冲锋枪、手榴弹、匕首和撬门工具，首先利用夜暗或火力掩护，匍匐爬行至投弹距离，而后在机动过程当中拿出手榴弹，接近房门或者窗户后迅速向室内投弹，同时利用爆炸效果突入室内；

支援组包括步枪手、狙击手、反坦克手和机枪手，其任务包括支援突击组战斗，包围建筑物并控制建筑物周边地区，发扬火力拦截敌军的增援行动。支援组在室内战斗开始后迅速向建筑物接近，从建筑物的其他方向突入室内，并占据有利位置实施战斗；

预备组担负的任务要根据战斗态势的发展而定。具体来说，如果战斗发展不利，预备组将投入战斗，增援突击组和支援组的进攻行动，直至夺占建筑物；如果战斗进展顺利，则预备组将投入到翼侧方向，抗击敌军的反冲击，也可能投入到大街上，阻击敌军；也可能被打散，编组为新的突击组。

"强击队"夺占建筑物后，如担负就地转入防御的任务，则必须快速构建防御体系，增强防御能力，具体的措施有挖掘交通壕，对墙壁、天花板和地板进行加固；在屋顶构筑机枪发射掩体；将建筑分割成几个作战区域，并在房间内设置障碍；在建筑物墙体上面挖掘枪眼、炮眼，供反坦克枪和其他炮兵使用等。

▲ 布达佩斯战役中参加巷战的苏军。

在斯大林格勒战役、华沙战役和布达佩斯战役中，苏联红军在巷战中狠狠地教训了德军步兵，其作战水平和技术得到了尊重。很多经典战例成为后人研究学习的范本，如1944年华沙战役中苏联红军所采取的战术和技术，直到现在仍然被巷战中的攻防双方所借鉴。从苏联红军的城镇居民地战术可以看出：在建筑物的墙壁上打开洞口将成为普遍现象，这些洞口成为机动的重要途径，特别是对于向前方运送弹药、后撤伤员来说，利用这类通道实施机动更为安全；化为废墟的建筑物和完好的建筑物一样危险，应该用巡逻队肃清其中的散兵游勇；随意破坏建筑物对己方的影响和对敌方的影响一样大，因此，必须根据战斗需求有目的的进行破坏。

夺占建筑物后，必须采取各类措施巩固防御，其中就包括清剿地下设施中的残存敌军，设置路障，派出警戒和展开相关的爆破作业；坦克可以在城镇居民地战斗中使用，但不能将坦克当做推土机使用，也不能在进攻战斗中首先投入坦克去破坏路障和各类障碍，这样会使其成为敌军反坦克武器的活靶子。在进攻战斗中，应当首先投入步兵，并在火力掩护下，集中力量攻击敌集群目标，使其失去战斗功能或被迫转入地下；在一些特殊的环境中，步兵和坦克应当协同战斗，坦克负责攻击敌军，步兵要确保坦克的安全；城镇居民地战斗是整体性较强的战斗，每个人都要有自己的任务，并在完成个体任务的过程中，对整体战斗取胜做出自己的贡献。

英、美、新等国的战斗实践

盟军在意大利战场的一系列战斗中首尝巷战的残酷，其城镇居民地战斗理论在大量战斗实践中飞速发展。盟军还发行了一系列的战斗条令和战斗手册，这些系统的战斗理论在诺曼底登陆后的西北欧战场得到了广泛运用。

在意大利战场的5个月中，不仅是美英盟军，法军、英属印度军队、波军和新西兰军队也在城镇居民地战斗中快速成长。在战场地形上，城镇居民地不仅包括城市和乡镇，也包括小山附近的教堂、要塞地形等，正如美军第34步兵师的作战报告中所指出："我军企图把敌军驱赶至开阔地带，集中优势的兵力火力予以歼灭，但在那些由房子围起来的四合院、不规则分布的街道、石头垒起来的房子等复杂地形上，我军未能达成将敌军驱赶出来的意图，这些复杂地形极大限制了我军火力优势的发挥。敌军的防御十分顽强机警，攻防双方经常依托建筑物，进行相互投掷手榴弹的战斗；在战斗中，敌军经常大胆的使用其自行火炮，推进至开阔地带发射几发炮弹，而后迅速回撤至隐蔽地带；街道十分狭窄，我们的坦克无法前行……但在一些特殊的战斗环境中，我军坦克能够发扬火力，从翼侧摧毁德军的防御支撑点。在卡西诺作战中，敌军在部分区域的防御行动较为顽强，我军出动了各型大口径火炮对其实施轰击，包括203毫米口径的火炮和240毫米口径的火炮，但敌军依然顽强的坚守在阵地上。"

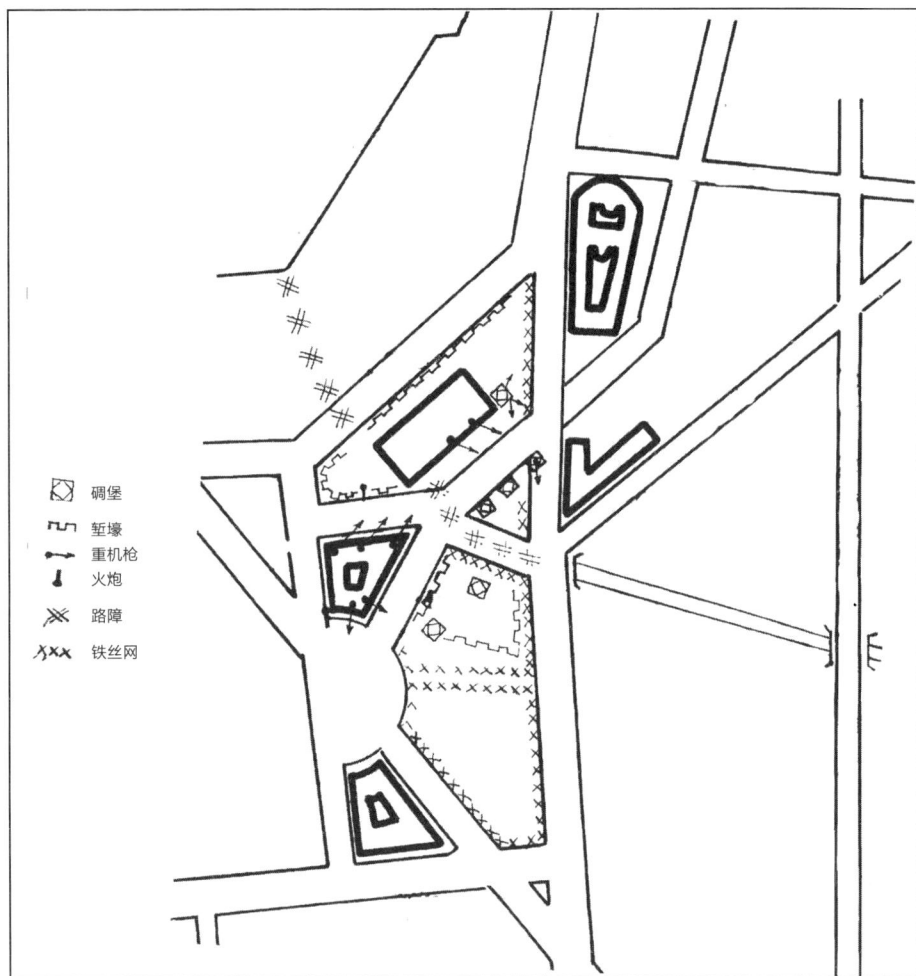

图例：

- ◇ 碉堡
- ⌐⌐ 堑壕
- ⊢• 重机枪
- ╵ 火炮
- ※ 路障
- ✗✗✗ 铁丝网

▲ 英军作战手册中对于城市防御作战的说明。

　　在第三次卡西诺战役中，盟军发射、投掷了成千上万吨炮弹和航空炸弹，有关统计也显示，德军士兵的数量与盟军投掷的炸药吨数之比为1:4，也就是说每名德国守军要承受4吨炸药的轰击。卡西诺被炸成一片废墟，正如一名军事评论员所指出的那样，那里残存的建筑看起来像"一堆堆的面团"。为降低盟军火力打击效果，德军采取了各种方法实施隐蔽伪装，并进一步强化了各类掩体，如使用泥土、多层组合结构等材料来加固掩体，并起到吸收各类爆炸冲击波的作用。在一次战斗中，德军将IV号坦克移入了大陆酒店（Continental Hotel）周围的废墟中；在盟军的狂轰滥炸下，一些碉堡被摧毁，但还是有很多幸存下来；同样幸存的还有一些六联装150毫米火箭炮，这些火箭炮在后来的战斗中痛击了一个英印军拉其普特步兵营。在这些战斗中，盟军快速向纵深发展时，往往与德军发生交火后，才会发现那些被越过的德军支撑点还没有被拿下。如在一次战斗中，某新西兰步兵排花了整整36个小时才将一栋建筑物内的德军歼灭，期间新西兰官兵不断听到在房顶上德军士兵来回机动的声音。

格罗夫斯（EH Groves）是新西兰第25步兵营的一名二等兵，在猛烈的火力准备后，该营被投入到进攻卡西诺的战斗中。在进攻发起之前，他被告知此次进攻行动是一次"穿越城市之旅"；接敌时，格罗夫斯所在的连队成一路纵队向该城的城乡接合部机动，士兵之间间距4.57米。格罗夫斯回忆道："我们在战斗中发现，上级的火力准备并没有起到多大作用，德军并没有被打垮，确切的说，仍然有大批的德军在顽强的防御；在攻击的过程当中，我们也没有及时清剿残敌的意识，这让我们吃尽了苦头。我们跟在B连后面，沿着一座山坡向山顶机动，准备接近卡西诺城；机动中，我们发现在一些德军据守在山坡上的一栋房子里，德军防御位置的选择非常

理想，占据这栋房子可以充分发扬火力，打击山下攻击城市的盟军；在班长的带领下，我们突入这栋房子，用手榴弹和汤姆逊冲锋枪消灭了4名德军；我们不能确定该栋房子是否有更多的德军存在，此时另一栋房子里面的德军正以猛烈的火力打击前进中的B连，我们从另一个方向绕到房子的翼侧，并对其发起攻击，使用汤姆逊冲锋枪消灭了3名德军，此时，我们仍然没有彻底消灭在这所房子里面实施防御的德军；由于继续清剿房间内的德军需要花费大量的时间，加之在前方有2个掩体，也许是2个坑道口，班长就利用身边的一堵墙壁，向前方的洞口射击；在我们后方未及时清剿的房间内，1名德军狙击手发射的子弹击中了班长的头部。我们班就剩下3人了，我变成了班长；我们力图机动到墙壁的前方去，以躲避来自后方的敌军火力，此时我们听到了德军'施潘道'（MG 42通用机枪）的声音，我们3人被压制在墙壁两侧长达2小时之久，此时我们的位置要比B连的攻击位置要前出许多。后来我们连队的后续分队推进到了我们所在墙壁的右侧，我们向他们呼救，他们是第17排，还有我们18排的其余兵力；靠拢以后，我们移动到了一处塔楼，围绕破损的墙壁建立了防线，德军已经进入了四方院里的塔楼，我的两个人企图穿过墙壁的拱廊，但德军的'施潘道'射出的子弹击中了下士班长，我退了回来，找到了一个口子，将手榴弹投进了塔楼中。"

第五章
反坦克战术

猎杀坦克是一项必须倾尽全力的运动。
——《反坦克战术》

第一节 概述

在两次世界大战之间，只有西班牙内战中大规模使用了坦克，当时投入战场的坦克共计600多辆，包括德军的Ⅰ号坦克、苏联的T-26坦克和意大利的一些试验型坦克。战斗中双方都组织了步兵反坦克战斗，获得大量经验和教训。随着战争结束，士兵们返回祖国，并将这些经验教训带给了各国军队，为1939年之后的作战提供了参考，特别是为反坦克武器及其战术的发展提供有力的实践支撑。

敦刻尔克大撤退之后，为防止德军入侵，英国本土守卫军发展了大量反坦克战术。英军在反坦克方面强调制式与非制式武器并用，德军则主要使用制式反坦克武器实施反坦克战斗，并在1941年6月-1942年的东线战场上发展了丰富的反坦克战术。美军早期的反坦克战术并不比英军好多少，这主要是因为战争初期的美军比较幸运，不用直接面对德军装甲部队。

在实战中，坦克一般在步兵的随伴掩护和炮兵的火力支援下实施战斗，对于纯步兵而言，要阻挡这种以坦克为主体的协同攻击是十分困难，甚至是不可能的。因此，必须发展新型反坦克武器和相应的战术。这些反坦克武器和相应的反坦克战术必须要能够提高防御的稳定性，或至少能够有效延缓其攻击速度。首批对新型坦克构成严重威胁的武器包括美军的"巴祖卡"火箭筒，这种反坦克火箭筒筒身平直，发射时后坐力轻微，无论是射程、破甲威力还是重量，都适合步兵使用。后续又出现了英国的反坦克抛射器（PIAT）和德国的"铁拳""坦克杀手"等武器。

▲ 澳大利亚军队装备的2磅反坦克炮正严正以待，准备迎击日军坦克。

战争初期，德、美、英3个国家的反坦克战术存在一个共同点，即使用小口径反坦克武器来打击敌装甲目标。1940年版《德国陆军战斗手册》（Handbook of the German Army）指出：37毫米反坦克炮是主要的"反坦克武器"；该火炮安装在低压力充气轮胎上，由牵引车拉动，在乡间机动时，也可人力推动，可以发射多种弹药。该炮曾在西班牙内战中使用，后来每个步兵师均编有1个装备37毫米反坦克炮的坦克歼击营。

英军主要在"反坦克团"（往往为营级单位）中装备1936年服役的40毫米口径的2磅反坦克炮，该炮重814千克，有效射程914米，最大射程1000米，炮口初速为每秒792米，射速可达每分钟22发，共生产了12000门，在敦刻尔克大撤退中有很多都送给了德军。

1938年10月，美陆军使用的反坦克炮是与德军近似的37毫米M3型反坦克炮。根据1940年版美军作战条令《编制与战术》，每个步兵营编制1个配备M3型反坦克炮的反坦克排。该炮起码需要3个人来操作，还有弹药手或者是替补人员。与德军类似，美军也使用机械牵引装置来拉动反坦克炮，地形条件不允许时，则使用人力来推拉，在特殊情况下，还可以分解成炮身、底座、弹药、瞄准具、附品等更小的部分分开携带。

在战术运用上，条件允许时，由排长负责指定"射击地带"，班长指挥本班2门火炮射击，由步兵连长指定步兵班负责保护他们。火炮炮长的职责与班长类似，即指挥火炮占领射击阵地，带领炮手对火炮阵地实施伪装，掌握弹药消耗程度，指挥火炮实施射击；射击阵地既要有利于隐蔽伪装，有一定的遮蔽物提供防护，又要有良好的视界和射界，同时2门炮之间必须保持一定距离，以确保不被敌方的1发炮弹同时摧毁，相互之间的距离要适中，便于班长同时指挥控制2门火炮；在战斗中，只要条件允许，通常要为每门火炮指定预备发射阵地，以提升火炮生存率，适应战术运用要求。在进攻战斗中，即便是最好的炮兵组，在快速反应方面也比普通步兵班要差一些，但任何一个炮兵组都要做好随时变换发射阵地的准备，以便跟上步兵连向前推进的步伐。

随着二战初期坦克防护性能快速提升，上述3个国家的37毫米反坦克炮和2磅反坦克炮在反坦克方面显得力不从心。在技术的推动下，更多新型反坦克炮逐步出现，如50毫米、57毫米、75毫米反坦克炮和6

▲ 1940年5月在比利时作战的德军反坦克部队，装备着1门Pak 36反坦克炮。

▲ 英国本土守卫军指挥官佩吉特中将。

磅反坦克炮。但这些新型反坦克火炮重量较大，机动性能差，而37毫米反坦克炮和2磅反坦克炮以其轻便灵活、机动性强、操作简单的特点，在伴随步兵战斗、为步兵提供随伴火力方面仍然具有不可替代的作用。

第二节 英军反坦克武器及其战术运用

敦刻尔克大撤退之后，德军强大的现代化装甲集群及其先进的战术运用给英军留下了深刻印象，加之英军大部分坦克被抛弃在法国大陆，英国本土面临着德军装甲集群登陆的威胁。佩吉特中将出任英国本土守卫军指挥官之后，为应对德军装甲集群的登陆威胁，在本土守卫军当中大力组建"猎杀坦克排"（tank-hunting platoons）。这些训练和努力刺激了英军步兵反坦克武器和战术的发展，使得英军摆脱了反坦克武器不多、战术不丰富的状况，增强了英军在肯特郡和苏塞克斯郡抗击德军装甲集群登陆的能力。

《坦克猎杀与摧毁》（Tank Hunting and Destruction）在军内编号为"第42号军事训练手册"（Military Training Pamphlet 42），于1940年8月由陆军部签发并在全军发行，里面列举的战术与现代反坦克战术较为接近："现在可以看出，坦克以其优秀的装甲防护力、机动力和火力，能够在实战中轻易摧毁那些战斗意志不坚决或训练不充分的部队；即使是训练有素的部队，如果只是被动等待坦克的攻击，而不是主动抗击坦克，也将无一例外的陷入失败的境地，或者说不能完成上级赋予的任务；猎杀坦克是一项必须倾尽全力的运动，即使是对经过严格训练的步兵来说，迎战坦克仍然是一项十分危险的举动，甚至隐蔽伪装伏击敌方坦克时也是如此。"正如前文指出的那样，英军提升步兵反坦克能力的这些努力广泛借鉴了西班牙内战和芬兰战场上的反坦克经验和教训。

英军认为，德军进攻战斗行动强调"大胆渗透"，往往忽视"完全暴露的翼

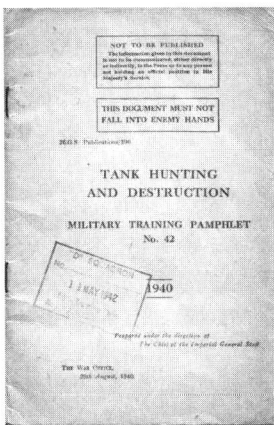
▲1940年8月出版的《坦克猎杀与摧毁》。

侧"，且德军强调在夺占某一区域后，应立即清剿该区域残敌，这无疑降低了攻击速度，防御战术的运用应针对上述德军进攻战斗特点，反坦克战术也不例外。英军还认为，装甲车辆主要依靠车体前部的观察员实施观察，其观察范围存在死角，难以发现近距离内高度低于地面的目标；对此，英军强调，步兵射击时应放低姿势，在"眉毛以下"的高度隐蔽射击效果更佳。英军认为，在火焰喷射器的攻击下，即使装甲车辆内部人员没有受到伤害，其他如玻璃和观察仪器等设施也会破碎。同样，对燃烧弹和火焰比较敏感的还包括装甲车辆上通常都会安装的通气扇和观察孔。相对于炮塔和坦克的前装甲，坦克顶部和底部装甲较为薄弱，使用反坦克枪等反坦克武器在近距离内攻击这些部位造成的损伤更大。

坦克拥有强大的火力、突破能力和出色的机动性，但受制于主炮仰角，过于接近建筑物时不能打击上层楼房窗户内的守军。尽管坦克乘员力图向各个方向开火，但坦克的火力主要集中在炮塔面对的方向，反坦克人员从其他方向接近坦克受到的威胁更小，这给反坦克行动创造了有利条件。尽管坦克拥有较强的装甲防护力，但履带、油料箱、坦克乘员都易遭到攻击；可以使用传统的反坦克枪、反坦克地雷和手榴弹摧毁坦克的履带，反坦克人员也可突然从隐蔽处跃出，将铁棍等物品插入履带的传动装置。有趣的是，在1940年，有很多战术专家认为，对于反坦克小组而言，使用杆雷（将炸药捆在木杆的一端）的危险性相对较小，不过，日军在二战末期的实战经验显然未能支持这些专家的大胆结论。

打击坦克最好的时机是夜间或宿营时；装甲分队组织宿营时，坦克成员组也需要休息，此时部分人员离开坦克进行睡觉和就餐，这给反坦克小组带来了奇袭的机会。夜幕降低了坦克的观察能力，因此，坦克很少在夜间机动，即使是机动，也要求打开部分舱门，以确保坦克乘员能对四周进行观察，这一状况使得反坦克小组接近坦克的危险性更小，也便于反坦克小组选择山隘口等有利地形，对敌坦克实施伏击。

基于反坦克枪的反坦克战术

1937年服役的"博伊斯"反坦克枪破甲能力在同类武器中属中上水准，以40度角命中目标时，在91米的距离上破甲厚度为23毫米，在457米的距离上为19毫米，同时可穿透356毫米厚的砖墙或254毫米厚的沙袋。该枪重16.2千克，单兵携带较为困难，通常配属到步兵排一级。根据1941年出版的《战争装备清单》（War Equipment Table），每个步兵营应装备25支该型反坦克步枪，其中每个步兵连装备3支，运输排、营部和其他一些下属单位装备其余13支。作战时，由运输车为每支反坦克枪携带200发子弹，40发装在8个5发弹匣中，160发装5发装桥夹中，然后两个一组装在布制弹袋里。

1940年官方出版的《后勤补给》（Supplement）阐述了该枪的一些训练科目：为节省训练资源，使用5.59毫米口径的步枪进行模拟训练，而后使用反坦克枪进行装备操作训练，最后使用反坦克枪进行实弹射击训练，发射13.97毫米口径的子弹；尽管这些训练的最终目的是使分队掌握该枪的操作使用，但在该枪装备部队之初，通行的做法是在每个单位的优秀步枪手中挑选3人接受训练，而后再逐步进行普及；具体实施训练时，在反坦克枪的有效射程内，用一个窗口大小的物体（通常为纸质）模拟坦克的侧方投影，在无线电的控制下实施机动，用来显示不同距离上、不同运动速度的坦克侧面，形成"运动目标"，射手则待在掩体内实施瞄准，以锻炼其实战射击能力；官兵被告知在运动目标前取提前量，瞄准驾驶员位置或目标中心开火；事实上，训练有素的射手能够

在1分钟内射击9次，但这种连续射击会伤害人的耳鼓。

1937年出版的《步兵训练》和《反坦克枪手册》（Anti-Tank Rifle，曾于1939年再版修订）都用很大的篇幅阐述过"博伊斯"反坦克枪的战术运用。在防御战斗中，该枪部署在连战斗队形之内打击实施突击的敌方装甲车辆，具体位置视区域内防御部队整体的反坦克计划而定。理想的部署位置应在457米的有效射程范围内，有着良好的视界和射界，反坦克枪的射手能够从翼侧对敌方装甲车辆进行瞄准和射击，还应当能够和其他反坦克武器形成交叉火力；具体部署时，应当对反坦克枪进行严密的伪装，以达成火力的突然性，射击范围要能够控制隘路等关键地点，同时防御一方要改造地形，迫使敌军装甲车辆沿固定的道路机动，这就是反坦克枪的重点射击地段。

挖掘射击工事时，为便于射手实施射击，最好能够挖掘坐姿或立姿射击掩体（紧急情况下也可挖掘卧姿射击掩体），同时要有较大的空间便于机动；在实际战斗中，两名射手都要充分发挥战斗主动性，副射手在充当观察员的同时，积极发扬手中步枪火力，为反坦克小组提供防护；如果有必要，反坦克小组也可用来充当警戒哨，实施前方警戒、后方警戒或侧翼警戒，防备敌装甲车辆的突然攻击。在进攻战斗中，"博伊斯"反坦克枪的战术运用则显得较为复杂，《步兵训练》对此进行了解释：该枪重量较大，这迫使前方

▲ 三张照片从上至下分别是站姿、坐姿和跪姿射击。

担负攻击任务的步兵连指挥员必须考虑是否要携带该枪投入进攻行动；指挥员要考虑夺占敌方阵地后，抗击敌军装甲车辆的反冲击；由于反坦克枪战斗的独立性较强，可以考虑不给反坦克枪指定固定的射击位置，不限制其自由机动……在一些情况下，营长必须为那些夺占敌方阵地的分队考虑，要为其提供反坦克保障，如果必要的话，营长经过深思熟虑，可以将反坦克预备队派到前方战斗区域。

直到1939年，英军才认识到"博伊斯"反坦克枪的局限性，该枪对轻型坦克装甲车辆的打击效果较为理想，对于重型坦克装甲车辆则效果不佳，即便是轻型装甲，也需要直接命中要害部位才能取得战果。到1940年，该枪的破甲威力仍然没有较大提升。一些民间出版的战斗手册也认为：英国远征军结束在法国的战斗并回撤至国内后，对于"博伊斯"反坦克枪，的确有很多难以启齿的地方，作为一种反坦克武器，该枪对现代坦克威胁不大，已经落伍了。该枪可以用来打击敌方的轻型装甲车辆，比如空降和水路两用的轻型装甲车辆，在德国入侵本土的威胁下，本土守卫军的训练内容就包括如何打击上述装甲目标。

基于"莫洛托夫鸡尾酒"的反坦克战术

《坦克猎杀与摧毁》指出，除反坦克枪和一些小型武器外，可供反坦克小组使用的武器还包括火焰喷射器和手榴弹等武器，其中较为著名的是汽油炸弹和"莫洛托夫鸡尾酒"（西班牙内战使用的一种简易反坦克装置）。汤姆·温特厄姆在1940年6月15日的《图画邮报》撰文指出：我们制作和使用"莫洛托夫鸡尾酒"的方法是，将一个重约2磅的玻璃瓶子装满汽油，将窗帘布或者是毯子之类的物品一端用绳子绑紧，塞进玻璃瓶子的瓶口，另一端任其飘散；一人拿着火种站在旁边，一人将瓶子倒立，以使玻璃瓶内汽油倒灌瓶口，浸润窗帘布或毯子；飘散一端的窗帘布湿润后将玻璃瓶扶正，右手手持玻璃瓶，这时飘散一端由于湿润的缘故大都贴在玻璃瓶上，用左手将其理顺并远离玻璃瓶，此时"莫洛托夫鸡尾酒"准备就绪。

敌军坦克经过时，攻击者点燃飘散一端的窗帘布后投出，依靠人力并不能将瓶子投出去多远，因此使用时必须靠近敌军坦克；投掷的目标位置一般选择在坦克的履带或坦克部件齿轮上，玻璃瓶在粉碎的瞬间汽油渗入坦克内的各类部件，燃烧的

窗帘布将汽油点燃（窗帘布必须充分浸润汽油，否则就不会充分燃烧），火焰随着汽油的渗入，烧毁坦克的汽化器并杀伤车组乘员。如果没有经受严格训练，不要轻易尝试这种行动，容易危及自身安全。

《坦克猎杀与摧毁》认为，使用瓶装反坦克简易器材的效果更好，如"莫洛托夫鸡尾酒"，使用者直接将其投掷到坦克上，其燃烧的火焰可以为其他反坦克武器提供引导，且汽油等油料黏性较强，可以长时间的燃烧；如等比例

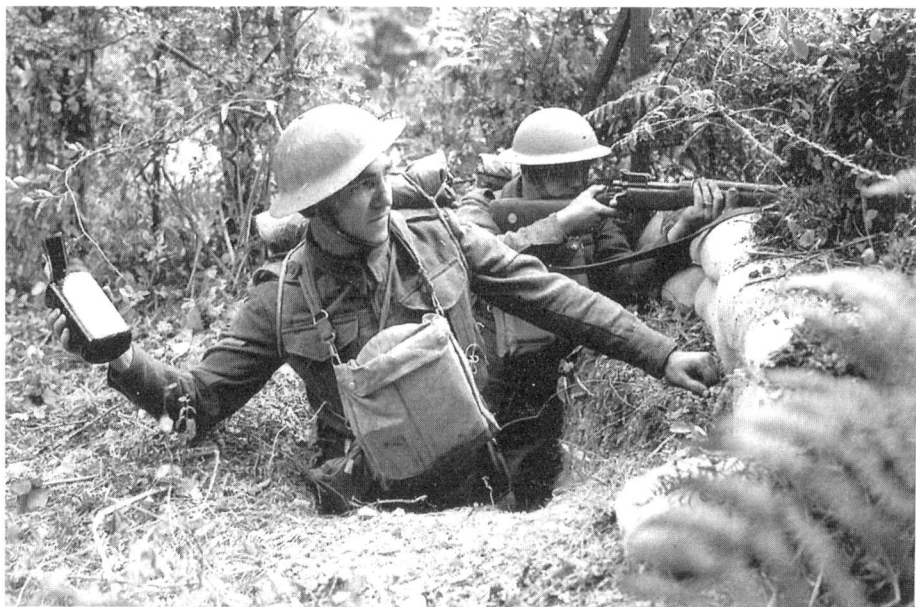

▲ 英军本土守卫军的士兵正在投掷"莫洛托夫鸡尾酒"，图片中由2名英军士兵组成的战斗小组正隐蔽在路边的散兵坑内，1人使用P17恩菲尔德枪栓式步枪射击，1人正在投掷燃烧弹。尽管不是制式装备，但"莫洛托夫鸡尾酒"使用广泛，在西班牙内战、华沙攻防作战和二战后期的其他城镇居民地攻防战斗中，这类简易的燃烧弹都得到了广泛运用。尽管"莫洛托夫鸡尾酒"不能取代步兵制式反坦克武器，其杀伤效果也值得商榷，但这种简易燃烧弹制作简单，命中坦克的有效部位时也能取得一定战果，加之燃烧武器所特有的鼓舞士气的效果，使得这种武器在实战中得到了广泛运用。

的混合其他食用油或"石油、煤油、柴油",则黏性更强,可长时间附着在坦克上,燃烧时间更为持久,加入木屑、棉花等物品可起到锦上添花的作用。装燃料的容器容量在1品脱左右比较合适,材质不宜选择香槟酒瓶和啤酒瓶,这两种容器质地较为坚硬,不容易破碎;一些时尚水果饮料的瓶子容易破碎,是制作"莫洛托夫鸡尾酒"的优良容器。发火装置不仅限于易燃的布料,也可在其中掺杂一些电影胶片,与火绳绑在一起;火绳容易受潮失效,应用玻璃纸包起来,用橡皮带串起来。投掷"莫洛托夫鸡尾酒"的最佳位置是坦克的上方,这样能确保瓶底朝下撞碎在坦克上,使燃料顺着坦克的栅格和孔洞进入坦克内部燃烧。

基于反坦克手榴弹的反坦克战术

1940年7月,76号"阿尔布莱特&威尔森"自燃白磷手榴弹服役。英军最初使用木材和棚屋测试该弹,"在每次测试中都能燃起烈火",证明其实战性能较好,可以进行大规模制造并列装部队使用。76号手榴弹被描述为"改进型的莫洛托夫鸡尾酒",重0.68千克,由容量为0.5品脱的玻璃瓶构成,玻璃球内装有白磷、苯、一条粗橡胶棒和水,在存储过程中,橡胶在液体中溶解,使得液体凝固。76号手榴弹爆炸时并不需要特殊的发火装置,打碎玻璃后白鳞会接触空气自燃,引起稠密的浓烟和火焰。

有趣的是,1943发行的《第51号本土守卫军指导手册》摘选了一些插图,证实了可以通过控制爆炸时间来设计诡计装置。在炸弹上加装一个引爆器和一段导火索,使用者点燃导火索后将其扔出,或者干脆点燃导火索之后就立刻撤退。在本土守卫军的训练中,可以用诺斯罗普发射器来发射76号手榴弹,这种榴弹发射器的最大射程为274米,有效射程是183米,杀伤范围是0.37平方米。这种榴弹发射器由两人操作,正射手负责瞄准和射击,副射手装弹并观察射击效果。76号手榴弹一般用木箱存储(每箱装24枚),木箱用绳索捆绑,《坦克猎杀与摧毁》建议将76号手榴弹存储在水中或温度较低的敌方,不建议将其放入室内;运输时应该使用敞篷式车辆运输,由于该型手榴弹易燃易爆,取放时不能拖动。

另外一种单兵反坦克武器被称为"ST"或"74号"反坦克手榴弹。这种手榴弹于1940年夏天出现,内部有一个玻璃球,内装约1.6千克硝酸甘油和硝化棉混合而成的诺贝尔823炸药。玻璃球被一层弹力织物所包裹,在弹力织物外涂有一些黏胶。手榴弹的外壳由两个半球体构成,外部有木制手柄固定位置,内有5秒的导火索。木制手柄上有两只针和一个杠杆,拉出第一支针时,外壳脱落,拉出第二只针时,启动起爆器,手榴弹进入待爆状态。杠杆同时下坠,确保引信成功触发,而后使用者跑到坦克附近,将手榴弹黏在坦克车体上。使用者需打破玻璃球,以便将硝

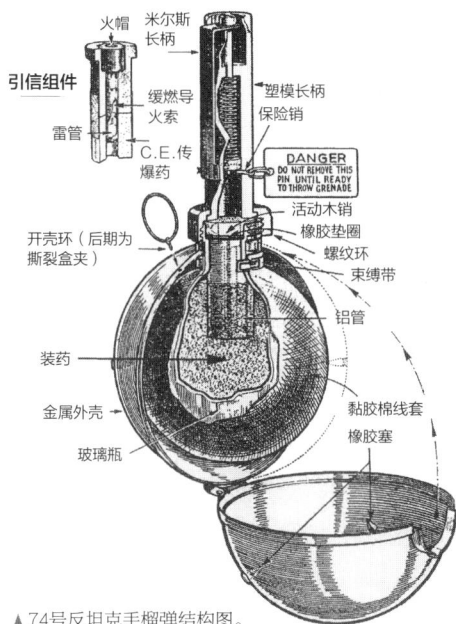

引信组件

火帽　米尔斯长柄

缓燃导火索

雷管

C.E.传爆药

塑模长柄

保险销

DANGER DO NOT REMOVE THIS PIN UNTIL READY TO THROW GRENADE

开壳环（后期为撕裂盒夹）

活动木销

橡胶垫圈

螺纹环

束缚带

铝管

装药

金属外壳

玻璃瓶

黏胶棉线套

橡胶塞

▲74号反坦克手榴弹结构图。

酸甘油洒到装甲表面，也可从远处把手榴弹直接扔到坦克车体上。

无论何种使用方式，手榴弹都有5秒的延迟起爆时间，据此，《坦克猎杀与摧毁》对这种黏弹的战术运用进行了如下描述："对于（装甲厚度在25.4毫米以下的）轻型坦克和装甲车而言，ST反坦克手榴弹的破甲效果是较为理想的，超出这个厚度则效果不佳。对于重型和中型坦克而言，只有采取徒步机动的方式，接近坦克后，将ST反坦克手榴弹投掷于坦克的底盘或发动机罩，才能产生一定的杀伤效果。ST反坦克手榴弹便于向上级申请配发，也便于携带，最安全、最简单的运用方式就是站在楼上，将手榴弹从窗口中扔到街道上，

打击正在街道上机动的敌军装甲目标，也可以使用这种方式，在敌军坦克车队可能经过的道路上，从10-15米外发起突然的伏击行动。实施此类行动时必须结合其他行动，以增强伏击效果，包括使用烟幕实施隐蔽，占领诸如街边的银行等较为理想的伏击位置，在街道上设置路障阻止坦克快速机动等，夜间使用ST反坦克手榴弹对驻扎在营地的坦克发起突然袭击效果更佳。在战斗中，士兵在安放手榴弹后，为防止弹片杀伤，往往需要跑到坦克的另一侧实施隐蔽，以利用坦克来作为掩护，也可在ST反坦克手榴弹设置延时引信、保险栓等装置，使士兵有足够的反应时间。士兵在投掷ST反坦克手榴弹时，必须用力甩出，确保手榴弹能够以最大面积，像烙饼一样粘附坦克上，以获取最大的爆炸效果，粘附面积越大，效果越好。"

还有一种触发式的"73号"反坦克手榴弹，《坦克猎杀与摧毁》开篇对该弹进行了简述，73号反坦克手榴弹主要用来摧毁敌军坦克履带和轮子，如果使用正确，能够迅速摧毁坦克前轮，使履带脱落，丧失机动能力。1941年2月出版的《坦克猎杀与摧毁》在末尾部分用图表的方式对该弹进行了介绍。投掷时，投手首先要拿掉保险帽，并使手榴弹处于垂直状态，而后用力投出手榴弹，同时拉开手榴弹的"保险栓"，手榴弹在碰撞目标时被引爆。由于该型手榴弹爆炸威力较大，为防止误伤自己，投手往往在遮蔽物后实施投掷，投出手榴弹后迅速隐蔽。尽管早在1941年10

月，该型手榴弹就被认为是一种过时的武器，但在后期的战斗中，这种手榴弹又作为爆破炸药重新出现在了战场上。

基于"汽油伏击"的反坦克战术

《坦克猎杀与摧毁》指出：炸弹和燃烧瓶通过爆炸的威力和火焰来攻击装甲目标，也可以通过两名喷火手，单纯地使用"汽油伏击"来摧毁装甲目标。"汽油伏击"战术非常简单："在合适的情况下，可将汽油或其他油料倾倒在路上，这些油料燃烧时产生的高温和火焰能够摧毁敌军车辆或使其丧失动力。这种战术对地形有着较高的要求，一般选择隘路，也可选择海岸线的突出部或预计的敌军登陆地域。具体运用时，一般选择地势较高的地区作为储油点，使油料能够自动流向地势较低的隘路，为确保战斗的突然性，这些储油点一般都要实施严密的伪装，如没有较高的地形可供选择，可将拖车的发动机改装成水泵，通过直径为50.8毫米的管子来抽取油料。一般将25%的汽油和75%的柴油混合在一起，这样合成的油料不能为敌军的摩托化车辆所用。储油点可以是固定的，也可以是移动的，移动的储油点灵活性更强，可将容量较大的油箱安装在载重汽车上，形成移动储油点，也可安放在预先确定的地点形成固定储油点。油料的释放量一般为每小时每9.3平方分米释放7.57升，确保使用757升的油料，能够在15.25米长、6.1米宽的道路上燃烧6分钟，为确保燃烧的持续性和强度，需要加大油料的密度。"

▲ 位于英国肯特郡的一处定向火焰地雷遗迹。

有趣的是，尽管《坦克猎杀与摧毁》没有涉及，但英国的油料武器部（Petroleum Warfare Department）却发展了一种名为"定向火焰地雷"（flame fougasse）的战术，即在道路的一侧挖掘出一条低洼地带，或者在路障、对敌军装甲纵队伏击地点的一侧，挖掘若干个洞，在低洼地带或洞穴中埋设炸药，当敌军车队经过时，引爆炸药，将装满151.5升油料的容器抛向敌军，并同时点燃油料。在油料选择上，通常选择柴油、柏油等油料的混合物，具有较强的黏性，黏附在人员、车辆上不易移除，可加强燃烧的持久性。二战结束后人们发现，单是在西苏赛克斯郡（West Sussex）的波宁斯村（Poynings）附近，英国人就埋设了上百颗这样的"定向火焰地雷"。"定向火焰地雷"的战术升级版本为"两侧定向爆破"战术，即在敌军机动道路两侧各埋设两根装满油料的管子，在管子下面埋设内装炸药的陶瓷容器，通过电起爆或无线电起爆等手段，引爆炸药，

▲ 1940年在英国进行的一次定向火焰地雷爆炸效果展示。

1941年6月发行的《坦克猎杀与摧毁》增补版对"马斯登"进行了详细阐述。"马斯登"重37.2千克，由喷火枪和油罐组成，两者之间由一根导管连接，其安装方式类似于步枪用的刺刀。装在容器中的油料在氮气的压力下通过导管流向喷火枪的控制阀门，该阀门由一根控制杆控制，控制杆在引导喷口的压力下动作，喷火枪的扳机控制引导喷口的张开与关闭。射手扣动扳机，打开引导喷口，使油料流向枪管并被点燃，射向目标，可持续喷射约12秒。

将管子和油料从道路两侧抛向道路，同时点燃油料，以确保敌军没有可以退却逃跑的方向，从而全歼敌军装甲车辆及尾随其后的步兵。

基于火焰喷射器的反坦克战术

关于火焰喷射器的使用，《坦克猎杀与摧毁》详细介绍了"哈维"（Harvey）和"马斯登"（Marsden）。"哈维"是一个容量为83.3升的圆筒，7.62米长，顶部有喷嘴，"安装在车轮上，类似于搬运工的独轮车"，火焰能够被喷射到45.7米的远处，随着压力的降低，喷射距离逐步缩短。"哈维"的主要作用是道路封锁，设置在翼侧喷火效果更佳，其火焰持续时间约为10秒。1941年5月发行的增补内容进一步指出，使用"哈维"时，应选择一个隐蔽的位置，最好是在沙袋后面，并瞄准目标底部实施喷火，附近的步兵使用步枪打击从目标中逃出的敌军或者是伴随坦克行进的敌军步兵。

基于反坦克抛射器的反坦克战术

尽管英国人在逐步引进新式的反坦克炮，也有使用反坦克手榴弹的经验，其本土守卫军和其他军队也大量使用各类燃烧武器等改进型反坦克武器，但英国军队普及便携式反坦克武器还是花了较长时间。1942年8月，英军研制了新式步兵反坦克抛射器（PIAT），这种反坦克武器少量装备了本土守卫军。1942年版的《轻武器训练：超口径迫击炮》（Spigot Mortar, Small Arms Training, Vol. I）指出，这种武器可以直射，可以以较小的角度实施射击，还可以像迫击炮一样进行大角度的曲射。使用6.35千克重的炮弹攻击人员时，射程可以达到915米，发射9千克重的反坦克炮弹时，射程只有550米，紧急情况下最快发射速度为每分钟15发，一般情况下发射速度不会超过7发；作为一种"便携式"的步兵随伴武器，PIAT可以被分解为5个部分，以方便运输和携带；15英担的卡车可以运输这种抛射器，外加24发炮弹和5名操作人员（瞄准手、装弹手、两名弹药手、指挥员）。

1942年早期对PIAT进行了测试，结果表明其有效射程为105米，破甲厚度为75毫米。英国人大规模列装了PIAT，每个步兵连配发3具，每个排1具，以进一步增强步兵连对坦克的防护能力，在伏击坦克的战斗中也可大量集中使PIAT。这种武器不仅仅用来攻击装甲车辆，也可以打击野战工事、房屋和350米以外的集群目标。射手采取卧姿使用PIAT时，要将发射器炮口向上与身体平行放置，双脚踩住T形肩托的两边，然后一手拉炮口环，一手拉握把，靠两手两脚合力完成上膛。诚然，PIAT是一种较为有效的武器，还可重复使用，但15.4千克的重量对于步兵来说不算轻便，操作难度大，相对于"巴祖卡"来说射程较近，与德军步兵反坦克武器相比，穿深方面的劣势也很明显。

1943年版的《步兵反坦克抛射器》指出，使用PIAT实施反坦克战斗时，必须把握以下5点：

1. 在91米左右的距离上使用；

2. 对发射阵地进行伪装，尽量达成突然性；

3. 尽量从侧翼和后部攻击敌军的装甲车辆；

4. 由于携弹量有限，必须将敌军放进有效射程范围内实施射击，以确保一击必杀；

5. 正常情况下应在狭长掩壕中使用。

1944年版的《步兵训练》专门列出一个章节，阐述步兵如何与敌装甲车辆战斗。必须指出，尽管抗击敌军装甲车辆的攻击是步兵的任务，但面对步兵与坦克的协同攻击，单靠常规步兵武器是不行的，必须依靠反坦克武器，不论这种武器来自步兵还是来自其他兵种。《步兵训练》指出：步兵必须将其反弹武器伪装好，敌坦克接近时不能逃跑，要待在自己的堑壕内，敌军坦克经过后再突然开火，打击敌军的随伴步兵，而后使用反坦克武器攻击敌军坦克。

作为敌军的坦克分队来讲，将尽量避开森林、篱笆、村镇等对机动能力限制较大的地形，而选择良好的道路进行迂回攻击，为避免遭到防御者的反坦克手榴弹、PIAT和其他反坦克武器的攻击，敌军的坦

▲ 肯特郡警卫团的士兵正在操作"布莱克"大口径爆破器，这类抛射器发射位置固定，能够使用大口径榴弹打击敌军，相对于反坦克武器，其性能更偏向于压制性武器，基于此类原因，英军又研发并装备了一些型号较小、且更为轻便的反坦克发射器。这种超口径抛射器最终被更为轻便的反坦克抛射器所取代。

▲ 行军中英军PIAT射手，这名反坦克发射器手不仅携带着反坦克发射器，在后背的背囊和背囊下面的充气斗篷之间还插着75号"霍金斯"反坦克手榴弹，该弹于1942年装备英军步兵部队，内部可混装多种炸药，也经常作为反坦克地雷使用。

克分队在接近防御者的防御阵地时，将会异常的小心谨慎。面对这种情况，作为预备队的步兵分队将担负机动伏击敌军坦克分队的任务，每个步兵连都要接受这种训练，以便在战时执行这种任务。步兵排的所有官兵都要接受待在狭长掩壕中经受坦克碾压的训练，开始时都会产生"可以理解的担忧"，但反复训练后，官兵们将会懂得，只要他们降低身体隐蔽好，就不会遭到坦克的碾压。

其他简易反坦克战术

约翰·兰登·戴维斯少校在其撰写的《本土守卫军训练手册》中详细描述了另一种较为简单的方法，既不需要油管，又不需要挖洞，不过实战效果存疑："在乡村的街道上，或在两边都是树林的道路上，利用两边的建筑或树木，拉起充满石蜡的遮障，敌军坦克经过时，点燃遮障并使其落下，覆盖整辆坦克。这种方法可以使坦克车组乘员观察受限、窒息而亡，在遮障物燃烧完之前，为增强干扰和窒息效果，可向其添加大量的易燃物质，攻击者必须在战前在路边准备好凤尾草、树枝等易燃物质，并使用干草叉将其投向坦克。坦克车组乘员被干扰和窒息时，攻击者应将这些物质投向坦克的车顶和两侧车体上部。在村镇伏击敌军坦克时，应在道路上设置路障，并使用上述方法实施攻击，同时在一楼的房间内，预先放置装有柏油、石蜡的管子，遮障被点燃时，将这些管子投向燃烧的火焰……"

使用浸满油料的毯子攻击坦克这类办法很难奏效，但偶尔的成功都会鼓励那种使用悬挂物来欺骗坦克的理念。德里克·维普（Derek Whipp）甚至在他的巷战手册中提出，用床单来遮蔽街道深处。《坦克猎杀与摧毁》也指出：坦克车组成员在街道上碰到这种这样的情况时，第一反应是迅速停车，观察周围是否有路障或者是伏击。其他措施诸如随机挖掘的散兵坑、假地堡，虽然不能够对敌产生威胁，但可以吸引敌军注意力。正如戴维斯少校指出的那样："坦克乘员必须观察并核实街道上出现的任何异常物体。汤盆很容易被伪装成地雷，放在街上能够有效阻止坦克的行动。你放置几个汤盆后，敌军坦克要停下来进行核实，此时你就可以集中火力来打击敌军的坦克。可以在其他地方埋设真实的地雷，因为敌军坦克乘员发现汤盆伪装的地雷后，很快就会忽视真正的地雷。水桶、垃圾箱、手推车等等物品也许不能对敌军坦克产生真正的威胁，但毫无疑问可以延缓其推进速度。"

伏击坦克的战术要点

反坦克战术的关键词之一是"伏击"，这里不得不提1940年改进的伏击战术，对于这一战术，1942年版《指导手册》吸纳了大部分观点，1944版《步兵训练》又将其纳入书中。这种战术指出：在伏击地点的选择上，要选择对坦克等装甲车辆机动性限制较大的地点，又不能选择在那些限制性比较明显的区域，如S型的隘路，对于装甲部队来说是天敌，任何敌军装甲部队行军时都会尽量避开这种道路。较为理想的伏击区域是"一条普通道路，这条道路会有稍微弯曲，路旁有房屋、墙壁、河堤、稀疏的树林，装甲分队从道路上撤退难度较大，但也不是不可能"。反坦克伏击小组通常会搭乘车辆沿着预定的伏击道路"走一圈"，确定车辆减速的地点，找出在道路上能够相互观察、相互支援的地点，探察从道路上撤退的路线等等。根据上述情况，反坦克小组将制定针对性较强的伏击战术。针对敌可能的撤退路线，用地雷封锁是较为理想的选择。

在制定反坦克战术过程中，首先为每个班分配1个攻击目标（坦克等装甲车辆），并将伏击分队配置在离道路不远的

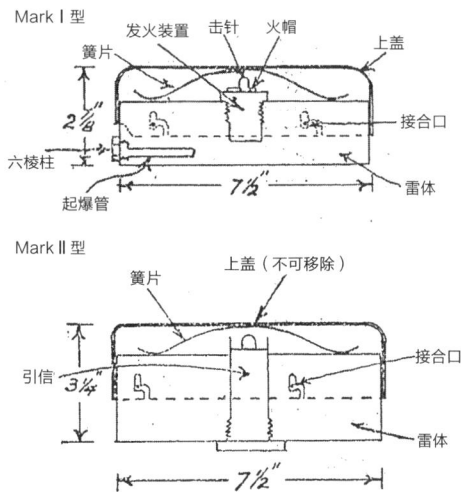

▲ 根据1940年的修正案，英军对1939年出版的《反坦克地雷》进行了修订和再版，图片摘自再版版本，介绍了Mark I 型和Mark II 型反坦克地雷的结构。

地方，最好配置在狭长掩壕内。坦克车长一般在炮塔内，高度高于地面，能够观察到道路两旁的洞穴。那些紧邻的洞穴是反坦克小组的天然隐藏点，也是坦克等装甲车辆的重点打击目标，因此，反坦克小组在占领狭长掩壕时要避开那些天然洞穴，做好隐蔽伪装，防止暴露伏击意图。为防止误伤，通常将反坦克小组配置在道路的一侧，这样做不仅能够在快速攻击后快速撤离战斗现场。组织撤退时，要首先发出撤退信号，同时要在远离伏击地点的地方指定一个集合点，供撤退人员会合。释放烟幕迷惑敌军是一个聪明的选择，集合点应选择在下风处，这样不仅掩护伏击行动，同样也能够掩护撤退行动。理想的伏

击战场景是，风吹过后，只剩下残存的敌军待在道路上，而攻击者已在烟幕的掩护下随风而散。

在设计伏击战术时，要考虑到敌军装甲分队的先遣装甲侦察车，伏击分队可以歼灭装甲侦察车，但首要任务是伏击敌完整的装甲分队，所以应忽略装甲侦察车，任其通过自己的伏击区。敌军坦克等装甲车辆被突然伏击时，那些已经穿越伏击区的轻型装甲车辆将返回伏击区，协同坦克进行反伏击战斗，因此伏击者也要部署一些武器打击这些轻型装甲车辆。理想情况下，为减少伏击分队的损失并增强突然性，反坦克伏击战斗的持续时间一般为2-3分钟。构筑好伏击阵地后，指挥员将派出观察员和哨兵，这类警戒人员能观察到从远处而来的敌军，从而及时发出警报，伏击小组接到警报后，应从离伏击区不远的休息地点出发，快速占领伏击阵地，因此在战斗中，伏击小组长时间静静地待在伏击堑壕内等待敌军出现的可能性并不大。

勘察地形后，在制定伏击战术过程中，通常要选择3个"伏击点"和1个"截尾点"，在后者所在的区域，伏击者要能够解决3辆坦克。第一个"伏击点"又称为"堵头点"，主要针对敌装甲车队行军的第一台车辆而设计。在"堵头点"，反坦克小组一般使用反坦克地雷或75号反坦克手榴弹，用绳索或电线将其捆在一起以增加威力，并将其埋设在路上，用绳索来控制起爆时间，敌军第一辆坦克经过时，反坦克小组拉响地雷炸毁敌坦克。敌军坦克在穿越炸点时将被反坦克地雷炸毁履带而失去动力，阻塞后续坦克的行进路线，行军纵队中的第二、第三辆坦克将减速或被迫停车，根据上级命令采取下一步的动作。就坦克部队而言，他们接受的训练就是面对这种情况应快速脱离道路，如果伏击者设置了第二、第三"伏击点"并在坦克行军队形尾部设置了"截尾点"，则坦克纵队要脱离道路也是有一定困难的。

真实的伏击情况是：反坦克小组在烟幕的掩护下展开伏击行动，发烟手榴弹产生的烟幕会干扰坦克的各类观察舱口，使坦克内部乘员产生不适，甚至降低其战斗力。烟幕变浓时，反坦克小组将跃出堑壕，将黏性炸药贴在坦克发动机的部位，如果情况允许，也可以贴在坦克炮塔的顶盖、炮塔容易被击穿的部位和坦克主炮的基座底部。黏性炸药将发动机外的装甲炸毁后，反坦克小组可以用"莫洛托夫鸡尾酒"这类武器攻击坦克裸露的发动机，将坦克点燃。在伏击战斗中，因时间有限，PIAT反坦克组可能只有1次发射的机会，伏击分队的其余人员则发扬火力，打击位于其他装甲车内的步兵（此时他们被迫下车掩护坦克）。伏击分队还应当使用50.8毫米迫击炮在上风处发射烟幕弹，增大敌方坦克脱离道路的难度。

入夜后，装甲分队一般在坦克隐蔽场、灌木丛、树林等地组织宿营，步兵在夜间攻击宿营的坦克也不失为一种好方法。尽管进入宿营地的坦克分队容易受到袭击，但机警的坦克分队指挥员在组织宿

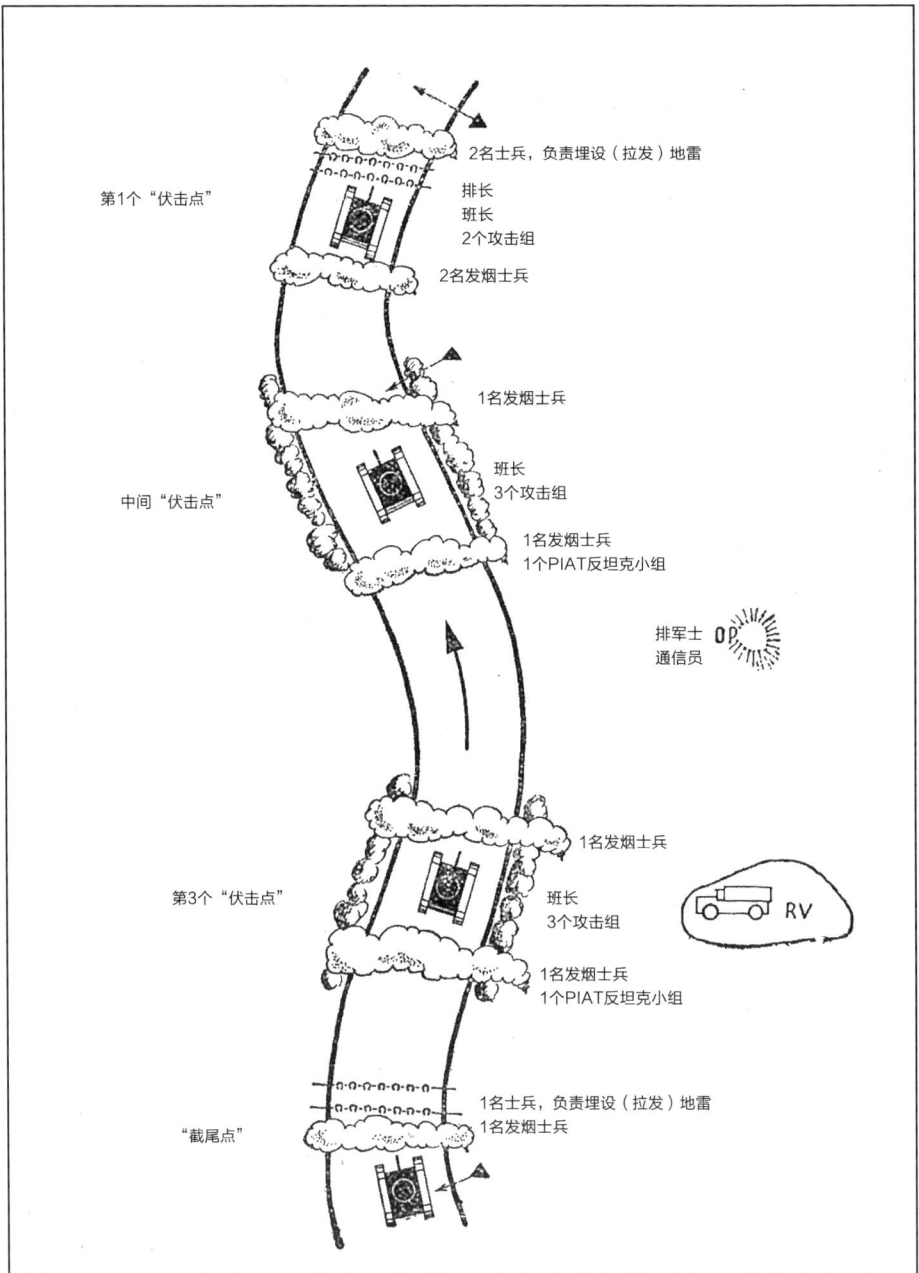

第1个"伏击点"

2名士兵，负责埋设（拉发）地雷

排长
班长
2个攻击组

2名发烟士兵

1名发烟士兵

中间"伏击点"

班长
3个攻击组

1名发烟士兵
1个PIAT反坦克小组

排军士 OP
通信员

1名发烟士兵

第3个"伏击点"

班长
3个攻击组

1名发烟士兵
1个PIAT反坦克小组

RV

1名士兵，负责埋设（拉发）地雷
1名发烟士兵

"截尾点"

▲ 1944年版的《步兵训练》有关伏击坦克的图解。

营时，会派出各类警戒哨和巡逻队，指派1-2辆坦克随时保持待战状态，以应付突发情况。发现敌情时，各类警戒人员迅速回撤，用探照灯照射周边，使用坦克上的自动武器对周边实施射击。要攻击这种宿营状态的坦克分队，攻击分队在战前必须组织十分周密的侦察。担负攻击任务的步兵排成夜间巡逻队形隐蔽接近预先选定的进攻出发阵地，而后派出两名夜间战斗技能较强的士兵，隐蔽前出并接近坦克分队宿营地，寻找接近宿营中央位置的道路。

担负攻击任务的步兵排排长在制定战斗计划时，必须充分考虑战场环境的影响，根据不同的战场环境制定不同的战斗计划。一般而言，最佳的攻击方法是编组若干个小规模的战斗小组，利用敌军的间隙、结合部渗入敌军营地，而后机动至营地中央，由内向外实施攻击。这种攻击方法能够达成战斗的突然性，也能有效避免坦克机枪火力的杀伤（一方面，坦克宿营时，火炮和机枪朝向营地外；另一方面，坦克转向后，为避免杀伤营地中央位置的己方人员，不敢向营地中央位置射击）。作为攻击排的排长，如果能在组织各个战斗小组由内向外实施攻击的同时，编组一些类似于巡逻队的佯攻分队，在营地外发起佯攻，就能有效分散敌军注意力，取得更好的战果。

在攻击行动中，各个战斗小组要使用反弹颗手榴弹、各类燃烧弹等反坦克武器攻击坦克的薄弱部位，损毁甚至直接摧毁坦克；攻击者可以改装反坦克地雷的引

▲ 上图为攻击坦克，并向坦克投掷黏弹（两种行动并非同时发生），敌军坦克似乎是以德军 II 号坦克为原型绘制的；下图为向敌军坦克投掷"防坦克链球"，绳子两端的烟雾手榴弹爆炸后将遮蔽敌坦克视野。

信和导火索，形成延时炸弹，将其放置于装甲车内，待攻击分队撤退后爆炸，同时攻击分队在撤退时，在敌军可能追击的路线上埋设反坦克地雷；撤退时，速度是关键，攻击分队必须快速撤离战场，向预先确定的集合点机动。

第三节 美军反坦克武器及其战术运用

基于反坦克枪榴弹的反坦克战术

1941年年底与1942年，美国陆军也投资发展反坦克枪榴弹。与德军一样，美军早期的反坦克枪榴弹（如M9型）也使用榴

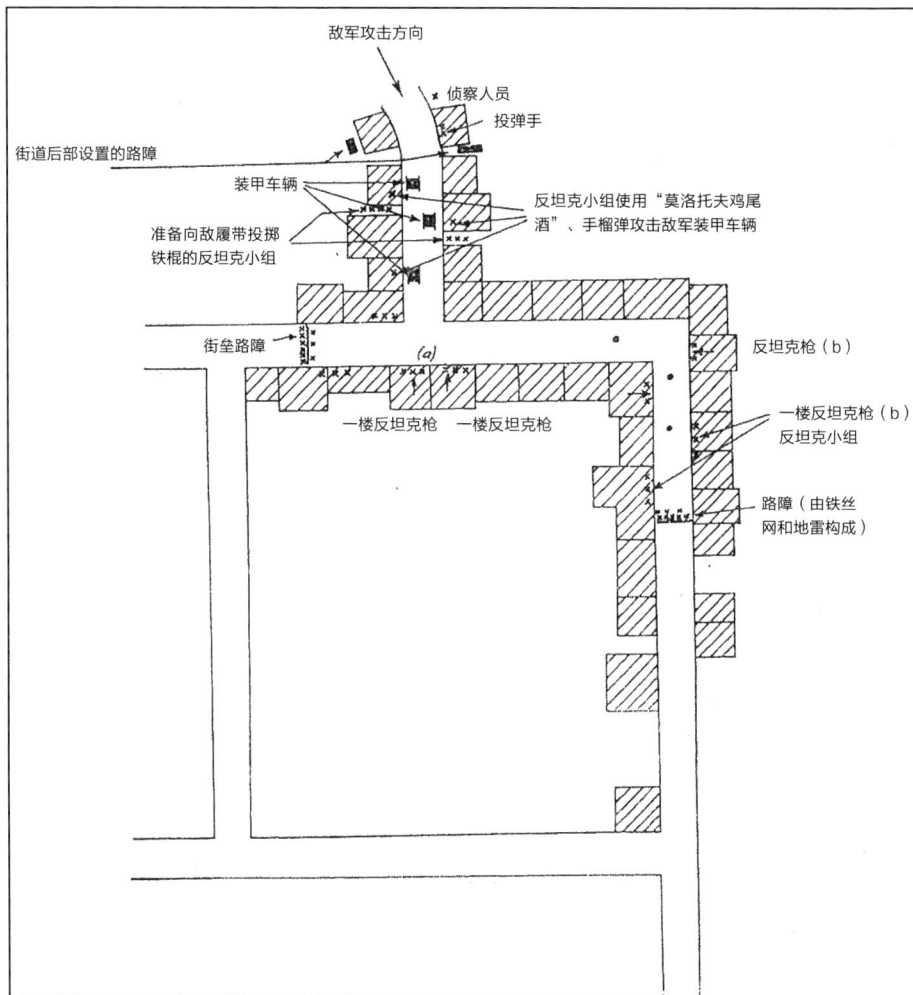

图中标注文字：

- 敌军攻击方向
- 侦察人员
- 投弹手
- 街道后部设置的路障
- 装甲车辆
- 反坦克小组使用"莫洛托夫鸡尾酒"、手榴弹攻击敌军装甲车辆
- 准备向敌履带投掷铁棍的反坦克小组
- 街垒路障
- 反坦克枪（b）
- (a)
- 一楼反坦克枪　一楼反坦克枪
- 一楼反坦克枪（b）反坦克小组
- 路障（由铁丝网和地雷构成）

▲ 图片摘自1940年版的《反坦克战术》，显示了在一个城镇居民地内伏击坦克的示意图。从图中可以看出，在正在接近的敌军视线范围之外，街道上都设置了路障。防御者在建筑物的高层楼房，使用轻武器打击敌军时，部分人员将一辆卡车悄悄移至敌军战斗队形的尾部，用以充当路障断敌退路。坦克猎杀组使用"莫洛托夫鸡尾酒"和反坦克手榴弹等武器打击进入猎杀陷阱内的敌军坦克等战斗车辆。位于a位置的反坦克枪应隐蔽射击位置，直到敌军坦克越过路障，或者是其轻型车辆被路障所阻碍时，立即发扬火力摧毁敌军车辆；敌军车辆继续前进时，位于b位置的反坦克枪开始发扬火力；敌军车辆经过若干个机枪组，突破几层反坦克枪火力后，就会进入反坦克猎杀陷阱。设置在敌军战斗队形后尾的卡车，应装满石块，即使是被敌军火力所摧毁，石块也能起到路障作用，封锁敌军退路。

弹发射器发射，但性能还不如德军的同类装备。后来美军又以M9型为基础研发了M9A1型反坦克枪榴弹。起初，美军使用1903斯普林菲尔德步枪来发射枪榴弹，二战后期改用M1型伽兰德步枪发射。最初美军每个步兵班装备1具步枪挂载的榴弹发射器，后来增加为2具、3具。《炮兵连》（Cannon Company）手册指出，M9A1型反坦克枪榴弹的杀伤效果取决于目标的距离和类型，对于轻型坦克和中型坦克"有效"作用距离不超过94.57米，M9A1型反坦克枪榴弹也可作为"手榴弹来使用，打击对方人员，使用步枪发射时，其发射角度要高，有效射程为238米，在辅助器材的帮助下，也可以杀伤293米的目标"。

1943年版《榴弹，手榴弹、枪榴弹》指出：限制M9A1型反坦克枪榴弹发展的一个重要因素是榴弹的飞行速度太慢，这也是所有枪榴弹的通病。要命中54.57米的目标，射手需要以5度的仰角进行射击，扣动扳机之后，榴弹需要在空中飞行近1秒才能命中或错失目标。要命中238米的目标，射手需要45度仰角射击，在命中目标前，M9A1型枪榴弹需要在空中飞行7.5秒，攻防双方都能听到榴弹在空气中飞行的尖啸声，即使反应再慢的步兵也来得及慢腾腾地走开。用安装M8榴弹发射器的卡宾枪发射时，要命中168.25米外的目标，射手要以最大仰角实施射击，榴弹的飞行时间超过6秒。如果没有在战前改造地形以限制坦克机动的话，那么在实战中敌坦克将不会待在原地任由攻击，而是利用这6秒进行规避

机动，如此一来，命中目标就只能是"水中捞月"了。加之各类枪榴弹的破甲厚度一般在75-10毫米之间，对付中型坦克已经力不从心，所以在大多数情况下，步枪榴弹发射器都是作为美军步兵班的最后一道反坦克火力而存在的。

基于"巴祖卡"反坦克火箭筒的反坦克战术

"巴祖卡"反坦克火箭筒口径为60毫米，重5.9千克，发射1.54千克重的高爆穿甲火箭弹，最大破甲厚度为80毫米，于1942年底装备部队使用，在北非登陆中首次亮相。该型火箭筒的握把类似于手枪握把，内装电池组，筒口初速为每秒91米，使得命中运动目标成为可能，设计者宣称能够在274的距离上"精准"地命中移动目标，命中645.7米距离上的任何野战目标，其反坦克效率要比反坦克枪榴弹要高出30%。1942年下半年，少量的"巴祖卡"反坦克火箭筒列装了苏联军队和英国军队。1943年中期，"巴祖卡"成为美国陆军的主要反坦克武器之一，每个步兵营编制29具，每个步兵连5具，其余的配发给营部或火力支援单位。

1944年版的美军战斗手册《步兵连》指出：火箭发射器和其使用的高爆弹药，首要用来打击敌方的装甲车辆，第二层次的打击目标包括敌方重武器操作组、地堡射孔、碉堡、集群步兵等，也可以用来打击砖石建筑和水泥建筑，在实战中，必须节省使用弹药，以便能够有效地实施反坦

克战斗。"巴祖卡"由2人小组操作，必须经过专业的操作训练，掌握其使用技巧、维修保养等内容，但步兵连的其他官兵也必须会操作使用该武器。必须进行实弹训练，以确保官兵掌握其机械性能、射击技术、指挥要点，体会其技术性能指标。实弹射击训练包括卧姿射击、立姿射击、跪姿射击、坐姿射击，也包括从散兵坑中、射击掩体、弹坑中射击。

发射反坦克火箭所用的"射击掩体"和"散兵坑"在战争后期的战斗手册中有所论述。1944年版的战斗手册《反坦克连》对"射击掩体"进行了详细的描述："射击掩体"是一个圆形的散兵坑，直径为914毫米，1066.8毫米，这种的空间足够容纳两名战士，副射手装弹后，可以通过旋转，避开火箭筒的尾喷，正射手也可以旋转筒身，使得后喷口避开副射手。"射击掩体"没有防护性的胸墙，这样射手以一定的仰角向各个方向射击时，胸墙不会将尾焰反射回来烧伤射手。在土质比较坚硬的情况下，射手挖掘较大空间射击掩体的难度较大，而较小空间的射击掩体容易遭到敌坦克的碾压，在这种情况下，往往挖掘两个距离很小的狭长掩壕，分别供正副射手使用。

出现紧急情况时，反坦克小组必须离开由散兵坑构成的基本反射阵地，到更深的坑道中寻求隐蔽。一般来说，构筑一个基本发射阵地需要1个小时，构筑一个隐蔽用的坑道需要4.5小时。假如在坚硬的地表构筑反坦克小组的基本发射阵地，那么可以在散兵坑的基础上，向下挖掘一个圆柱形的小坑，供反坦克小组在紧急情况下隐蔽。蜷曲在狭窄的坑洞中肯定是一件不舒服的事情，但总好过被坦克碾压，且构筑这种带有坑道的基本发射阵地（散兵坑）仅需要3个小时。

丰富的实战经验为反坦克小组的战术运用提供了丰厚土壤，也推动了"巴祖卡"的战术发展。根据任务的不同，只要时间允许，步兵连长就会将"巴祖卡"反坦克火箭筒部署在最有利的位置上，抗击敌军坦克的攻击，如针对敌军坦克可能的"接近路"，步兵连长往往将"巴祖卡"配置在前端战斗队形的尾部。反坦克小组在战斗中一般不与敌军坦克发生直接接触，而是在一定距离外发扬火力摧毁坦克，因而除了反坦克任务之外，步兵连长往往赋予反坦克小组其他的任务，如发现敌军坦克后示警、预先侦察地形以选择发射阵地等等。示警的手段有很多，一般通过简易信记号示警，如吹响号角、摁响3声电喇叭或对空鸣枪3次等等。普通士兵接到警报信号之后，往往"拍打步枪或卡宾枪"来传递敌方坦克接近的信号，也可在观察到敌方坦克后用这种方法示警。发现敌军坦克的攻击行动后，正在行军时的分队要立刻离开道路，所有人员要利用壕沟、坑道、洞穴进行隐蔽，为提升防御的稳定性，必须抓紧构筑堑壕和各类武器的发射阵地。敌军坦克攻击时，反坦克小组主要打击敌军坦克，其余步兵主要对付随伴坦克的步兵和乘车战斗的敌军。

反坦克战术要点

美军1942年3月下发的野战条令FM21-45《单兵与小部队隐蔽措施》围绕"对装甲武器的防护"主题对徒步机动的步兵班进行了详细论述。美军的情况通报开篇常常介绍装甲车辆总体性能、装甲部队的训练情况、如何发现突然出现的装甲车辆等。《单兵与小部队隐蔽措施》开篇就采用图解的方式，详细介绍了德军坦克的特性以及各类轻武器和手榴弹对其杀伤能力，这些资料都来源于英军的情报。通过学习这些资料，美军的步兵可以了解到，一些武器（如M2重机枪）在设计之初就考虑过击穿装甲侦察车等轻型装甲车辆。

在反坦克战术方面，经常出现的关键词就是"出其不意"和"主动进攻"：要站在敌军装甲车组人员的角度来分析当前所面临的地形条件。尽可能接近敌军装甲车辆，为此要做出周密的计划。充分利用各类有利的地形条件，如较大的石块、树桩和树木等。采取各种可能的措施，对射击阵地进行伪装，将射击时暴露的可能性降到最低。尽可能在湿润的土地上射击，以免射击时扬起的尘土暴露射击位置，如果土地干燥，就想办法将其弄湿，也可使用湿的袋子、席子或者是新鲜的树枝、叶子、草等物品将射击位置伪装起来。要选择预备阵地，以便在基本发射阵地暴露后快速转移射击位置。如果射击位置暴露，敌军就可以通过隐蔽机动，采取正面牵制、翼侧攻击或者是侧后迂回的方式发起攻击。针对这种情况，要分析敌军可能的

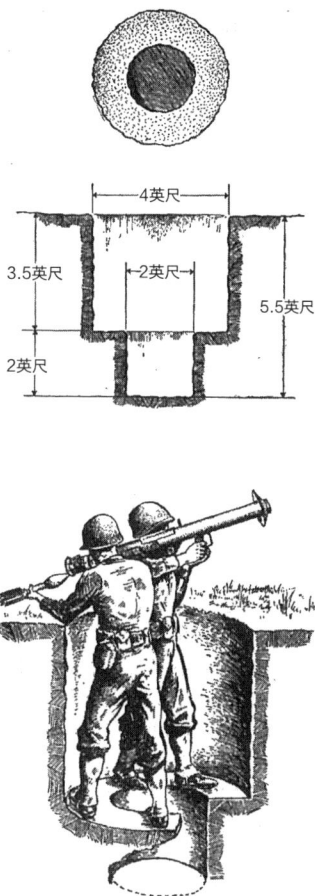

▲ 1944年版的美军野战条令FM7-10《步兵连，步兵团》，以图例的方式对"巴祖卡"反坦克火箭筒使用的射击掩体进行讲解。

迂回接近路线，并制定相应的应变计划，挖掘壕沟以阻止敌军装甲车辆的机动是一个不错的选择。成功的反坦克战术依赖于突然性，敌军装甲车辆接近时，在作出有效的射击前尽量保持火力静默，平时就要加强心理训练，以免在步兵班组成员在敌

▲ 1944年12月23日，美军第7装甲师部署在比利时维尔萨姆附近的76.2毫米反坦克炮。

军装甲车辆逼近的压力下提前开火，暴露本班的阵地位置。

在反坦克战术方面，更为有效的方法就是"伏击"，隘路等空间有限的地形能够极大限制装甲车辆的机动，在这种地形上实施伏击行动效果更佳：要沿着隘路的两侧尽可能的分散配置己方人员。设置反坦克地雷时，应当将其捆绑在木板上，这样就能够根据敌军装甲车辆机动路线的改变快速从地下抽出，重新布设在敌军装甲车辆机动的路线上。要在隘路上设置反

坦克地雷，敌第一辆坦克被摧毁后，要隐蔽接近后续的坦克，将反坦克地雷扔到其履带下面。要控制好轻武器和手榴弹的使用，针对敌未受伤坦克的行动情况，快速调整轻武器和手榴弹的使用。要发扬轻武器火力，打击敌军坦克上的观察镜，使用手榴弹攻击坦克的履带，这需要精确瞄准。要尽可能地接近坦克，这样才能发挥轻武器和手榴弹的威力。如果敌军坦克的火炮指向你所在的位置，要尽量隐蔽好，如果射击时暴露了自己的位置，要充分利用敌

军坦克炮转向你当前位置的时间快速转移到预备射击阵地，并呼叫其他方向的火力打击敌军坦克，以吸引敌军注意力。要利用发烟手榴弹和发烟筒的干扰效果掩护己方人员接近敌方坦克，烟幕通过坦克的排气系统进入坦克内部后，其内部乘员可能会打开坦克炮塔的顶盖，企图下车战斗，这时你可以充分发挥你手中步枪、手枪和手榴弹的威力，彻底歼灭敌军。烟幕干扰敌军坦克后，在强大的心理压力下，为脱离战场，敌军坦克可能会盲目的机动，从而造成相互碰撞，其坦克车组人员可能在碰撞中失去战斗力，也可能企图离开撞毁的坦克，此时要发扬火力，歼灭这些战斗力较弱的人员。

森林是理想的伏击坦克的地形。在这种地形上，狙击手能够尽可能地靠近坦克，并在其进入坦克内部之前，逐个击毙敌军的指挥员。在较差的地形上，轮式车辆机动能力受到较大限制，其行军纵队很容易遭到反坦克武器的袭击。1940年年底，随着反坦克战术的发展，英军的一些战术书籍详细阐述了上述情况。这些书同时指出，需要为反坦克武器配备前进观察员，以引导反坦克火力，这种理论迅速被大西洋两岸的英军和美军所接受。有趣的是，美军1942年的一些战术书籍指出，在机动训练当中可以发现，步兵距离坦克91米以内时，战斗双方优劣各半，且对于轻型或中型坦克而言，37毫米和75毫米反坦克炮是较为有效的武器。

对于防御一方而言，遭到敌军装甲车辆的攻击时，主要的打击目标是敌方的步兵、暴露的乘车人员或距离很近的装甲车辆。步兵手中的轻武器对敌军装甲车辆的杀伤力小，不过战况有利时，使用反坦克弹药重复攻击坦克的主动轮、转向轮、悬挂的履带也可产生较好的效果。敌方坦克周边没有出现随伴的步兵时，可使用轻武器攻击暴露在装甲车辆炮塔外部的乘员和从车辆后门向外射击的乘员。

在反坦克战斗中，防御者使用各类轻武器打击地方随伴步兵，使用反坦克枪榴弹、反坦克火箭来打击敌方装甲车辆，在反坦克武器被敌方摧毁或条件不利时，要进入隐蔽部实施隐蔽。敌军坦克经过后，防御者必须立刻从隐蔽部出来，重新占领发射阵地，发扬火力打击后续的敌军集群步兵、暴露在装甲车辆外部的敌方人员或后续随伴坦克的步兵。

在一些美军战斗手册中还可以看到，他们会在前沿防线上部署一些团属反坦克炮，并向战斗警戒位置派出火力引导员，引导反坦克炮火的运用，同时强调这些反坦克炮的使用必须和团属反坦克预备队结合起来。一般来说，反坦克武器并不单独使用，在敌军可能的坦克接近路，防御者需要埋设地雷、设置反坦克障碍，反坦克武器与这些障碍结合起来使用效果会更好。

第六章
装甲步兵和步坦协同战术

坦克采取跃进的方式，从一个遮蔽处到另一个遮蔽处，逐步向前推进，对前方地形进行侦察，同时发扬火力，掩护徒步的装甲掷弹兵。

——《德国军事力量》

第一节 欧洲各国对机械化建设的探索

二战期间，战术发展的一个重要里程碑就是步坦协同战术。英国军队早在1920年就制定了军队机械化建设总体目标，因此有人说英军是步坦协同战术发展源头，这一论断到现在仍有争议。实际上，实现机械化难度很大，世界各国不仅要打破传统保守的骑兵势力，而且要克服由于经济萧条所带来的军事预算缩减的影响，尽管如此，一战结束后，支持军队机械化建设的声音逐步显现。

装甲部队发展史上，有两位值得一提的关键人物，一位是英国的富勒少将，装甲战的首倡者；另一位是利德尔·哈特，他后来评价富勒关于装甲战的观点"突破

常规、全面系统、令人印象深刻"，具有较强的说服力。富勒认为，坦克战并不神秘，且而具有无限的发展潜力，装甲部队几乎可以取代陆地上的其他任何一切，用文学用语来形容装甲部队，就是"陆地之海"上由各种各样"陆地之船"组成的"舰队"。这种比喻并不新奇，早在1903年，英国作家赫伯特·乔治·威尔斯的故事里就有"陆地铁甲舰"一说，英军第一辆坦克也被称为"陆地战舰"。

1918年，有人提出用速度相对较快的"轻型战车"伴随着速度相对较慢的步兵支援坦克实施战斗。美国人在发展装甲部队时，刚开始使用法国人的装备，后来又参加了英国人的"解放者"坦克研制计划，研制工作预计于1919年完成，但战争在1918年底就结束了。利德尔·哈特声称

▲ 吉法德·马特尔少校。

▲ 英军总参谋长乔治·米尔恩。

自1921年开始探索装甲战，但实际上在更早的时间，他就提出了"陆地陆战队"，即装甲步兵的概念，在与吉法德·马特尔（Giffard Martel）少校、查尔斯·博尔德（Charles Broad）少校、乔治·林赛（George Lindsay）上校等人的共事过程中，利德尔·哈特关于装甲战的思想得到了进一步丰富和发展。用现在的观点来衡量，这些探索者的观点中也存在一些谬误，如马特尔少校提出整个作战单位可搭乘一辆单兵驾驶的履带车辆，由他负责驾驶、射击、通信、导航等事宜，这明显不切实际。

尽管出乎很多倡议者和专家意料，但实际上，政府部门并没有将"陆地舰队"这一战斗潜力巨大的装备作为军队机械化建设的基础，主要原因有三：一是英联邦地幅辽阔，英国政府并不倾向于建设一支大型且昂贵的陆军；二是在印度和非洲，为确保部队机动性，建设通往所有乡镇的铁路几乎是不可能的事情，即使建成也很容易遭到破坏；三是装甲步兵的出现和后勤保障能力的提升，军队机动能力提升，使得摆脱堑壕战这一梦魇成为可能。

1926年，成立了机械化战争部（Mechanical Warfare Establishment），1934年改名为机械化建设办公室（Mechanisation Experimental Establishment，缩写为'MEE'）。1927年，在总参谋长乔治·米尔恩（George Milne）的促进下，建立了测试装甲车辆的专门部队，1928年，国王皇家来复枪队第2营开始对装甲车辆进行测试；1931年组建了一支坦克旅，这些事件堪称英军机械化建设的里程碑。

在这一进程中，英国人并没有将坦克和步兵作为一个整体来建设，而是作为两个独立的部分分开建设；从英军机械化建设发展整体进程的角度来看，这种做法给后续作战带来了意想不到的麻烦。

从建设的角度看，英军的机械化建设进程缓慢，能够支撑装甲部队机动的道路也没有覆盖整个国家，尽管如此，英军在机械化建设方面还是取得了显著的成绩；"MEE"测试了所有军用车辆，并为其编写了使用说明；政府部门制定了梦幻一般的措施来鼓励内燃机行业的发展，并采取各种方法督促其发展水平跟上战争需求；最重要的是，炮兵获得了火炮牵引车和人员运输车，卡车和小型运输车也成为步兵营的标准装备；1939年的英国远征军已经摆脱了依靠骡马运输的状态，他们使用从各个殖民地运输来的油料保障军队的机动，而不是到处搜集骡马吃的饲料。在集中保障下，油料能够通过铁路和船运输送到驻地遥远的军队之中，极大地提升了军队的机动能力。

一战后，《凡尔赛条约》规定德军的摩托化运输车不能超过5000辆，完全禁止德军拥有坦克，也禁止其投入资金研制装甲车辆。波兰和波罗的海国家的严密封锁也使得德军从外界获取相关信息和资料的渠道日益减小，增加了德军的机械化建设难度。即便如此，1921年，在哈尔茨山脉地区，运输业发展十分迅速，对国内运输车辆需求巨大，促进了内燃机行业的发展；德国也在苏联境内联合建立了坦克测试中心，并在国内使用假坦克进行训练。

海因茨·古德里安（Heinz Guderian）是德军机械化建设的坚定的支持者之

▲ 海因茨·古德里安。

一，他坚信机械化是未来部队建设的主流。1931年，古德里安晋升为中校，出任国防部部队局摩托化运输兵总监部参谋长，1934年，成立了奥斯瓦尔德·鲁兹（Oswald Lutz）将军领导的装甲兵办公室（Kommando der Panzertruppen），翌年首批3个装甲师成立。

英国人雄心勃勃地计划将所有部队实现摩托化，并编组以坦克为主的装甲师和装甲旅，但直至二战结束也没能完成。与此不同，在德国人的计划中，首先让畜力牵引的重装备实现机械化，同时组建少量具有独立作战能力的装甲师，编制有足够的支援武器、炮兵以及能够执行任务任务的摩托化步兵。

1937年，古德里安出版了《注意，坦克！》（Achtung Panzer!）一书，展示了他对法国、英国机械化建设发展情况的研究，并对摩托化步兵的具体行动进行了描述：装甲运兵车可为摩托化步兵提供装甲防护，装甲运兵车不仅装载步兵和他们的武器，而且可以装载额外的各类补给，如弹药、挖掘工具和其他必要的物品，以确保摩托化步兵可以连续几天实施战斗……负责支援的摩托化步兵在进攻的坦克后面跟进，完善并扩大进攻效果；摩托化步兵必须抛弃其他笨重的重武器，带上大量的机枪和弹药。

步兵的攻击能力在于刺刀吗？在装甲部队内部，大部分人都认为，投入巨资发展坦克的目的就是提供强大的打击能力；另一个问题是，摩托化步兵的攻击能力在于刺刀吗？法国人给出了清晰明确的答案，他们为每个步兵连装备了16挺轻机枪，相比之下德军每个步兵连只装备了9挺。"战斗并不是刺刀风暴，而是在交战中，用我们的火力打击敌军，如果在关键时间和地点，集中火力打击敌军，能获得更好的效果……我们渴望的是，使我们的步兵移动速度更快；拥有更强的火力，更多的特种作战装备；训练有素，能够伴随坦克实施协同战斗。"

古德里安是天生的战术家，个人研究成果颇为丰硕。他在书中主张为摩托化步兵配备装甲运兵车，这种车辆如果是轮式的，则在乡村、丘陵地带机动能力有限，不能满足步兵机动需求；如果是全履带的，则花费昂贵、结构复杂，且德国也没有这么强大的工业制造能力。古德里安认

为，使用半履带车辆装备摩托化步兵较为合适，特别是汉诺马格（Hanomag）公司生产的火炮牵引车，其大小刚好能够装载1个步兵班。

1938年，德军的摩托化步兵和骑兵被改编为"快速部队"（Schnelletruppen），并置于古德里安领导之下；1939年，组建了4个摩托化步兵师，但在波兰战役中只有少量装甲运兵车出现。使用坦克的成功经验进一步促进了机械化建设发展，1940年，德军又通过改编现役师等方式凑够了10个装甲师用于法国战役。

在波兰陷落之后，德军入侵法国之前，英军战术专家一直在努力获取德军战斗实践方面的资料；1940年5月1日以后的英军各类翻译本、文摘和一些出版物将研究重点放在德军全面建设和作战实践方面，第18期《德军简报》就是其中的典型代表，因此英军后来在法国和比利时败北时，至少知道击败英国远征军的就是德军的"快速部队"了。

1941年3月发行的《摩托化步兵团、步兵营战术运用》（Provisional Instructions for the Employment and Tactics of the Motorised Infantry Regiment and Battalion）是德军较为重要的战斗指导手册，1942年，美军将其翻译为《德军摩托化步兵团》（The German Motorised Infantry Regiment）。从这本战斗手册中可以看出，德国人认为，装甲运输车不满编时，只有那些装备足够的装甲运兵车的摩托化步兵才能充分运用这种战术。在常见的德军装甲师编制中，只有一

▲ 1944年法国巴黎参议院墙外被遗弃的德军半履带装甲车，德军不能为所有的装甲掷弹兵（装甲步兵）提供半履带车辆，导致德军装甲步兵战术不能得到彻底运用。

个步兵营和一个装甲侦察营能配备半履带装甲运兵车，其余各营仍然是装备普通的卡车。尽管德军选取Sdkfz 251型半履带装甲运兵车作为制式装备，并加速生产，但直到1944年年底，仍然只有少数的装甲单位，如"大德意志"装甲师、国防军第130装甲教导师的装甲步兵能全部列装半履带装甲运兵车，大部分装甲师的两个装甲掷弹兵团中只有一个步兵营可装备半履带装甲运兵车。

装备轮式车辆的步兵营在公路上也能够快速实施机动，但待在运输车上的步兵能够有多少战斗力呢？实际上，在大多数情况下，这些搭乘普通运输车的步兵真的与敌军发生面对面的战斗、遭到敌军的火力打击时，都只能下车徒步进行战斗。

第二节 德军步坦协同战术

二战早期的德军战斗手册指出：使用轮式车辆保障部队机动时，头车的机动速度最大为每小时24公里，不能超过每小时32公里；作战中有时要求步兵快速机动，但指导手册提醒各级分队指挥员，摩托化机动时，要防止汽车抛锚或损毁。同样的建议也在英军摩托化部队中流行，英军甚至认为，在发动攻击前，摩托化步兵必须下车行动，运输车要停放在视线以外，以备后续使用。实际上，在英军编制序列中，不仅有摩托化营级单位，还有陆军皇家服务部队，负责在非战斗时将步兵旅从一个地点到另一个地点。1939年，英军装甲部队的最大机动速度设定在每小时32公里，以这种速度机动时，要求每个3小时组

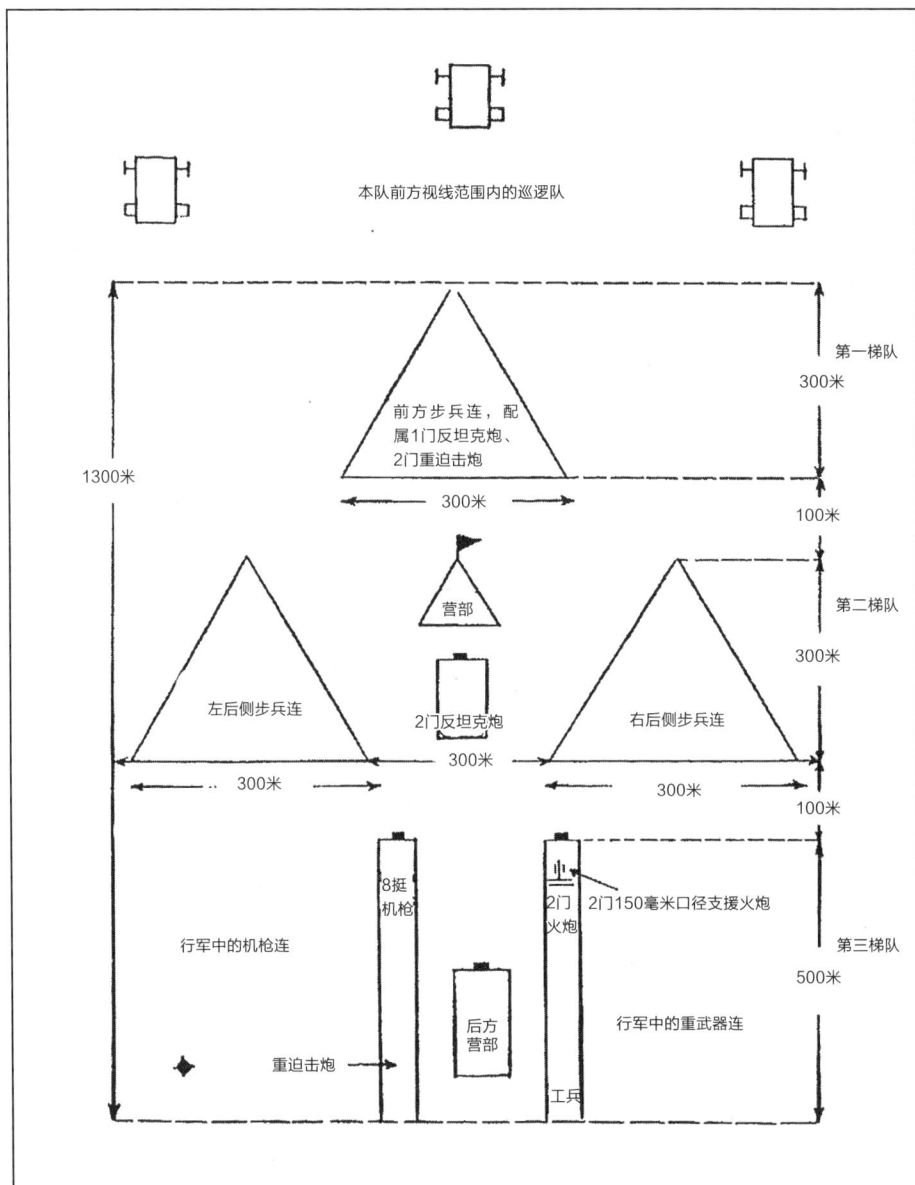

本队前方视线范围内的巡逻队

第一梯队

300米

前方步兵连，配
属1门反坦克炮、
2门重迫击炮

1300米

300米

100米

营部

第二梯队

300米

左后侧步兵连

2门反坦克炮

右后侧步兵连

300米

300米

300米

100米

8挺
机枪

2门150毫米口径支援火炮

2门
火炮

第三梯队

500米

行军中的机枪连

行军中的重武器连

后方
营部

重迫击炮

工兵

▲ 图片显示的是德军装甲步兵营在进攻战斗中所采取的楔形战斗队形，摘自1942年美军下发的《德军摩托化步
兵团》。

织一次休息；英军将卡车等轮式运兵车称为"TCVs"，即"部队运输车辆"（Troop Carrying Vehicles），实际上，直到二战结束前两年，英军才从美国人那里接收到M3半履带装甲运兵车。

德军1941年下发的战斗手册指出：装甲部队主要担负进攻的任务，装甲步兵在不下车的情况下，也能够攻击敌军防御不严密的据点，在野战阵地进攻战斗中，装甲步兵一般随伴坦克发起攻击行动，通常不用下车……摩托化步兵有乘车战斗和下车战斗两种形式，实际战斗中，摩托化步兵经常综合采取两种形式实施战斗。

在土质坚硬且平坦的地形上，装甲运兵车能够像卡车在道路上行驶一样，保持较高的机动速度，其装甲能够防护"轻武器火力、步兵重武器和炮弹弹片的杀伤"，因此，装甲运兵车能够"冒着敌军步兵火力进入战斗地域"。装甲步兵的主要任务是随伴坦克实施战斗，在乡间等地形复杂的地域为坦克开辟机动道路，如在村镇、森林中扫清机动道路上的障碍，又如确保桥梁的安全；装甲步兵还能够攻击敌军的固定阵地，在坦克分队前方夺取有利的战术要点，对敌军发起追击行动，或"扩大突破口和清剿包围圈内的敌军"。

1941年，德军装甲步兵团有2500人，包括2个装甲步兵营、1个炮兵连和一些配属的工兵、通信兵单位，武器装备包括153挺机枪、36门迫击炮、16门反坦克炮（含多种口径）；装甲步兵营包括3个步兵连、1个机枪连和1个重武器连。如战场空间足

够，步兵营应当采取楔形战斗队形，前方步兵连正面300米，全营纵深1300米，1个步兵连在前，2个步兵连在左侧后与右侧后，机枪连和重武器连在后方，在本队前方，营长还需派出担负侦察敌情、勘察行军路线任务的巡逻队。在这种楔形的战斗队形内，每辆装甲运兵车装载一个步兵班，和常规步兵班一样具有独立作战能力，二者最显著的区别是装甲步兵班装备有2挺以上的机枪。装甲运兵车车厢的前部与后部安装有机枪射击用的支架，装甲步兵班可以对空和对地发扬火力，在后期的设计中，车厢上增加了许多附属设施；在车头中安装有2个可以折叠的座椅，供驾驶员和副驾驶使用，在车厢两侧安装有步兵乘坐的长凳，凳子下方的空间可以放置弹药等物资。

1941年的战斗手册指出，地形和天候对于战术运用有较大影响，摩托化步兵分队指挥员在制定战斗计划和机动计划时必须考虑二者带来的影响。大雪、泥浆、沼泽地、浓密的森林和陡峭的斜坡都会影响到战术运用；丘陵地是较为理想的地形，可以提供掩护和反斜面，也能提供合适的观察地点。攻击士气低落的敌军、撤退之敌、河流的渡口，或在森林、山地地形中向前推进时，指挥员应当编组若干"任务分队"，即战斗群，这种战斗群的最小规模应当为连级，并为其配属重武器、工兵，甚至可能配属坦克。指挥员"决心不惜任何代价向前推进"时，第一要务就是派出巡逻队实施侦察，将任何不适当的冒

险所带来的危险降到最低程度；同时，考虑到下属各个分队分布在较大的地幅，指挥员在下达命令时，要充分考虑命令的传递时间和分队的反应时间。

在接敌过程中，装甲步兵能够利用装甲运兵车的装甲实施有效防护，并利用其强大的越野能力，从敌意想不到的角度集中火力实施攻击。由于装甲运输车能够形成有效防护炮弹弹片等，装甲步兵能够接近至更近的距离来发起攻击。装甲步兵强大的机动能力可以无视一般地形的限制，具有"速度和灵活性"优势，这使得指挥员敢于无视自身暴露的翼侧，大胆占领"战斗中心"的有利位置；速度、集中兵力、隐蔽机动，成为装甲兵战术中达成突然性的关键词；装甲运兵车数量较少时，往往作为战斗车辆被集中使用。

在地形开阔、平坦且交通发达的地区战斗时，指挥员会减少单兵和运兵车的负重，以使卡车等运兵车辆能够以最大速度机动，分队能够快速"从行军状态"展开战斗队形。此时分队往往会展开成正面较宽的战斗队形，以最大限度的利用地形增强火力的首次打击能力。也就是说，指挥员能够通过较快的机动速度、较短的行军队形与战斗队形转换时间来达成突然性。这就是"摩托化行进间发起攻击"，攻击者应坐在运兵车内尽力接近敌方，直到不能前进时再下车发起攻击。在实施此类攻击时，攻击分队乘车接敌，遇到复杂地形时攻击分队再下车，利用复杂地形隐蔽展开战斗队形，并最后发起攻击之前，将运输车集中停放并实施隐蔽伪装。

另一种攻击发起方式是"预有准备的攻击"，攻击者首先乘车到达预定进攻出发地域或预定进攻出发线，在此地短暂停留，步兵下车，徒步发起攻击，运输车辆被集中停放，以备后续之需；如果条件允许，应尽量在夜间进入进攻出发地域，被迫在白天进入进攻出发地域时要在其他地域扬起灰土，迷惑敌军，掩盖己方的真实意图。在为坦克清扫机动道路时，摩托化部队也要下车，徒步扫清防坦克障碍和其他妨碍坦克机动的目标；与敌交战时，步兵也要下车，敌方的反坦克武器就是步兵优先攻击的目标。

在有些情况下，攻击顺序也可能颠倒过来：如果土地较为坚硬，坦克可以自由机动，且根据侦察情报得知，敌军的抵抗前沿附近没有设置反坦克障碍，此时可以采取坦克引导步兵攻击的方式，即摩托化步兵无需下车，而是搭乘车辆，在坦克后跟进，扩大坦克攻击所获得的战果。在进攻正面的选择上，往往在主攻方向，规定较窄的攻击正面，编组较多的攻击梯队，一方面可以减少因战斗队形密集而带来的敌军炮火杀伤，另一方面后续梯队可以充当移动预备队的角色，既可保持进攻的连续性……遭遇敌孤立的抵抗点或防御地区、且坦克无法绕行时，必须命令一部分步兵下车实施攻击，其余步兵仍然乘车尾随坦克继续战斗；在进攻过程中，必须确保步兵与坦克之间的联系不被切断。

在另外一些情况下，装甲步兵必须充

分发挥其多样的战斗能力，实施多样性的战斗行动。装甲步兵可以对敌发起追击，阻止敌军占领新的防御阵地实施抵抗，在机动追击过程中，指挥员要命令分队沿道路以最快的速度实施机动，进入夜间驻止后，要成环形防御态势。

在防御战中，装甲步兵可以防御较宽的正面，选择、构筑高价值的防御支撑点并快速进入这些支撑点；这种能力使得编制有装甲步兵的摩托化步兵营防御正面可以"拓宽到普通步兵营的2倍以上"，即从1600米拓宽到4000米，在地形条件和其他因素允许的情况下，甚至还可以更宽。猛烈的机枪火力能够在"摆脱与敌接触"时增加欺骗性，摩托化部队不仅可以通过机动快速摆脱敌军，还能够快速机动，争取时间，为形成新的防线创造有利条件。在脱离接触过程中，在重武器撤离之后，要派出"战斗巡逻队"阻滞敌军，施放烟幕迷惑敌军，并派出工兵炸毁桥梁，埋设地雷，增大敌军跟踪追击的难度。

德军1942年5月发行的战斗手册《快速部队手册》（Schnelletruppen）以较大篇幅对分队战术进行了详尽阐述，该手册于1943年1月重新修订发行，也就是在当年，德军将装甲步兵重新命名为"装甲掷弹兵"，即便如此，1个装甲掷弹兵团也只有1个营配备装甲运兵车，其他各营仍然是乘坐卡车等摩托化车辆。

对于装甲掷弹兵分队来说，装甲运兵车的驾驶员至关重要，这些人员必须学会战术驾驶，并利用地形使全班避开敌军

▲ 德军1942年5月发行的战斗手册《快速部队手册》的封面，快速部队是德军"闪电战"的中坚力量，但由于德国工业产能有限，装甲车辆产量长期不足，所以这类部队所占比例远低于人们的认知。

火力，快速掉头、关闭舱门头戴防毒面具驾驶等技能是这些驾驶员的看家本领。在理想情况下，1个装甲步兵班有3人接受过驾驶训练，1人充当驾驶员，1人充当副驾驶，1人作为预备驾驶员。乘车机动时，步兵班都处于"战斗状态"，子弹上膛、打开保险、密切注视四周，防止敌军接近并投掷手榴弹或"莫洛托夫鸡尾酒"。与敌接触或班长改变命令时，战斗警戒必须密切向周边观察，获取任何地形、敌情方面的细节，判定方向时，战斗警戒一般使用时钟表，12点方向在前，6点方向在后。

半履带装甲运兵车可运载一个12人制

的步兵班，包括班长、副班长、4名机枪手、4名步枪手、驾驶员、副驾驶员。班长负责领导全班战斗，接受排长的直接指挥，检查全班武器装备的战斗准备情况，战斗中，班长也可能操作使用1挺运兵车上的机枪；在班长不在位的情况下，副班长接替班长职责，班长将全班区分为2个战斗小组时，副班长指挥另一个战斗小组；驾驶员和副驾驶员一般和运兵车待在一起，驾驶员的首要职责是使运兵车处于准备行动的状态，对运兵车进行伪装，副驾驶员则主要操作使用车载电台；4名机枪手操作使用2挺机枪，每挺机枪的操作者区分为正射手和副射手，正射手负责射击，副射手负责携带弹药和备用枪管；4名步枪手主要负责近战、侦察和观察。

标准的装甲步兵班配备3挺轻机枪，2挺归2个机枪组使用，1挺安装在车上作为车载机枪，有趣的是，德军认为，机枪是个人武器，应由机枪组的1名士兵来维护保障，但这挺车载机枪却没有明确擦拭保养人员；摩托化机动期间，在装甲运兵车的车厢前部、后部，各安装1挺轻机枪，第3挺轻机枪则由士兵们根据战斗环境任意使用；除3挺机枪外，装甲步兵班的武器还包括2支冲锋枪，1支由战斗小组使用，另1支放在车上，另有5支步枪和4支手枪。

步兵班搭乘装甲运兵车时一般从后门进入车厢，按一定位置顺序在车厢就座，班长位于驾驶员后侧，副班长在车厢尾部就座，并关好车门；携带防毒面具时，一般将其固定在座位下方，并在身体前部留

出一部分，这样既能够快速将其取出，又能坐的更舒服点。作为车载步兵而言，离开或登上装甲运兵车的最快最符合战场实际的方式，就是"跳下""登车"，士兵接到口令后，从车厢四周或车厢后门直接跳下或翻上；在平时训练时，士兵们要在车辆处于停止状态和时速10公里的状态下，实施"跳下"和"登车"的训练。

装甲步兵班的战斗方式包括下车战斗和乘车战斗两种。下车战斗时，装甲步兵班与普通的步兵班并无两样，二者最大的区别在于，装甲步兵班比普通的步兵班多出1挺机枪，在全班分为2个战斗小组实施战斗时，增强小组的独立作战能力，其战术运用更加灵活多变；驾驶员和副驾驶员仍然留在车上，操作第3挺机枪，增强了步兵班的火力。乘车战斗时，步兵班必须密切观察车辆四周，同时指定人员实施对空观察；战斗迫在眉睫时，班长发出指令"准备战斗"，各战斗小组开始检查武器装备和通信电台，步兵要准备好手榴弹，班长则准备好发烟手榴弹，而后全班占领车厢四周的射击口，装甲运兵车则保持正常的速度在敌步兵火力中穿行，同时采取战术规避动作，避开敌军的炮火。

根据地形、敌军火力、任务等情况，装甲步兵班应尽量延长乘车战斗的时间。乘车战斗时，装甲步兵班的火力主要来源于车载机枪。车载机枪不仅能实施对空射击，还能对地面目标射击，打击从车辆后侧、翼侧接近车辆的敌军。通常的射击方式是在装甲运兵车行进过程中实施射击。

在突破敌军防线时，步枪手也要加入到火力打击的行列；接近敌军后，装甲步兵班要在车上，综合使用手榴弹、机枪、冲锋枪等武器打击敌军。

装甲步兵班在车上发扬火力，通过短暂、突然的火力打击，压制敌军火力，迫使其寻求隐蔽。在遭遇战斗中，这种短暂、突然的火力打击可以打乱敌军行军队形，或迫使其撤退。装甲步兵班下车战斗时，一般将装甲运兵车停放在步兵班"视线之外"，并做好隐蔽伪装工作，步兵班应当保持火力静默，此时，敌军的机枪火力对1辆装甲运兵车的打击时间一般为15—25秒，班长可以利用这段时间，通过敌军火力打击装甲车的情况和火力间隙判断其主要位置。

1个装甲步兵排编有4辆履带式装甲运兵车，3辆装载3个装甲步兵班，第4辆装载排部人员。排部人员包括排长、排军士、2名通信兵、1名医务兵、驾驶员和2名操作反坦克武器的士兵。战斗中，装甲步兵排可能配属使用摩托车的通信兵，连长也可以将这些通信兵集中使用。排部使用的装甲运兵车及其拥有的重武器在不同的阶段有所差异，早期是SdKfz 251/10装甲运兵车，安装了1门37毫米反坦克炮；1943年晚期变成了20毫米机炮，车上还带有"坦克杀手"反坦克火箭筒。装甲步兵排的战斗队形有间距较小的纵队队形和横队队形，但更典型的是3辆装载步兵班的运兵车成三角形，排长的指挥车在三角形的顶角，还有较为松散的线式队形；无论哪种战斗队形，装甲运兵车间距最小为50米。装甲运兵车能够与坦克协同战斗，并发扬火力相互掩护，如坦克在原地以火力支援装甲运兵车向前推进，装甲运兵车之间也能相互掩护，如一部分在原地发扬火力，掩护其他运兵车战斗。

随着战事发展，德军机械化建设稳步向前迈进，出现了自行火炮和随伴步兵的坦克歼击车，这些装甲车辆比坦克更强调协同战斗。突击炮给德军军事工业带来了全新的武器设计思路，即对大量过时坦克实施改装，充分利用其底盘，将一些重型武器安装在坦克底盘上，成为一种全新武器。相比于重新设计一款新式武器，这是更为理想的选择，节约了大量的人力物力。标准的突击炮战术是与步兵协同攻击，或在步兵后发扬火力，掩护步兵攻击；突击炮并不会过早与敌发生直接接触，而是发扬火力"在地形开阔的条件下，近距离压制敌军支援武器"；由于突击炮没有可以转动的炮塔，所以更强调与

▲ 英军在北非缴获自德军第21装甲师的SdKfz 251/10装甲运兵车。

步兵协同战斗，那些与突击炮设计相同的"坦克歼击车"也是如此。二战后期，在德军组织的一系列防御作战中，突击炮等武器在实战中取得了较好的战果，原因就在于这些装甲车不用暴露在敌军有效地火力打击之下，而是在步兵防御的区域内实施机动，灵活的打击敌军。

到1944年年底，不管在战场上成功与否，5年的战场实践进一步促进了步坦协同战术的发展，使得德军、美军和英军的步坦协同战术趋于一致。《德国军事力量》指出：敌军构建了完备的防御体系并设置了反坦克障碍时，德军步兵将在坦克前发起攻击，扫清障碍，步兵的任务是突破敌防御前沿，摧毁敌军反坦克武器或限制其火力发挥，坦克和自行火炮等支援武器配置在步兵后方，为步兵的攻击行动提供及时有效的火力支援……敌防御前沿的反坦克障碍被清除之后，且敌军阵地纵深没有设置反坦克障碍时，坦克将与步兵协同战斗，同时向敌纵深发起攻击……大多数情况下，步兵将紧密的跟在坦克之后，充分利用坦克火力对防御之敌的瘫痪性打击效果，进一步扩大战果；为确保步兵从进攻出发阵地安全的到达进攻出发阵地，通常使用装甲运兵车来进行运载，也可以采取坦克搭载步兵的方式实施运输。

第三节 美军步坦协同战术

有趣的是，早在1929年年初，美国人就选择第34步兵团的一个连队作为试点单位，配备6轮卡车，对"机械化兵力"建设进行试验。很快，装甲兵力的天敌，步兵和骑兵就成为机械化建设的拦路虎，步兵认为应当将坦克配属给步兵，建设"步兵坦克"，骑兵则想将所有的机械化兵力纳入己方阵营。直到1940年，仅在第1装甲师和第2装甲师内进行了合成编组。1941年曾计划成立5个摩托化步兵师，最终只建成了1个，而且该师最终并没有作为摩托化步兵师来使用。

美军装甲师最初以坦克为主，编配以少量步兵，但在研究欧洲国家军队的机械化建设之后，在装甲师内编制大量步兵的观点开始占据上风。1942年3月，美军的装甲师编配2个装甲团、1个3营制的装甲步兵团；1943年，为进一步追求步坦力量的平衡，组建了"轻型"装甲师，包括3个坦克营和3个步兵营。

美军装甲步兵排包括5个班，3个步兵班、1个迫击炮班、1个轻机枪班。每班搭乘M3半履带装甲运兵车，该车比M2半履带装甲运兵车（可装载10人）容量要大，可装载13人，前排座椅坐3人，车厢两边座椅各坐5人；步兵班搭乘M3型运兵车时，班长坐在右前侧，负责操作使用车载的7.62毫米口径的机枪，和德军一样，副班长坐在后门边上，步兵班1人接受过驾驶训练，充当副驾驶。M3型半履带装甲运兵车的装甲足以抗击轻武器和弹片的直接命中，但驾驶室顶部并不防弹。

早期的机械化部队建设者认为在未来战斗中步坦协同战斗的概率较小，所以最初的美军战斗理论对步坦协同战术涉及

装甲步兵营

营部及营部连　步兵连　步兵连　步兵连　保障连　卫生排

连部　保障排　通信排　支援排

连部　反坦克排　步兵排　步兵排　步兵排

营部班　营部连

连部　侦察排　反坦克炮排　迫击炮排　机枪排

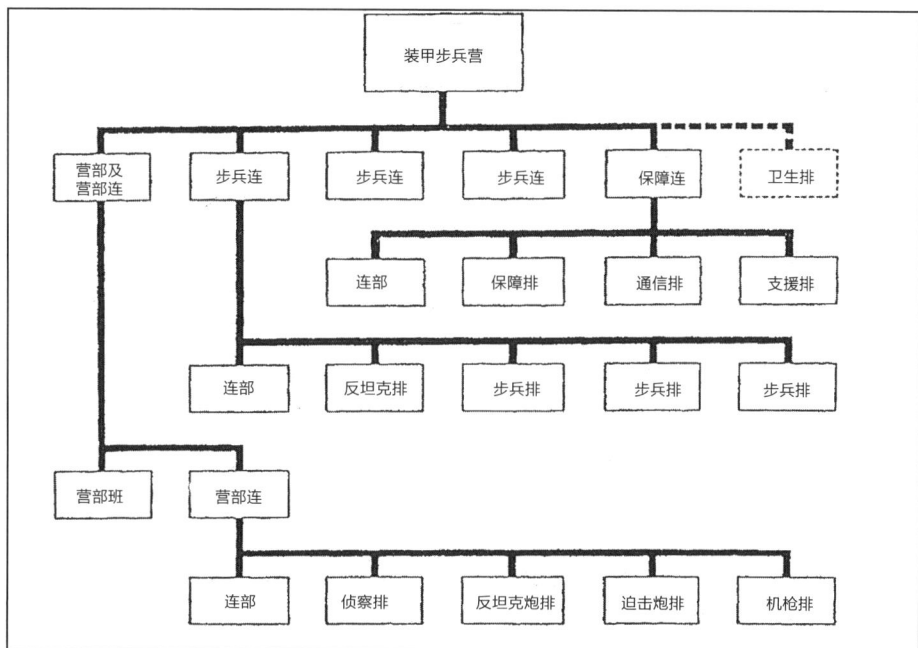

▲ 美军1944年装甲步兵营的编制表，美军装甲步兵营编制内的3个步兵连，每连包括3个步兵排，每个步兵排包括3个步兵班、1个迫击炮班、1个轻机枪班，满编时人员49人，配备5辆半履带装甲输送车。装甲步兵营除步兵连外，在营部连当中，还编制有侦察排、反坦克炮排、迫击炮、机枪排，在保障连中编制有行政单位和后勤单位。

较少。从1942年中期开始，逐步出现了步坦协同战术的讨论，忽视步坦协同的状况开始逐步改变。在美军战斗手册中，对装甲师编配坦克的理由给出了明确解释，即坦克及其附属武器主要用于进攻，是主要的"打击力量"，步兵则跟随坦克实施进攻；也有个别例外，如1942年下发的野战条令FM17-10《野战装甲单位：战术和技术》（FM 17-10 Armored Force Field Manual: Tactics and Technique）指出：在进攻战斗中，一个典型的战斗群编组一般由4种单位

组成，即侦察单位、攻击单位、支援保障单位和预备队。侦察单位由侦察部队和攻击部队组成，攻击单位由几个配属工兵的坦克攻击梯队组成，支援保障单位由一些支援梯队（如步兵单位、炮兵单位和反坦克单位等）组成。应当根据地形条件、敌军反坦克武器部署的位置和广度等因素来决定是否使用坦克单位来发起首次攻击或主要攻击……进攻部队发起首次攻击后，支援保障梯队则迅速跟进，巩固已夺去的阵地或目标；地形条件不利于坦克行动或

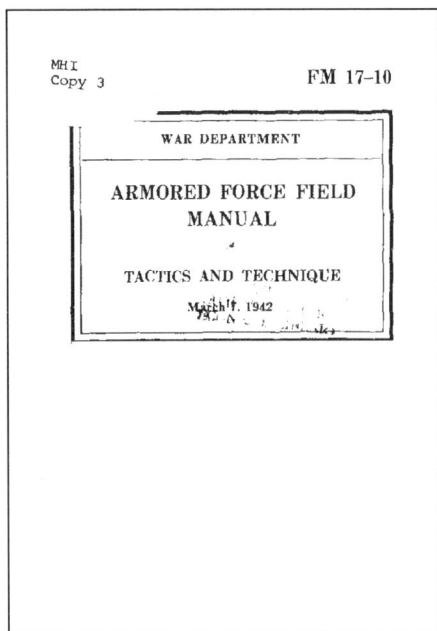

▲ 1942年美军下发的《野战装甲单位：战术和技术》。

敌军反坦克能力较强时，支援保障单位将发起攻击，夺去足够的地幅以供进攻部队投入战斗，此时中型坦克将在支援保障单位之后，提供火力掩护；在突破敌军防御前沿的过程中，通常由支援保障单位引导进攻部队实施进攻；实施包围行动时，同样先由支援保障单位在敌防御前沿打开一个口子，而后进攻部队迅速向敌纵深实施包围行动，打开口子的攻击行动意在将敌军"粘在"防御阵地，并吸引敌军预备队，为后续包围行动或打击力量的其他行动创造有利的战斗条件。

在追击行动和两翼合围行动中，装甲步兵也扮演着重要角色，如在合围行动中，装甲步兵在坦克后跟进，占领并守住被己方坦克所夺占的区域。北非和意大利战场实践表明，相对于单纯的坦克部队来说，配属装甲步兵的坦克部队具有更大战斗优势；在战斗中，即使是数量很少的坦克，也能发挥强大的火力，掩护步兵战斗。

1943年1月美国战争部在华盛顿发行的《装甲部队野战手册：装甲部队训练》（FM 17-5: Armored Force Field Manual: Armored Force Drill）对运动中的装甲步兵战斗队形进行了详细阐述。装甲步兵的战斗队形包括楔形、倒楔形、纵队队形、梯队队形，还有作为"装甲步兵排基本战斗队形"的"菱形"队形，在这种队形中：排长所在的步兵班位于钻石的顶点，其余2个步兵班分别位于左后侧和右后侧，60毫米迫击炮班、轻机枪班位于排长后方、其余2个步兵班之间。

步兵连的战斗队形包括横队队形、纵队队形、梯队队形、楔形、倒楔形，在所有这些队形中，步兵排都成"钻石"队形。不难想象，连级单位比排级、班级单位规模要大得多，在组织战斗部署时，需要更大的空间。但实际上，在那些如诺曼底类型的乡村地带、意大利的山地地形中，没有较大的空间供装甲分队展开，以排位单位，展开正面较小纵深较大的楔形或纵队队形，甚至随意散乱的队形在实战中较为常见。战斗实践表明，将坦克和半履带装甲运兵车混合编组是最好的选择，通常将1个装甲步兵排与1个坦克排混合编组，后者能够提供远射程的火力，在远距离上摧毁敌军反坦克单位，前者能够近距离打击敌军的反坦克单位，攻击敌方的步兵，并牢牢守住战术价值较高的地点。

美军认为，出现紧急情况时，装甲步兵可乘车战斗，在车上发扬火力打击敌军。半履带装甲运兵车上安装了12.7毫米口径的机枪，且车辆被严密伪装时，这些运兵车可作为一个有效的火力基地。在美军的战术理论中，不认为M3型半履带装甲运兵车是"作战车辆"或进攻车辆，而是将其当做先进的、装甲防护能力与越野能力较强的运输车。《装甲步兵班（组）训练手册》（Crew Drill）指出：车辆停止时，轻武器精度更加；在战斗中，按照标准程序，遇到敌军有效火力打击时，步兵班的大部分人员立即下车战斗；装甲运兵车上只保留1-2人，其主要职责是操作使用车载机枪，为下车步兵战斗提供火力支援，或发扬火力打击空中目标，实施对空防御，或发扬火力打击进攻之敌，确保防御支撑点的安全，如果不需要M3型装甲运兵车参加战斗，则立即将运兵车开往预定集合点，或通过该车前送弹药、后运伤员。

作为班长，在下车后要考虑战斗任务，进行战术分析，例如步兵班下车后，将所有武器包括机枪带下来的话，优点是增强了步兵班的火力，缺点是携带重武器数量增加，步兵班机动能力大大降低。与此相反，如果将巴祖卡反坦克火箭筒和机枪预留在后方的话，步兵班机动能力增

强，但火力大大减弱，面对敌军战斗车辆或面对大批敌军时，没有足够的火力来保障步兵班战斗。因此在实际战斗中，班长定下使用武器的决心后，要下达短促的口令来指挥全班行动，"火箭筒"意味着2名步枪手携带巴祖卡反坦克火箭筒，作为全班的反坦克小组，但此时并不携带机枪，而是将其留在车上，"无火箭筒"意味着步兵全部轻装下车。

一次良好的步坦协同战斗行动是：根据侦察情报和上级通报，装甲步兵营营长将视情况指挥榴弹炮、迫击炮、机枪和3门M8型自行榴弹炮发扬火力，掩护步坦协同发起攻击行动；装甲步兵下车时，坦克占领有利隐蔽位置，发扬火力打击敌军，步兵下车后立即在目标附近卧倒，准备发起攻击行动；敌军火力被压制后，装甲步兵将在各类火力掩护下，采取散开队形，按照火力与机动相结合的原则，充分发挥手中武器打击敌军，逐步向前推进；如果攻击行动顺利，装甲步兵夺占一块敌方阵地后，应立即扫清敌军残存的反坦克武器，防止敌军隐藏的反坦克武器打击己方坦克，而后坦克迅速跟进；如果攻击行动并不顺利，坦克就发扬火力，压制敌军机枪火力发射点，打击敌军抵抗枢纽，为步兵再次发起攻击创造有利条件。

随着战术理论的发展，美军逐步形成了后来被世界所熟知的"战斗指挥部"的概念，即一个"战斗指挥部"指挥若干个战斗编组，遂行特定的战斗任务；一些人认为这种做法与德军编组的

"战斗群"相比,其灵活性和适应性更为欠缺(当然这种观点值得商榷),但二者的基本理念是一致的,美军1944年12月发行的野战条令《野战装甲单位:轻型和中型装甲营》(FM 17-33: Armored Force Field Manual: Armored Battalion Light and Medium)对此作出了阐述:所有兵种协同一致的战斗,发挥整体威力,才能取得战斗胜利,任何单一的武器都不能凭一己之力取得胜利;成功取决于所有单位、武器和人员发挥最大能力,并实施协同一致的行动……坦克应与其他兵种周密

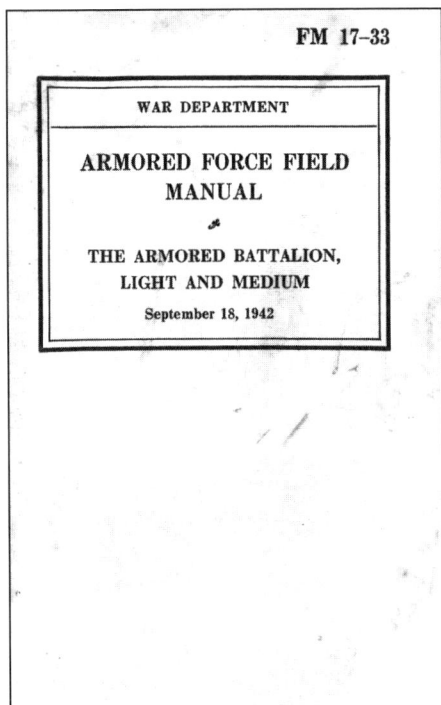

▲《野战装甲单位:轻型和中型装甲营》,图为1942年9月出版的早期版本。

协同,特别是要与步兵、炮兵周密实施协同。作为"战斗指挥部"的一部分,坦克营应当配属一定的步兵单位实施战斗,如坦克营独立完成某一战斗任务时,应向其配属步兵、工兵和其他兵种。

可以看出,美军的装甲单位战斗时并不孤独,步兵将在附近配合其战斗。在防御战斗中,通常步兵配属其他兵种,在"防御前沿"掘壕固守,相对于一线步兵而言,坦克营常常承担"预备队"的作用;为增大防御纵深,且各个单位能够相互支援,装甲步兵连通常成三角形部署,即2个装甲步兵排在前方,1个装甲步兵排在后方。在进攻战斗中,坦克通常与步兵协同战斗,或发扬火力支援步兵向前推进,这要求组织周密的步坦协同,此规则适用于所有的步兵和装甲兵。

1944年新版的野战条令FM 7-20《步兵营》(FM 7-20 Infantry Battalion)对常规步兵组织步坦协同战斗进行了详细解释:步坦协同行动有3种进攻初始阵形,坦克支援步兵攻击、坦克引导步兵攻击、步坦混合攻击;地形不利于坦克机动或通过侦察发现敌军反坦克力量较强时,使用坦克支援步兵攻击的战斗队形,此时坦克一般部署在隐蔽良好的地形上,发扬火力支援步兵行动;地形利于坦克实施机动,或敌军反坦克力量较弱时,一般认为敌军的反坦克炮、坦克歼击车数量较少,反坦克地雷和其他反坦克障碍物密度不大,或上述反坦克力量大部分被己方火力所摧毁时,使用坦克引导步兵攻击的战斗队形,此时步兵

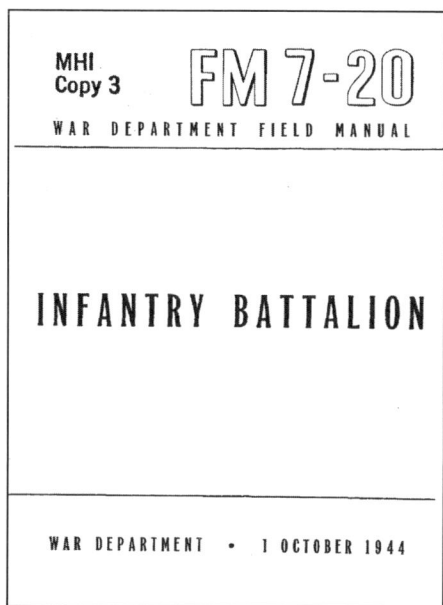

```
MHI
Copy 3      FM 7-20
WAR DEPARTMENT FIELD MANUAL




INFANTRY BATTALION




WAR DEPARTMENT  ·  1 OCTOBER 1944
```

▲ 1944年再版的FM 7-20《步兵营》。

营的步兵单位在坦克后适当距离跟进，发扬火力打击敌军，协同坦克战斗。

上述两种情况都不存在或战场态势并不清晰时，使用步坦混合攻击的战斗队形，从理论上讲，这种战斗队形灵活性强，能应对突发情况，但实际上，组织指挥这种"合成攻击波"不是一件轻松的事情，在实战中也并不总是能够取得成功。

1944年版《步兵营》简要阐述了未来战斗中美军装甲步兵可能担负的任务：

1. 在坦克后跟进，粉碎敌军抵抗；

2. 守住并控制坦克已夺占的地域；

3. 夺占某一地域，掩护坦克投入战斗；

4. 与炮兵、坦克歼击车合成编组，为坦克投入战斗提供火力掩护；

5. 与坦克协同，发起攻击行动；

6. 与工兵编组，在敌障碍物中开辟通路；

7. 在集结地域、宿营点、行军中，为坦克提供防卫；

8. 防御渡口；

9. 夺占桥头堡；

10. 进攻战斗中破障，防御战斗中设置障碍；

11. 攻击并夺占敌支撑点；

12. 侦察与反侦察。

在大多数描述中，装甲步兵"火力强大、机动性强、具有一定的装甲防护力"，一般乘车实施战斗，只有在地形不利或遭敌火力打击时，装甲步兵才下车战斗。在二战的后期，美军采取了"一对一"的方式，将步兵营和坦克营进行混合编组，在实战化取得了较好的效果；战后的一些军事分析家指出，应当将装甲步兵和坦克混合编组，但二者最佳的比例是3:2。

实战表明，不管是什么比例，战斗中步兵与坦克离得越近，二者实施步坦协同的效果越明显。在二战早期，出现了"坦克骑兵"（坦克搭载步兵），尽管这种方式广泛运用于苏德战场，但西方国家并不强调这种方式，美军也是从1944年才开始在各类条令和教材中介绍这种方式。美军的做法是在中型坦克的炮塔后搭载6名步兵，在轻型坦克炮塔后则搭载4名步兵，"炮塔后方焊接更多的扶手时，可以搭载更多的步兵，发起攻击时，步兵跳下坦克，实施步坦协同攻击"。

有人认为，与德军的装甲步兵战术相比，美军的装甲步兵战术发展缓慢，且为确保安全，美军的战术并不强调主动性，过于保守，这种看法显然脱离现实。1944年的战场与1940年的战场有着本质的不同，二战初期，德军的对手普遍装备反坦克枪，反坦克炮较少，缺乏有效的武器打击德军的装甲运兵车。反观德军的机械化部队，十分强调近距离的步坦协同，敢于在一次战斗中，以较小的伤亡来换取超出预期的胜利。因此，装备装甲运兵车的德军在战术使用上强调突然性，在波兰和法国战场创造了一个个的经典战例。此时美军还没有成立装甲师，美军的装甲战斗经验是从1943年的北非战场开始积累的，美军装甲兵战术，是在逐步学习德军的装甲兵战术过程中，在吸纳其主要观点的过程中，在借鉴英军战场实践经验的过程中逐步发展起来的。

二战末期，美军开始将大量装甲步兵投入战场时，当面之敌已经十分了解这种战术了，更糟的是，诸如"铁拳"或"坦克杀手"这样的手持式反坦克武器已经配发到了排甚至班一级，美军M3型装甲运兵车在战场上如履薄冰。与德军战斗时，装甲运兵车随时可能被摧毁，对于装甲步兵而言，乘车战斗不仅仅是危险，而是典型的自杀行动。因此，与二战早期的德军装甲兵战术相比，美军的装甲兵战术显得谨小慎微。在1944年7月以后欧洲战场上，盟军不再使用过于笨重的坦克，而是更多的强调广泛使用坦克与步兵协同战斗。

第四节 英军步坦协同战术

英军在进行机械化建设之初，曾尝试研制全履带的进攻性装甲车辆，但他们最终摒弃了使用"装甲步兵"乘车发起进攻这一理念。所以1939年的英军步兵排仍使用摩托化车辆实施机动，其指定的担负机械化建设试点任务的营级单位中甚至还有一个摩托化运输连；1939-1941年，英军装甲师的编制内含2个摩托化营级单位，1942年5月增加至3个，1943年4月发展到了4个，其中1个隶属于装甲师下属装甲旅。

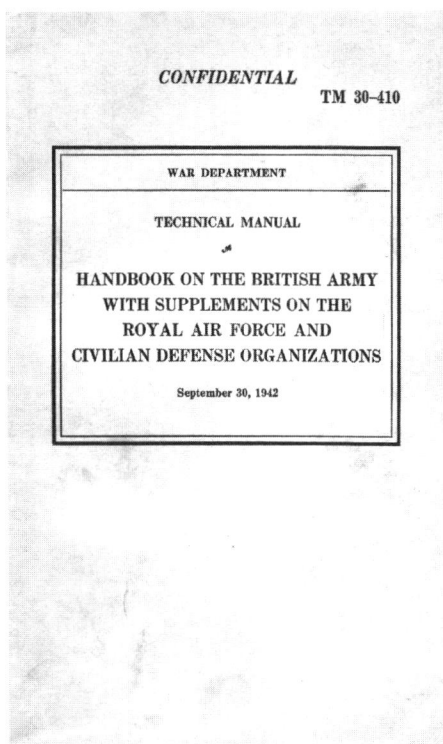

CONFIDENTIAL

TM 30-410

WAR DEPARTMENT

TECHNICAL MANUAL

HANDBOOK ON THE BRITISH ARMY
WITH SUPPLEMENTS ON THE
ROYAL AIR FORCE AND
CIVILIAN DEFENSE ORGANIZATIONS

September 30, 1942

▲ TM30-410《英军手册》。

1943年发行的美军TM30-410《英军手册》（TM 30-410 Handbook on the British Army）将英军的机动营分为三种类型：

第一种是机枪营，由集团军直辖，编有29名军官和711人士兵，主要装备7.7毫米口径的维克斯机枪；该营编有营部、营部连和4个机枪连，机枪连每连装备12挺机枪，编有连部和3个机枪排；全营全部实现摩托化，使用摩托化车辆来运输人员、武器装备和物资；

第二种是装甲旅下辖的摩托营，编有26名军官、774名士兵，编有1个营部连、4个摩托连，每连包括3个摩托排和1个侦察排（搭乘11辆"布伦"运兵车），每排包括3个班，每班使用1辆车；与英军的其他类型的营级单位相比，摩托营具有更为强大的火力；

第三种是摩托化营，成立之初，该营是装甲师编制内担负支援任务的营级单位，现在则是装甲师下辖装甲旅编制内步兵不可或缺的伙伴，其编制与步兵营类似，但运输工具为摩托化车辆。

1941年发行的《步兵师》指出：标准的战斗训练强调，步兵应当搭乘摩托化车辆，尽量向前机动，直至进入危险地区，而后步兵下车遂行战斗，车辆返回运载其他单位；尽管摩托化车辆装甲防护力较弱，但在不遂行攻击的情况下，与乘坐装甲运兵车相比，乘坐摩托化车辆显得更为舒适；装甲运兵车主要装载步兵，伴随速度缓慢、可靠性较差的坦克实施战斗，这是一个值得讨论的战术问题，特别是在

▲ "布伦"运兵车正押送着德军战俘在街道上行进。

需要快速进攻的时候。在二战早期，很少出现徒步步兵与坦克实施协同战斗场景，1941发行的检讨性官方文件"步坦协同"也指出，在进攻战斗中，坦克位于步兵的前方，二者很少直接配合。1942年，一些单位开始在训练中强调步坦协同，随着装甲师编制内步兵数量的逐渐增多，这种训练逐步推广开来，英军也开始在步兵营中，编配一些坦克单位，步坦协同战术开始走向成熟。

1943年10月，意大利战场上的英军步兵师拥有至少3745部摩托化车辆，其中摩托车就超过了900辆，极大提升了全师的机动能力，增强了战术运用的灵活性，给决策者带来了更多的战略选择。到1944年春天，英国人从美国人那里获得了足够的M3型半履带装甲运兵车，在装甲旅内部成立了更多的装甲步兵营；与美军一样，此时

英军虽然获得了足够的装甲运兵车，但面对反坦克能力增强的德军步兵，英军同样认为不能过高的估计"装甲步兵"战术所带来战斗效果，在使用装甲运兵车将步兵带入危险地带之后，步兵必须下车，徒步实施战斗。

1944年5月，英军发行了指导步坦协同的关键性文件第63号训练手册《坦克与步兵师协同作战》（Military Training Pamphlet No. 63, The Co-Operation of Tanks with Infantry Divisions）。从其内容可以看出，尽管与美军的提法并不一致，但英军关于步坦协同的观点美军观点十分类似；英军认识到，要发起一次进攻行动，必须成梯队式部署，发起波浪式的攻击。这些梯队主要类型有三种："攻击梯队""支援梯队"和"预备队"，每种梯队都下辖具有独立战斗能力的下级单位。在编组梯队时，各梯队可能只有步兵或坦克，但一般情况下都要将坦克与步兵混合编组，确保每辆坦克都有一些步兵来协同，且在"预备队"的编组中必须要有坦克。

"攻击梯队"的任务就是在炮兵火力的掩护下"实施近战"，最好的结果是与炮兵火力无缝衔接，夺占并控制预定目标；"支援梯队"的任务是提供火力掩护，而后转移发射阵地，跟随"攻击梯队"向前推进，掩护"攻击梯队"彻底控制目标，并发扬火力打击敌军的反击力量；"预备队"是指挥员必须牢牢控制在手边的战斗力量，根据战场情况的发展，应付战场突发情况。

与美军的观点有所不同，英军认为"步兵坦克"（例如"丘吉尔"坦克）机动速度慢、重量大，可将其编配到步兵师内部"与步兵协同作战，特别是在突破敌军防御时"。二战爆发之初，一些英国人预测，面对德军猛烈的炮火，需要防护性能较好的坦克来突破敌军步兵防御的阵地，所以这种一战时期的战术再度流行。

随着时间的推移，一些事情似乎又回到了原点，步兵坦克得到发展之后，其战斗性能大大改善，"大西壁垒""齐格菲防线"和其他坚固防线、筑垒地区正需要这些重型的步兵坦克来突破。在诺曼底登陆首日，这些经过改装的各类步兵坦克大放异彩，取得了辉煌的战果。除此之外，经过改装的步兵坦克，可发挥重火力基地的作用，轰击敌军的地堡，掩护步兵向前推进。不过英军也认为，在快速行动或清剿行动中，重型的步兵坦克由于自身条件的限制，没有用武之地。

"快速坦克"也被称为"巡洋坦克"或"轻型坦克"（但两者并不完全等价）主要编配在装甲师和侦察部队之中，执行一些特定的战斗任务。然而，必须承认的是，尽管快速坦克是出于特定的战斗目的而设计生产出来的，但与普通的坦克已无多大区别，"上级指挥员出于特定的战斗目的，将快速坦克使用在特定的战斗场合，以有效达成其战斗目的，除此之外，在快速性和装甲防护力方面，快速坦克与其他坦克并无显著区别。从战争后期的战斗行动中可以看出，步兵师编制内的巡逻坦克与其他坦克一样，不仅要与步兵协同战斗，而且要与其他步兵坦克实施协同战斗以夺取战斗胜利"。发起进攻行动时，可在狭窄的正面集中一定数量的坦克，也可以将快速坦克与步兵编组成小型的战斗群，这与快速坦克设计之初的"巡逻、在狭窄的乡村地带探路"的用途大相径庭。

组织步坦协同时，步兵究竟应该如何实施近距离协同？这是一个值得探讨的问题。实施步坦协同战斗，要阻止敌军步兵使用手持式反坦克武器，同时步兵在坦克后跟进，利用坦克优异的防护性能实施掩蔽；另一方面，坦克等装甲车辆是敌军重点打击的目标，跟随在坦克之后的步兵将发现，自己如同坦克一样，陷入在敌军"大口径火炮集中打击区域之内"。面对上述情况，英军研究制定了一些可能的解决办法，最好的办法就是坦克引导步兵行动，"坦克粉碎预定攻击目标"，在步坦联系被切断之前，步兵要快速跟上坦克。在实际战斗行动中，步兵究竟应该如何实施近距离协同？指挥员（通常是步兵旅指挥员）必须做出决断。由于坦克机动速度快，能够有效吸引敌军火力，理想的情况是步兵与坦克同时行动，速度快的坦克将很快超越步兵位于战斗队形的前方，发扬火力打击敌军，而后步兵利用坦克火力打击效果，超越坦克对敌发起攻击。敌军还处在被己方坦克火力打懵的状态之时，步兵充分利用坦克火力打击效果，迅速突入敌军阵地。通过这种方式，步兵能最大限度利用"炮火"（包括坦克炮火和炮兵火

▲ 英军的"克伦威尔"巡洋坦克，"巡洋坦克"与"轻型坦克"并不能混为一谈，前者大部分属于中型坦克的范畴。

力）打击效果。

《坦克与步兵师协同作战》指出：使用步坦混合编组的攻击队对敌军发起主攻时，需要进行周密细致的战斗准备，往往要花费很长时间，可能是1~2天，紧急情况下也需要数小时。从步兵的角度出发，当然是希望在夜间发起攻击，而从坦克的角度来考虑，昼间火力打击效果显然更好。组织分队级别的步兵单位和坦克单位近距离协同战斗时，在向前推进的过程中，要充分考虑火力准备、地形条件和土质情况；要周密制定战斗计划，发起主攻前使用炮兵实施火力准备，"为胜利奠定基础"后，主攻分队发起攻击，而后投入后续梯队，巩固扩大已取得的战果。具体发起攻击时，主攻分队的步兵在向前攻击过程中夺取敌防御支撑点，清剿残敌并守住这些支撑点。英军第2装甲师的师史指出：德军非常善于使用他们的新式反坦克武器和狙击步枪。

有时，德军在防御过程中会有效控制其火力运用，在攻击分队进至距离其防御前沿约1.6公里时，才组织各类武器打击盟军；因此，攻击部队要拉大其战斗队形的纵深，以使步兵夺占前沿支撑点时，战斗队形的尾部才通过攻击发起线；这种战斗队形展开在较宽大的地幅上，能有效分散敌军火力打击效果，就某一个点的合成小分队而言，又能充分发挥步坦协同威力，打击敌军狙击手。德军在攻击坦克分队时，强调在正面攻击的同时，从坦克的翼侧、后方，对坦克发起攻击，因此，使用步兵配合坦克战斗，增强坦克向四周观察的能力至关重要。

在一次战斗中，主攻分队一直处于运动状态，是一种"战斗流体"。无论是步兵引导坦克实施攻击，还是坦克引导步兵实施攻击，快速、密切配合都是一条铁律；在开阔地带，需要将坦克分队分解为更小的分队，在步兵前方引导各个步兵分队向前攻击，在狭隘地带则需要步兵在坦克分队前方引导坦克实施攻击，为坦克扫清前进道路，坦克则在步兵后方跟进，同时发扬火力，摧毁敌军机枪火力点、迫击炮阵地；第三种步兵协同方式是坦克搭载步兵，在敌军轻武器和反坦克武器射程之外，鼓励步兵采取这种方式协同坦克战斗，进入其射程后不提倡这种行为，因为敌军的直射火力能够有效杀伤暴露在坦克外部的步兵，造成较大伤亡，坦克炮塔则因为受到搭载步兵的限制，不能自由转动，限制了坦克火力的发挥。组织坦克搭载步兵，需要明确搭载关系，即哪些步兵搭载哪辆坦克，一般来说，1辆坦克能够搭载1个携带武器的步兵班。采取坦克搭载步兵这种协同方式，还需要组织相应的搭载训练，也就是围绕如何上下坦克，如何快速集中，组织步兵进行相应课目的训练。

尽管一部分人在分析英军步坦协同战术或"装甲步兵战术"后，得出其战术水平远远落后于德军的步兵协同战术的结论（当然，这种说法也值得商榷），但在二战后期，在得到美军武器装备支援之后，英军的步坦协同水平确实得到了进一步提升。纵观英军机械化建设和步坦协同战术的发展，有两个亮点值得一提：一是战前英国人首次进行系统的军队机械化建设探索；二是战争后期，英军重振了全履带装甲运兵车的概念，促进了步兵运输车辆的发展。

英军在战争初期使用的"布伦"全履带通用运输车内部空间太小，不足以运载步兵班；装甲贫弱，无法抵挡反坦克武器的射击；尽管可以加装机枪和迫击炮，但效能受到较大限制。令人遗憾的是，尽管存在这样那样的问题，英军还是没有为部队列装更多班用半履带装甲运兵车。1944年8月，加拿大军队将装甲防护较好的美国105毫米"牧师"自行火炮改装成全履带装甲运兵车投入使用，在突破卡昂南部德军防线的战斗中取得了不俗的战果。这深深地刺激了英国人，掀起了改装的浪潮，在意大利战场上出现了使用谢尔曼坦克底盘改装的全履带装甲运兵车，1944年年底，基于加拿大"公羊"坦克底盘改装的"公羊–袋鼠"全履带装甲运兵车也投入使用。

一些担负试点任务的英军装甲骑兵团用上了这些装备,一般是2个中队配备坦克,第3个中队则配备步兵使用的装甲运兵车。在战斗中,装甲骑兵团作为一个整体向前推进,遇到敌军抵抗时,坦克迅速发扬火力打击敌军,装甲运兵车则迅速机动至隐蔽位置,将步兵卸载到安全区域,尔后步兵在坦克等火力掩护下,徒步向前攻击,摧毁敌军的反坦克武器,为坦克扫清道路。待敌军大部反坦克武器被摧毁后,坦克将采取交替掩护的方式继续向前推进,同时发扬火力摧毁敌军阵地,掩护步兵战斗。

1945年4月发行的《海外战报》(Current Reports from Overseas)用较大篇幅详细描述了英军临机组织的步坦协同训练。文中指出,步坦协同战术并不是将装甲运兵车送进敌军的反坦克火力圈;发起进攻时,搭载步兵的"公羊–袋鼠"装甲运兵车过早投入战斗可能会进入反坦克雷区,遭受较大伤亡;正确的做法是步兵从各类运兵车上快速下车,对敌军阵地发起攻击,尔后装甲运兵车占领有利的隐蔽位

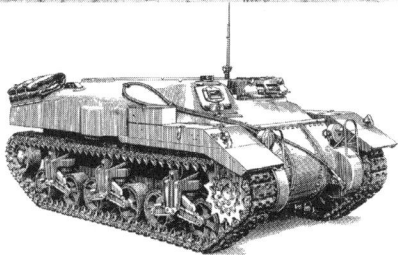

▲ "公羊–袋鼠"装甲运输车可以搭载16名步兵,装甲最厚处达60毫米,各项性能较战争初期英军装备的"布伦"通用运输车有了大幅提高。

置,1名士兵操作车载机枪,发扬火力掩护步兵战斗;步兵徒步发起攻击时,运兵车应位于敌反坦克火力圈之外,但又要与步兵保持合适的距离,以便发扬火力支援步兵战斗,同时能够快速重新装载步兵。英军在战场上获得的相关作战经验和基本战斗原则,在半个世纪之后仍然为各个国家的装甲部队所遵循。

第七章
结　论

赢得战斗胜利的是那些在战场上奋战的士兵。

——S.L.A. 马歇尔

任何事物都是由内在各个要素及其相互关系构成的，同时与事物之外的其他事物产生相互关系，步兵战术也不例外。我们从电影、各类战斗手册等渠道获得的关于第二次世界大战的记忆，无论是口头传承的，还是书面记录的，都带有人们的主观看法。步兵战术的产生、发展也是这种主观愿望的结果，这种主观愿望受到当时武器装备战技术水平、物资供应的限制，步兵战术的发展也受战略、战役环境的制约。在第一次世界大战战场上，防御是一种较为有利的战斗类型，其战场主要表现为训练有素的军队，依托有利地形实施防御，进攻者必须以超强的毅力，对防御体系完备的防御者发起坚定的攻击，这意味着同盟国步兵必须组织实施大量的艰苦工作，并承受这些工作所带来的巨大伤亡。

到了1945年，英军、美军的步兵战术看起来并无多大创新突破之处，但这并不意味着二者的步兵战术"落伍"，恰恰相反，美军、英军的战地指挥官们在组织炮兵、航空兵和各类水面舰艇之间的协同战斗方面付出了巨大努力，取得了显著成果，大大减小了部队伤亡，正如步兵军官阿里斯泰尔·博斯威克（Alistair Borthwick）所指出的那样："每次作战我们所需要的各类支援都到位了，在我们到达预定攻击目标之前，敌军的防御体系已经被我军的火力所摧毁，所以我们才能以微不足道的代价夺取预定目标。"

战场充满了偶然性，并不是人们所预期的那样，有明确的答案和一成不变的战术运用。随着时间和战场环境的改变，技术、军队的编制体制也在发展变化，1939

年9月在战场上取得辉煌胜利的战术，几个月后就可能就不再适用。一些错误是可以理解的，它们仅仅是错误而已，一些当事人甚至会产生虚幻迷离之感，正如皇家直属苏格兰边民团的军官彼得·怀特（Peter White）所指出的那样："每次我们探出头和肩膀射击时，都会招来敌军的火力打击；我和战友迪克森中士躲在一个腐烂的树桩后，手忙脚乱地摆弄着我们的步枪，但敌军的火力压得我们抬不起头来，那树桩就像一块磁铁一样，吸引着敌军的火力，我们能听到子弹命中并撕裂树桩的撕扯声，就好像子弹是上帝送给我们的礼物；恐惧的呻吟声，子弹击中树桩发出的沉闷声，这让我想起了荒谬狂野的西部电影，我以前从未想象过这种情节。在操作步枪射击时，较大的乐趣是惊觉发热的步枪枪管烫伤了手臂！"

所有步兵战术都有一些共同点，包括：充分利用地形条件，依托支撑点和防御要点抗击占据优势的敌军攻击；火力与机动相结合，或者说在火力掩护下实施机动；以最小的代价实施战术机动；按班、排、连、营的编制结构来组织师属力量；将大型武器分解成单兵能够携带的部件；将轻型支援武器编配到班一级，为班战术运用提供火力支撑；火力打击是战斗的一部分，需要在战斗发起前实施火力准备；通过近距离的攻击行动，夺占预定目标。

德军、美军、英军的步兵战术有着显著差异，虽然这与所谓的"国家特色"有很大关系，但也与"沙盘推演"直接相关。从理论上讲，在战前的"沙盘推演"只是一种兵力和武器装备数量的虚拟运用，与实际运用的战术仍有差别。考虑到战场环境和战场态势的变化，实际上没有一次战斗是相同的，"沙盘推演"上的数学计算往往与实际战斗不符。

德国1914年的外交政策最终导致了两个在人口、资源等方面并不对等的敌对国家集团兵戎相见。战前德国计划在短期内结束战争，也就是在世界各国联合起来对抗德国之前结束战争，却陷入堑壕战的泥潭之中。二战也由德国的"闪电战"拉开序幕，但与德国所预想的不同，"闪电战"并没有快速结束战争，虽然在战争初期取得了辉煌战绩，但直到1941年年底，即使日本、意大利加入了德国的阵营，德军也没有击败苏联、英国和美国。这些战略性的观点看起来与真实的地面战斗并没有太大关联，不过东西方的政治家和军事家们认识到，只要充分发挥己方的各类战略优势，就能将德国拖垮。最近的研究表明，西线的交战双方都动员了3—4波兵员；德军由于历史和地理条件的原因，以及《凡尔赛条约》的限制，一直处于较小的规模，因此十分强调机动作战，以机动来弥补数量的不足，并倾向于快速结束战争；从最终结果来看，盟军的战略被证明是正确的，二战并不是一场短期战争。

国家的政治体制和政策在一定程度上影响军事活动的发展。德国宣传国家理想、发展速度和主动性，为发动战争做准备，西方盟国缺乏足够的冒险精神，不敢发动一场小型战争，而是将更多的精力投入在炮弹、炸弹、子弹数量的平衡上，致力于后勤保障的研究，这催生了一批军事官僚，战地指挥官相对较少。随着战争进程的发展，美军和英军采取各种措施减少各类伤亡，其中一条措施就是使用强大的火力形成"火力墙"来掩护战斗行动，这条措施后来演变为步炮协同的经典模式，即步兵跟随炮兵的徐进弹幕，向敌防御前沿发起攻击。

英国人约翰指出："英军战术讲究平衡，以防止在未完成战斗准备的情况下被德军突袭；与此相比，德军战术则强调实施谨慎的冒险，对敌发起猛攻"，从1940年开始，美军和英军步兵战术在借鉴德军步兵战术过程中快速发展，德军的战斗手册开始被翻译成英文，出现在英军、美军的各类出版物中，有些内容甚至是整章整章、逐字逐句的原版照抄，但其内容也开始摆脱德军的影子，有了自己的观点和内容。例如"战斗群"这一概念，尽管德军认为，在战斗需要时，才根据任务组建战斗群，特别是在仓促防御中，针对时间和物资不充足这一情况，临时编组战斗群，以充分利用仅有的战斗资源，但美军全盘借鉴了这一理念的同时，对其进行了进一步的发展，即在进攻和防御当中，组建战术指挥部，指挥若干个战斗群实施战斗。

步兵分队战术的发展要与分队这一级别相适应，也要适应当代的人员素质、武器和装备。每个国家的步兵班都有自己的战斗特色，特别是随着陆军机械化的发展，这种区别愈加明显。美军步兵班的拥有一定的火力，且这些火力相对平均地分配在全班；德军步兵班的火力较好，但主要依靠机枪火力（美军步兵则强调使用手中的伽兰德半自动步枪）；英军步兵班长期配备"布伦"轻机枪，以此促成火力与机动的结合，且英军步兵所使用的步枪性能要优于德军步兵，但稍逊于美军步兵。

相对于以往的武器来讲，布伦机枪、MG34机枪、巴祖卡火箭筒能够更好的与步兵运动结合起来，达到火力与机动相结合的更高水平，从1937年到1940年，上述武器发展到了能够随伴步兵战斗的程度，使得步兵班、步兵排的编制体制进一步现代化。早在19世纪，"火力与机动"就出现在战场上，随着军队武器装备的改善，"火力与机动"的运用越来越具有艺术的色彩和独一无二的战术效果，在现代战争中，二者的结合愈发紧密。

武器发展促进了战术发展。英军早期使用李-恩菲尔德步枪来训练，并强调该枪的快速射击能力，"布伦"机枪出现时，英国人很快就将其装备部队，并强调步兵班要以"布伦"轻机枪作为火力骨干，其余人员在其掩护下实施战斗；机枪越来越小型化，能够伴随步兵班实施战斗时，德国人将其配备步兵班，并缩小步兵班的规模，甚至将减少的步枪手转换为机枪的弹药手。1942年，德国人发明的突击步枪，在步兵战场上取得了辉煌的战果，受到了希特勒的高度重视和推广，但制造的时间太晚、且产量太少。二战期间，德国大约生产了900万支枪栓式步枪，而StG 44突击步枪的产量仅为50万支。突击步枪在战场上，特别是在东线战场上，取得了一些胜利，但当1944年开始大批换装突击步枪时，德军已日薄西山了。

步枪、机枪等轻武器的发展促进了战术发展，其他武器也对战术发展起到了很大的促进作用。半履带装甲输送车的出现推动了德军装甲步兵分队战术的发展和应用；直到二战后期，英国人才获得足够的半履带装甲输送车搭载步兵班实施战斗，在此之前，英军只能依靠装甲防护能力较差的轮式运输车来保障部队的机动，这使得英军的战术看起来小心谨慎，步步为营，谨慎有余，大胆性、主动性不够。通信装备对步兵连、步兵排的战术运用，也有着较大的影响。

反坦克武器效能不佳，防御者反坦克能力不强时，进攻者就可采取坦克引导步兵的方式，向防御者发起攻击，而不是优先考虑将坦克分队作为预备队来使用；在二战之初，德军充分发挥了这种优势，对盟军而言不幸的是，二战后期，世界各国反坦克武器发展迅速，且轻型化、小型化的单兵反坦克武器十分普及，只接受简单训练的青少年也能使用反坦克武器击毁坦克。因此，此时盟军步坦协同战术更多地表现为坦克以火力支援步兵战斗，只有在敌军反坦克武器大部分被摧毁后，坦克分队才开始逐步向前推进。

必须指出，经过6年的战争，军队、战术、单兵素质，都发生了翻天覆地的变化。在二战结束前的几个月，美军下发的《德国军事力量》对这种现象进行了合理解释："1939年，希特勒号召并创建了一支前所未有的军队，但1945年盟军所面临的德军与1939年的德军大有不同，前者更多地在德国境内作战，在自己的家园实施战斗。德军士兵既有新兵，也包括有4~5年实战经验的老兵；一些从前线撤回国内的老兵，疲惫不堪、士气低落、思想麻木，是简单的杀戮机器，然而，这些老兵具有丰富的战斗经验，是未授衔的军官，在战斗中能够高效完成自己的战斗任务；除了狂热的党卫军之外，战斗部队的新兵，要么年龄太小，要么年纪太大，其身体状况堪忧，这些人没有接收长时间的系统训练，战斗技能较差；那些年纪较小的士兵易受法西斯思想的煽动，在战斗中变得十分狂热，而那些年纪大的新兵往往会被那些法西斯宣传的内容所震慑，害怕自己的家园被盟军占领，自己的家庭遭受虐待，带着绝望的情绪参加战斗，从而在战斗中变得十分顽强。对此，德军高级军官十分清楚，能够清晰辨别自己战士的情绪，并将其使用在合适的战场，有时德军军官会将这些士兵当作炮灰，要求他们战斗到最后一人，有时会将一些精英战士予以保留……"

美军和英军也产生了一些变化，看起来并不十分明显，但将时间跨度拉长就可以看出，这些变化是翻天覆地的。在战前，英军是一支小型的职业化军队，是按照殖民地作战来建设的，武器装备还是

1918年的水平，二战中的英军已经发展成为一支完全摩托化的军队，接受了大规模现代化训练。与美国和德国相比，英国人口较少，还有10%的适龄人员在矿业和工业中劳作，但英国拥有广阔的海外殖民地，可以那些殖民国家合作，从海外征召大量的人口用于作战，并获取大量的资源投入战争。

在1930年中期，美国陆军还是一支落后的军队，看起来是那么微不足道，二战爆发后，美国陆军进行了应急性扩编，成为一支大型军队，但这支军队没有经过现代化训练，有一些好的作战理论，但没有任何作战实践。在二战中，这支军队无论是技术上，还是在规模方面，都得到了较大改进，以适应现代化的战场。

在二战中，各个国家的军队随着战争发展在逐步前进，就个体而言，从新兵到老兵，都发生了质的改变。军官们认识到，在士兵的服役期内，每个人会产生周期性变化；从一般意义上讲，那些没有接收训练或训练不充分的年轻士兵在战斗中往往有勇敢和冲动的行为，他们往往在战斗中通过观察臆测武器的使用方法，从而盲目地使用武器，许多人仅仅是要证明自己并不是懦夫，这些人往往在第一次战斗中就会明白自己是不是真的具有战斗的勇气，或者直接精神崩溃；老兵在战斗中的伤亡率很小，并不是他们学会了偷奸耍滑

的技巧，而是他们很少在战斗中冒险，许多人仅凭熟练的生存技巧就在很多次战斗中幸存。一个所谓的战斗经验是不要在战斗中充当"矛尖"，但具备这个战斗经验的人，也会在接下来的一系列战斗中产生伤亡，享受不到这个经验所带来的好处；真正能够在战斗中减小伤亡的办法，就是平时系统而高效的训练。

人不是机器，在战斗中会出现"战斗疲劳"，也称为"炮弹恐惧症"。对此，美国陆军一位老兵亨利·阿特金斯的解释为：长时间经受德军猛烈的炮击和轻武器火力打击，将击垮继续战斗的意志；士兵一旦产生了"我再也忍受不了了"的思想，其行为将变得不可预测，或拒绝做任何事情，并倾向于在战斗中放弃抵抗；这种思想的产生可能是因为在战斗中看到了太多的伤亡，或者是本人被敌军的炮弹碎片所杀伤，这种思想的产生也因人而异，有的士兵就从来不会产生这种思想；这种病症最好的治疗方法就是将患者撤离前线。

哪个官兵会在精神压力下崩溃？什么时候会崩溃？这是一个无法预测的问题。即使是那些接受过系统训练的官兵，也会在其他人继续战斗时突然崩溃。美军的研究表明，只有10%的步兵能够忍受战斗带来的疲劳，90%的步兵不能忍受，这真是一个令人惊讶的结论。